U0903318

上海 大型公共建筑设计

第1辑

办公和商业建筑

上海市城乡建设和交通委员会科学技术委员会·主编

上海科学技术出版社

图书在版编目(CIP)数据

上海大型公共建筑设计. 第1辑,办公和商业建筑/上海市城乡建设和交通委员会科学技术委员会主编. —上海:上海科学技术出版社,2010.1

ISBN 978-7-5323-9996-3

Ⅰ.上… Ⅱ.上… Ⅲ.①办公室—建筑设计—上海市 ②商业—服务建筑—建筑设计—上海市 Ⅳ.TU24

中国版本图书馆CIP数据核字(2009)第190306号

上海世纪出版股份有限公司
上海科学技术出版社 出版、发行
(上海钦州南路71号 邮政编码200235)
上海江杨印刷厂印刷
新华书店上海发行所经销
开本 889×1194 1/16 印张 14.5 字数 394千字
2010年1月第1版 2010年1月第1次印刷
ISBN 978-7-5323-9996-3/TU·341
印数:1—1 250
定价:120.00元

内容提要

近十多年来，上海陆续建成一批大型公共建筑，其设计领域之广前所未见，在文娱体育、医疗卫生、科研教学、商业金融、行政管理等各行各业均有代表性力作。

《上海大型公共建筑设计》丛书即是上海几家实力雄厚的设计院——华东建筑设计研究院、上海建筑设计研究院、同济大学建筑设计研究院、中船第九设计研究院等多年上海公共建筑设计案例的合辑，共分 3 辑，包括：办公和商业建筑；体育、医疗和交通建筑；教育、科研和展演建筑。本册为第 1 辑，主要侧重办公和商业建筑。

全书以工程设计为主线，涉及勘察设计行业的各工种，用单项工程的形式阐明设计思想、技术措施、创新和难点等业内较为关心的问题，试图帮助读者学习、借鉴、思考、创新。每个建筑案例主要从建筑设计、结构设计、给排水设计、电气设计和暖通设计等五个方面进行详细的介绍，资料翔实，图表、数据丰富，叙述流畅，是从事建筑设计的相关人员不可多得的资料手册和参考书。

本书可供建筑设计、施工和管理人员参考阅读，亦是大专院校相关专业师生的极佳工程实例参考书。

《上海大型公共建筑设计》丛书编委会

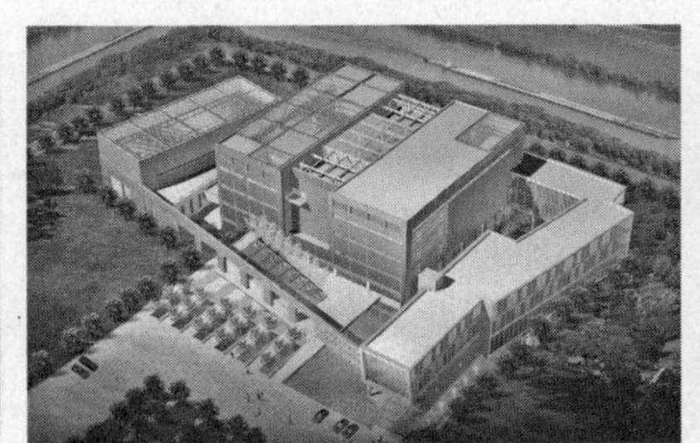

序言

近十多年来，上海陆续建成一批大型公共建筑，其设计领域之广前所未见。在文娱体育、医疗卫生、科研教学、商业金融、行政管理等各行各业均有代表性力作。这些工程的建设，贯穿了党和国家以人为本、建设和谐社会的理念，进一步丰富和提高了上海市民的生活品质，进一步改变了上海的城市形象，也为上海改革开放，建设四个中心的现代化大都市提供了基础性的物质保证。

“设计是工程建设的灵魂”。为了体现党和政府建设上海特大城市的指导思想，为了用好上海人民为城市发展所创造的财富而聚集的建设资金，上海设计人员用自己的聪敏才智和集体智慧，依靠科技进步，创造性地完成了上述各项设计任务。在工作过程中，设计工程师们贯彻了节能、节地、节水、节资的循环经济思想，在建设项目中充分体现资源节约型和环境友好型社会的建设，让实践来检验设计作品的社会责任心。

上海市城乡建设和交通委员会科学技术委员会自20世纪90年代就开始注意到上海城市建设和发展的历程，关注着为上海城市发展而投入的大笔资金，跟踪并记录了上海工程设计界为完成上述目标而作出的贡献和努力，不失时机地组织编撰了一系列技术丛书。读者可以从已经出版的系列丛书中看到改革开放后上海市高层建筑、超高层建筑、大型市政工程建设方面的技术进步和发展，以及上海工程设计界为此所作出的努力。

在继承上述指导思想的前提下，在本书编委和作者的努力下，花了三年多时

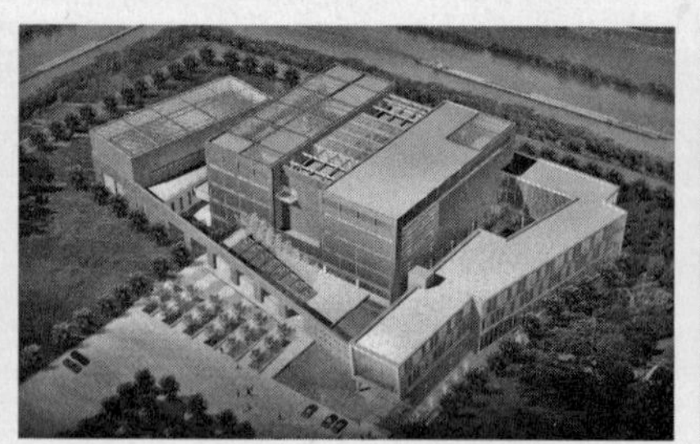

序言

间，我们又向上海工程技术界提供了这套新的丛书。本丛书以工程设计为主线，涉及勘察设计行业的各工种，用单项工程的形式阐明设计思想、技术措施、创新和难点等业内较为关心的问题，试图引起读者的思考和指正。交流、借鉴、学习、创新是本书编委的愿望，但望读者能对我们的工作提出批评和建议，使我们在今后工作中能更为细致踏实。

沈　恭

目录 Contents

上海市
高级人民法院审判庭办公楼

建设单位：上海市高级人民法院

设计单位：华东建筑设计研究院有限公司

施工单位：上海第四建筑公司

撰 稿 人：江　蓓　胡　寅　胡仰耆

一、建筑设计

(一) 场地概述

上海市高级人民法院审判庭办公楼位于肇嘉浜路、襄阳南路口，基地面积 20 398.7 m^2，建筑面积 34 989 m^2，建筑高度 38.4 m，主体建筑地下 1 层、地上 8 层(见图 1)。

图1　上海市高级人民法院审判庭办公楼

(二) 设计目标

1. 设计目标

上海市高级人民法院审判庭办公楼集立案、信访、审判、办公、生活辅助为一体。该项目的设计充分考虑法院建筑特点，体现当代法院为人民服务的思想，形态庄重、大方，功能实用，用新颖、现代的造型语言，表达了对现代法院民主性、社会性的理解，改变了以往政府机构建筑过于严肃的形象。建筑主体沿肇嘉浜路横向展开，形成一个开放的广场，在其侧面设立了立案和信访广场。面向肇嘉浜路的主楼立面呈开放的弧形，中间是通透的玻璃体中庭，两侧用活动百叶组成了流畅舒展的横线条，保持了肇嘉浜路沿街建筑界面的连续性和完整性，内凹的界面空间与前面的市民广场以庄重、大方而现代的建筑形象，体现了人民法院民主、开放、透明的特征和公平、公正、公开的理念，在气势磅礴的基础上显示出一种亲和力。

2. 设计规模及抗震设防等级

工程主楼地下 1 层，埋深约 7.0 m，地上 7 层，高度 38.4 m。裙房地上 4 层，高度 24 m，设防烈度为 7°，安全等级为二级，抗震设防类别为乙类，Ⅳ类场地土。

(三) 总体布局

沿肇嘉浜路为基地主入口，主要是参加开庭人员出入，沿肇嘉浜路及襄阳南路各有一车行出入口，襄阳南路主要是信访、立案人员、内部办公、后勤和车库出入口，基地总平面内布置环通消防车道，主楼扑救登高面主要设在肇嘉浜路一侧长边，沿登高面设4个8 m×15 m消防登高场地，双车道7 m，单车道4 m，基地内通过常绿的灌木、乔木和植被，结合雕塑布置，形成优美的环境，绿化率达31.5%(见图2)。

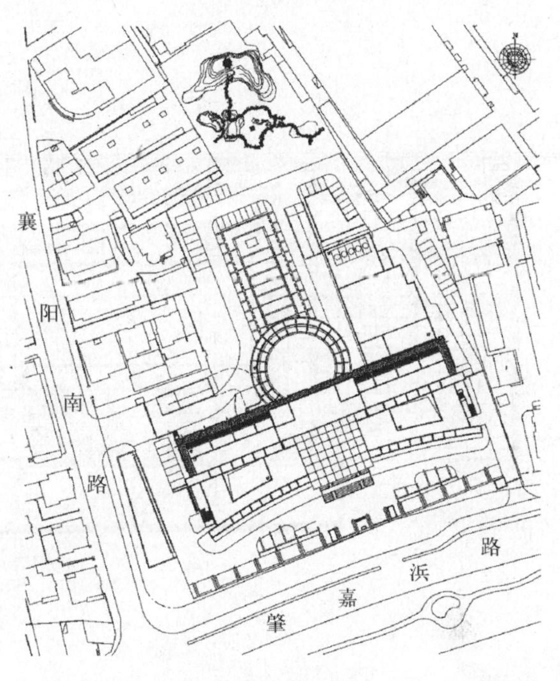

图2　总平面图

(四) 建筑设计

1. 平面和立面设计

在建筑平面布置上，根据法院的功能特点，分区明确、流线合理，地下室根据空间高度和比较经济的建筑埋深要求布置了可停车162辆的大型机械式立体停车库和设备用房，车库中的一部分在战时亦作为人防车库使用，地上部分从标高－3.00 m地面层至3层主要功能为信访、立案和审判法庭，4至7层为法院内部办公，裙房的下面2层为后勤辅助区，以上为办公和管理阅览区域。审判法庭区共有小法庭18个，中法庭4个，大法庭1个，分民事和刑事法庭，设计中充分考虑了合理的交通和良好的疏散，立案、信访和法警、法医办公区相对独立，有各自单独的出入口，但各个区域内部工作人员联络方便、快捷，利于特殊事件的处理(见图3)。法院建筑涉及的人流较为复杂，因此合理、清楚的流线组织是整个设计的重点，按照法院的工作程序，外来人员分信访、立案和参加开庭的人员。开庭的人员分参加刑事和民事案的。当事人、犯罪嫌疑人、律师、旁听、证人都要有专门的通道和出入口，内部办公人员、法官也有专门的通道和出入口，通过横向和竖向的交通处理，很好地满足了法院的使用功能(见图4和图5)。

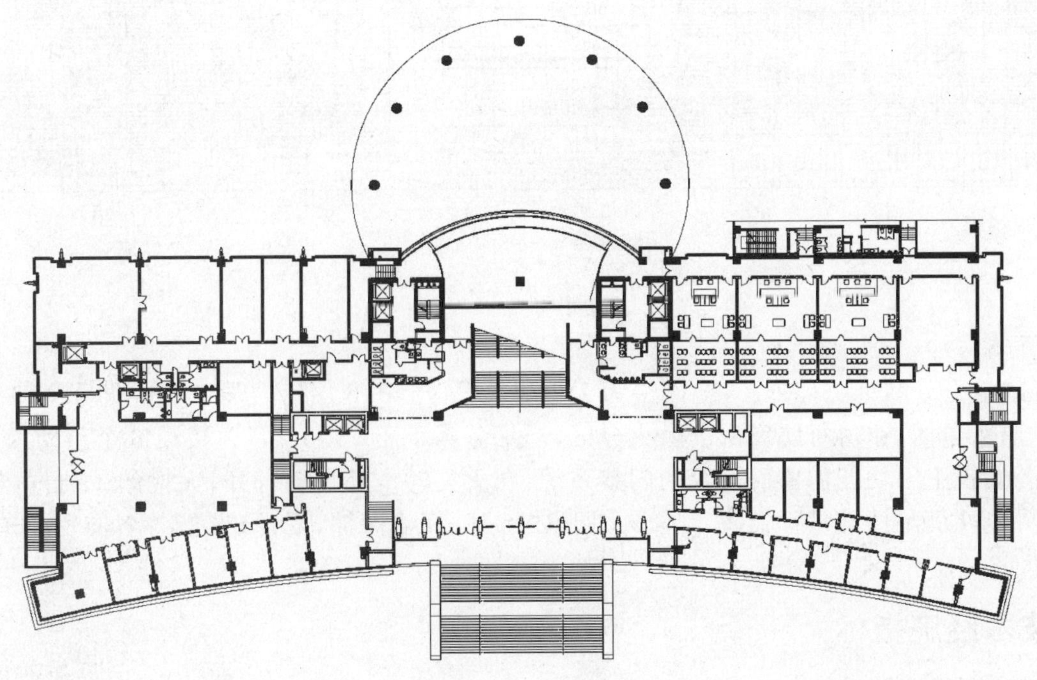
图3　一层平面图

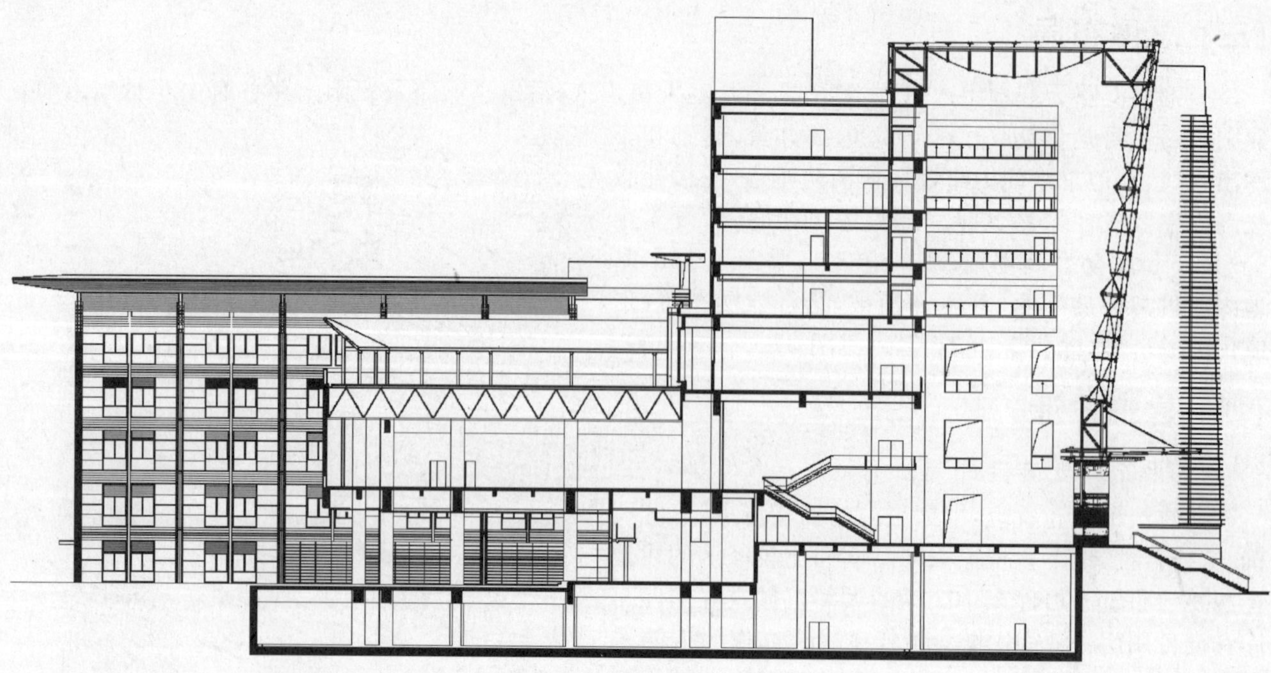

图4 剖面图

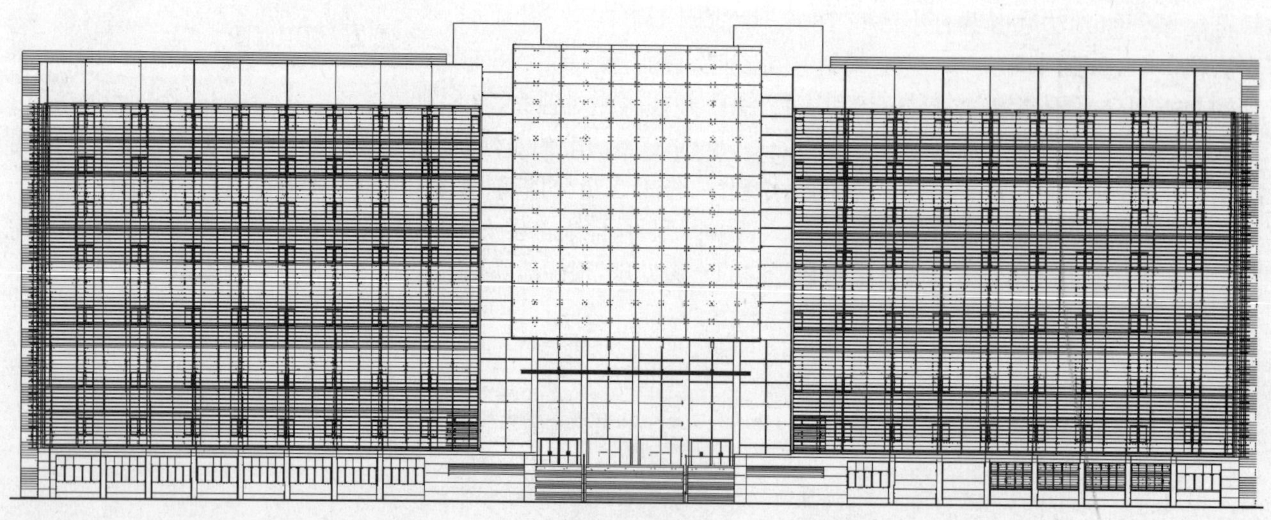

图5 立面图

2. 消防设计

主楼的地下分两个防火分区，地面层为 1 个防火分区，1～3 层每层设 2 个防火分区，4～7 层每层为 1 个防火分区，裙房每层设 1 个防火分区，防烟分区小于 500 m^2。主楼设 6 个消防楼梯，裙房设 2 个，各通道上因功能需要而设置的门禁系统，在火灾时全部自动打开，大楼的 13 台电梯中有 2 台消防电梯，均满足消防设计需要。本设计中对环卫、劳动保护、安保、节能等各方面均有一定的措施。

(五) 技术经济指标

技术经济指标见表 1。

表 1　技术经济指标

项目		指标
建筑规模		39 343 m^2
总用地面积		20 398.7 m^2
总建筑面积		34 989 m^2
其　中	地　上	29 520 m^2
	地　下	5 469 m^2
建筑基底面积		7 027 m^2
容积率		1.66%
绿地面积		6 426 m^2
绿化率		31.5%
主要层高		地上 6.0、4.2 m
		地下 3.6 m
机动车停放数量		225 辆
其　中	地　上	63 辆
	地　下	162 辆
自行车停车数量		757 辆
其　中	地　上	303 辆
	地　下	454 辆

二、结构设计

该工程由于平面的不规则及楼层数和地下室情况不同，在主楼与裙房之间设沉降缝兼防震缝，分成主楼和裙房 2 个不同的结构单元。

主楼地下 1 层，地上 7 层，采用框架-剪力墙结构，现浇梁板体系，框架属三级抗震等级，剪力墙属二级抗震等级。基础采用桩＋筏板基础。

裙房地上 5 层，采用框架结构，现浇梁板体系，框架属三级抗震等级，裙房屋面采用网架结构，以满足建筑大跨度的要求。基础采用桩＋柱下独立承台＋拉梁的基础形式。

(一) 基础设计

地基采用钻孔灌注桩，ϕ700 mm×42 000 mm，以⑦$_2$层草黄色粉砂为持力层，单桩承载力设计值 2 800 kN。草黄色粉砂层的物理力学性质较好，P_s值较大，厚度较厚，是本工程理想的桩基持力层。

主楼平面长度达 116 m，且形状不规则，通过设置施工后浇带解决混凝土的收缩问题，经过四年多的使用，情况良好。

(二) 主楼结构设计

1. 主楼结构布置

主楼平面长度达 116 m，且门庭入口处有高度达 38 m 的共享空间及底部楼板错层，为此在主楼地面以上设置两条抗震缝，兼作伸缩缝，把主楼在地面以上结构分成三个部分，使得这三个部分平面和竖向均为规则结构，以解决不规则体型的抗震设计问题和建筑物超长的温度变形问题（见图 6）。

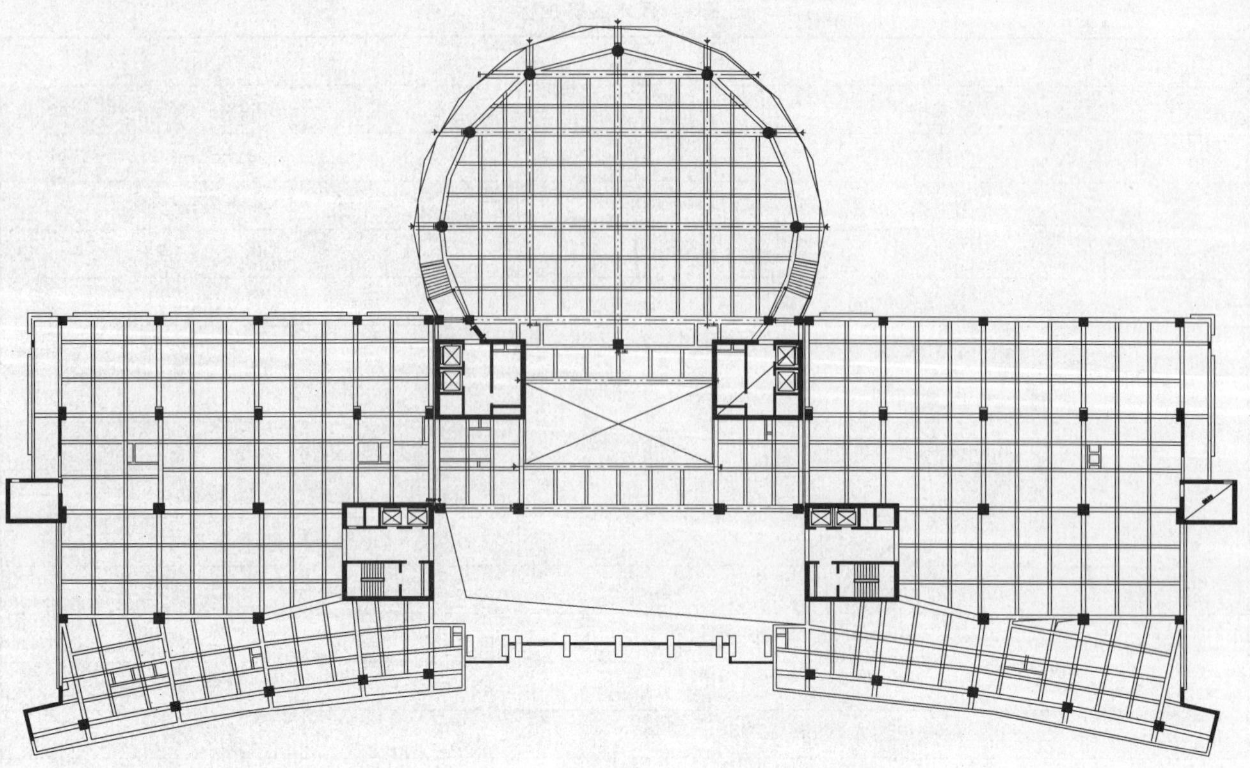

图6　主楼结构平面布置图

利用楼梯间及电梯间作为剪力墙，根据建筑要求设置框架柱，布置为框架-剪力墙结构。楼面 1.5 m 标高以下 3 层楼板连续错层，嵌固端设在地面层－1.5 m 标高楼面，其上由两条抗震缝分成三个部分，在电算中采用多塔、错层及弹性楼板处理，并取足够的振型数，以符合实际受力模型，并在构造上采取加强措施（见图 7）。

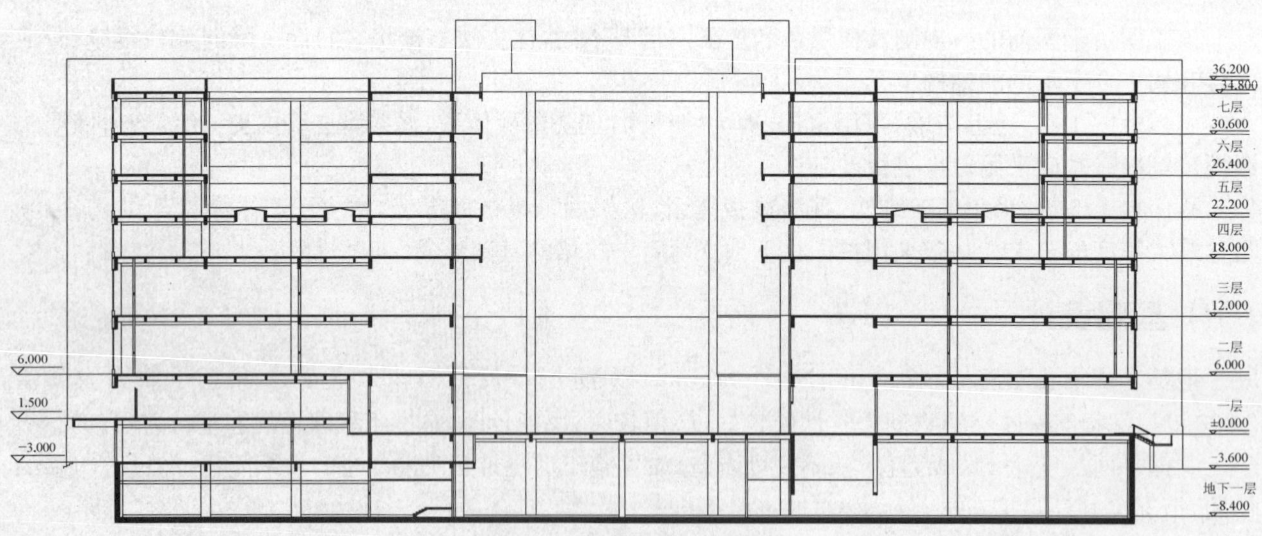

图7　主楼结构竖向布置图

2. 审判大厅预应力设计

审判大厅为直径达 33.6 m、外挑 2.6 m 的大空间结构，采用双向有黏接后张法预应力框架梁（见图 8），两方向按位移协同设计，并借助悬臂平衡跨中弯矩，梁高度 1 600 mm，普通钢筋混凝土井字梁为次梁。施工中注意控制张拉顺序，并考虑其对结构的影响。

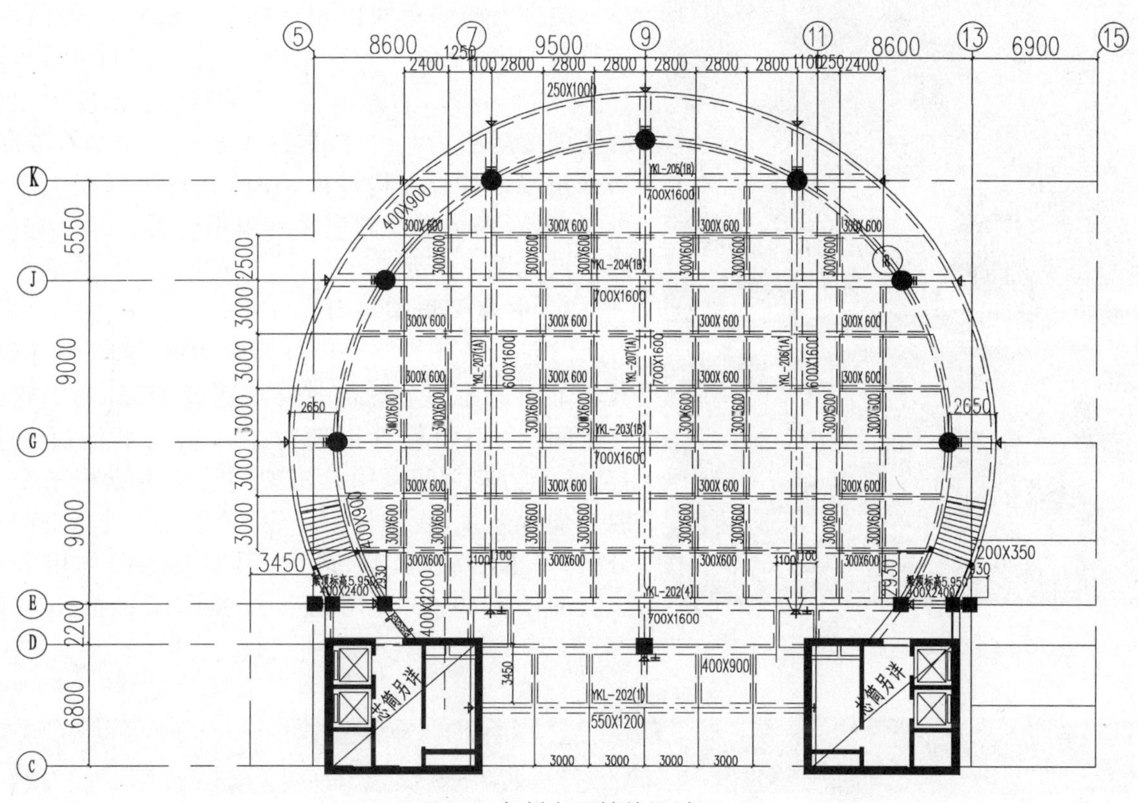

图8　审判大厅结构设计图

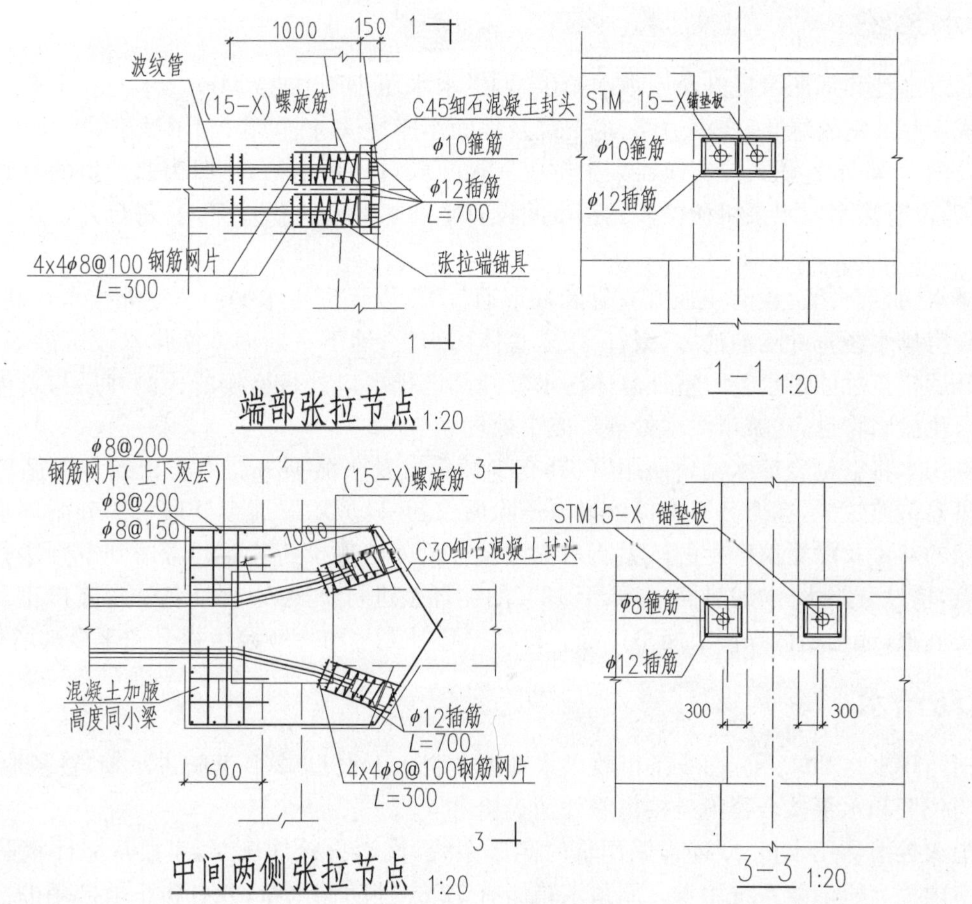

图9　审判大厅节点布置图

图10　门庭入口处的玻璃体

预应力筋采用我国现行标准高强低松弛钢绞线，抗拉强度标准值 $f_{p_{tk}} = 1\ 860$ MPa，弹性模量 $E_s = 1.95 \times 10^5$ MPa，直径 $d = 15.70$ mm。预应力梁的混凝土强度等级为C40，模具封头为C30级细石混凝土。当张拉端锚具设在构件内部时，其封头混凝土强度等级为C45，张拉端及固定端均采用Ⅰ类STM锚具。端部节点见图9所示。

3. 中庭管桁架设计

门庭入口处为一个内外互融的玻璃体，向外倾斜，其自下而上为一个统贯各层高达近40 m的中庭式共享空间，采用两榀管桁架与主体结构的混凝土柱铰接，两根桁架之间采用管桁架与预应力索桁架交叉的混合支承体系，在设计中采用SAP2000进行空间受力分析，考虑活载、恒载、风载、温度及地震作用等各种工况的不利组合，并考虑张拉顺序过程的不利因素（见图10）。

三、给排水设计

(一) 给水系统

给水通过水池和加压泵提升至屋顶水箱供给，供水水压小于0.45 MPa。水池和水箱均采用耐氯不锈钢拼装式产品。室外绿化、浇洒道路、地下室及地面车库冲洗、洗车等，利用城市管网水压直接供水。

热水设两台水-水容积式热交换器集中供应。水源取自屋顶水箱，热源为锅炉房的高温热水。为保证供水温度，设有热水回水泵机械循环。茶水间设有电加热开水炉供应开水，每台开水炉进水处配有净水装置。

室内排水污、废合流，设有主通气立管和环形通气管，以保证排水畅通。室外排水在基地内采用雨、污分流。厨房排水经室外隔油池(二级)后接入总体污水管；地下室地面冲洗排水设沉砂隔油集水坑，用潜水泵提升后排至总体污水管。室外总体污水管经基地排出口处带格栅的检测井后与总体雨水管合并接入市政合流排水管道，送城市污水处理厂集中处理。

为节省用水将空调冷却水循环使用，仅补充少量蒸发及飞溅损失。为防止经多次循环后的水质恶化影响冷凝器传热效果，在循环泵出口处设电子除垢仪，并设旁滤器连续处理一部分循环水以去除冷却过程中带入的灰尘及除垢仪产生的软垢。系统还设有杀菌消毒投药装置。考虑到审判法庭办公楼空调使用的特点，增设旁路水-水加热器，对低于12℃的循环水进行预热，以保证冬季冷冻机正常启动。冷却塔设于裙房屋顶，选用超低噪声节能型产品。冷却循环补充水由变频泵组提升送至冷却塔集水盘。

(二) 消防给水

室外消防用水量20 L/s。由2条市政供水管上各引入1根DN200消防进水管，在基地内形成环网，在总体适当位置和水泵接合器附近接出室外消火栓共4只。

室内消火栓消防用水量20 L/s，采用临时高压系统，设消火栓加压泵，直接从总体消防环网抽水加压后供给室内消火栓消防系统用水。屋顶水箱储有12 m³消防储水量，并有防止被挪用的措施。消火栓栓口动压大于0.5 MPa处设孔板减压。消火栓设置保证室内任何部位有2股充实水柱同时到达。消防箱内均设有消防软管卷盘。

自动喷淋灭火系统用水量 30 L/s，采用稳高压系统，设自动喷淋加压泵，直接从消防环网抽水供给喷淋系统用水，并设有稳压泵和 50 L 稳压罐 1 套。喷淋泵和稳压泵均由压力联动装置控制。报警阀站设在水泵房内。除不宜用水扑救的部位外，所有场所均设自动喷淋保护。每层各防火分区分别设监控阀、水流指示器、泄水阀、末端试水阀及压力表等，并在每个报警阀控制的最不利喷头处设末端试水装置。机械式停车库的下层车位采用快速反应扩展覆盖边墙型闭式喷头，相对交错布置。

手提式磷酸铵盐干粉灭火器设置在各个消防箱下部和其他需要场所。锅炉房配置有推车式磷酸铵盐干粉灭火器。

四、电气设计

(一) 强电

该建筑为二类高层民用建筑，属二级负荷。其中消防设施及电信等重要负荷为一级负荷，因此按一级负荷要求供电，由 2 路 10 kV 独立电源同时供电。根据负荷计算，选用 2 台 1 000 kVA 及 2 台 1 250 kVA 变压器。

该建筑体量较大，故每层设 2～4 个配电间，分别负责各自区域供电。由于法院内电梯使用按不同使用功能分类。因此除在消防设备、弱电机房设双电源自切换装置外，囚犯用电梯也按一级负荷要求供电。另外，在各机房总配电箱及电梯控制箱处安装浪涌保护器。

(二) 弱电

审判法庭办公楼智能化系统工程按甲级智能楼标准进行设计，为全国法院系统较具代表性的智能建筑。大楼智能化系统包括集成管理、楼宇自控管理、综合安保管理、智能化法庭及会议、一卡通管理法庭公告显示等 15 个系统。

该系统的设计特点主要是：

(1) 集成管理系统为 IBMS 系统，能对各电子系统进行集中监视、控制和管理，并与法院办公楼业务系统信息共享。

(2) 综合安保管理系统根据使用功能划分 2 个系统，一个是法警电视监控和报警系统，另一个是大楼物业管理电视监控和报警系统。

(3) 综合布线系统为 3 个物理路由上的子网。

(4) 智能化法庭及会议系统中室内法庭发言系统，书记员，控制的集中控制系统等，能分别对发言、扩声、现场摄影、图像显示、播放等设备进行操作。

五、暖通设计

空调夏季冷负荷为 4 190 kW，配置 2 台制冷量为 1 758 kW 的离心式冷水机组及 1 台 879 kW 的螺杆式冷水机组。冬季空调热源由热水锅炉提供热水经板式热交换器获得。根据空调冬季热负荷为 2 665 kW，选用 2 台板式热交换器，每台换热器换热量为 1 395 kW。

空调水系统采用二管制与四管制并用的方式。空调系统以全空气系统为主，包括大审判庭、中小法庭、候审厅、各类门厅、餐厅、会议室、演播室等近 60 个空调系统。其余各类办公室、贵宾休息室、调解室、案件评议室等采用风机盘管加新风的空调方式。中小法庭均为内区封闭房间，每个法庭设置独立的

空调机组。空调季节，系统按最小新风量运行；在过渡季节，增加系统新风量，从而充分利用室外自然冷源解决室内空调负荷，达到了节能效果，也改善了室内卫生条件。上海高院中央大厅自下而上为一个高近 40 m 的开放式中庭，在夏季，加大了 5～7 层的空调循环风量，并在靠近中庭界面的走道上设置送风口，起到风幕作用，以减少热气流对上部几层的影响，在顶部设置多台排风机，带走顶部滞留的热量。在冬季，相应增大 5～7 层的新风量，尽量利用室外自然冷源解决上部过热现象，并且在中庭东西两侧（靠近南立面）增加了一套机械循环风系统，把顶部的热风通过垂直管井送到底层，从而减小了中庭的温度梯度，改善了上热下冷现象，同时也具有一定的节能效果。

上海市

公安局出入境管理大楼

建设单位：上海市公安局出入境管理大楼筹建办公室

设计单位：同济大学建筑设计研究院

法国夏氏建筑与规划事务所

法国夏邦杰建筑设计咨询(上海)有限公司

施工单位：上海市第一建筑有限公司

撰 稿 人：江立敏　姜　都　奚震勇　罗志远

李　鹰　程　青　黄　穗　苏　生

一、建筑设计

（一）总体布局

该工程坐落在民生路与迎春路及含笑路交口。基地周边建筑高度、体量都较大，且形体方整，彼此之间缺乏关联，该方案以一椭圆的平面，柔化了建筑与周边环境的关系。椭圆的形态没有明显的方向性，没有明显的转角，容易给人以稳定感，易取得与周边建筑的协调（见图1）。

图1　上海市公安局出入境管理大楼

沿民生路一面成为建筑主要立面，办证大厅入口由此进入，西面为办公人员及后勤入口。另外，在迎春路、含笑路设机动车出口。建筑周边设有交通环路，联系建筑各主要出入口。建筑四周道路环通，外围为机动车停车及绿化用地，使建筑与城市之间有着良好的视觉过渡（见图2）。

（二）建筑规模

主体结构为框架-剪力墙结构，地上10层，地下1层，裙楼4层，建筑占地面积为3 431 m^2，地上总建筑面积为18 647 m^2，地下建筑面积为5 169 m^2。建筑总高度为44 m（不包括电梯机房等）。

（三）设计理念

上海市公安局出入境管理大楼是为中、外人士办理证照、签证等出入境服务的一座标志性建筑，应充分体现时代特征、上海风貌、与国际接轨和公安业务等特点。

出入境管理大楼应是一座服务国际化、办公自动化、管理智能化、设备现代化的大楼。

出入境管理大楼在充分满足办证、办公、会议、后勤等功能要求的前提下，应力求塑造独具一格的建筑造型。

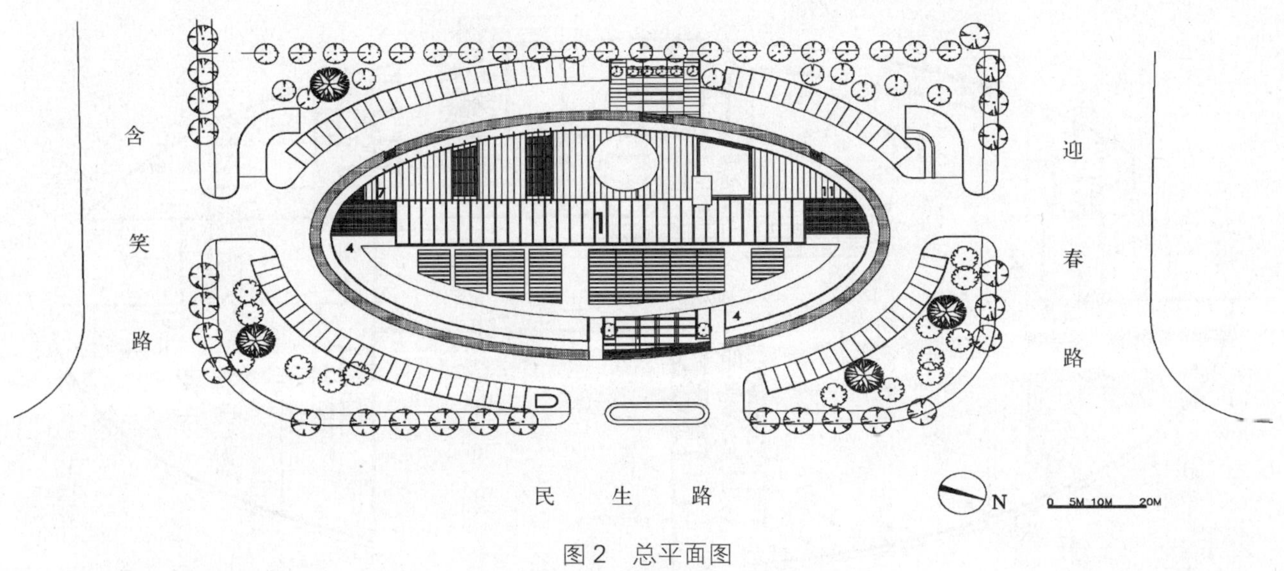

图2　总平面图

（四）功能设计

1. 平面布置

(1) 项目内容分析：

该工程主要的功能由两部分组成，一是为中外人士出入国境办理各类证照及相关服务，二是为出入境管理局的各科处提供办公场所。

1～3层主要满足对外办证及相关办公的功能，其他层为各科处办公场所(见图3～图6)。

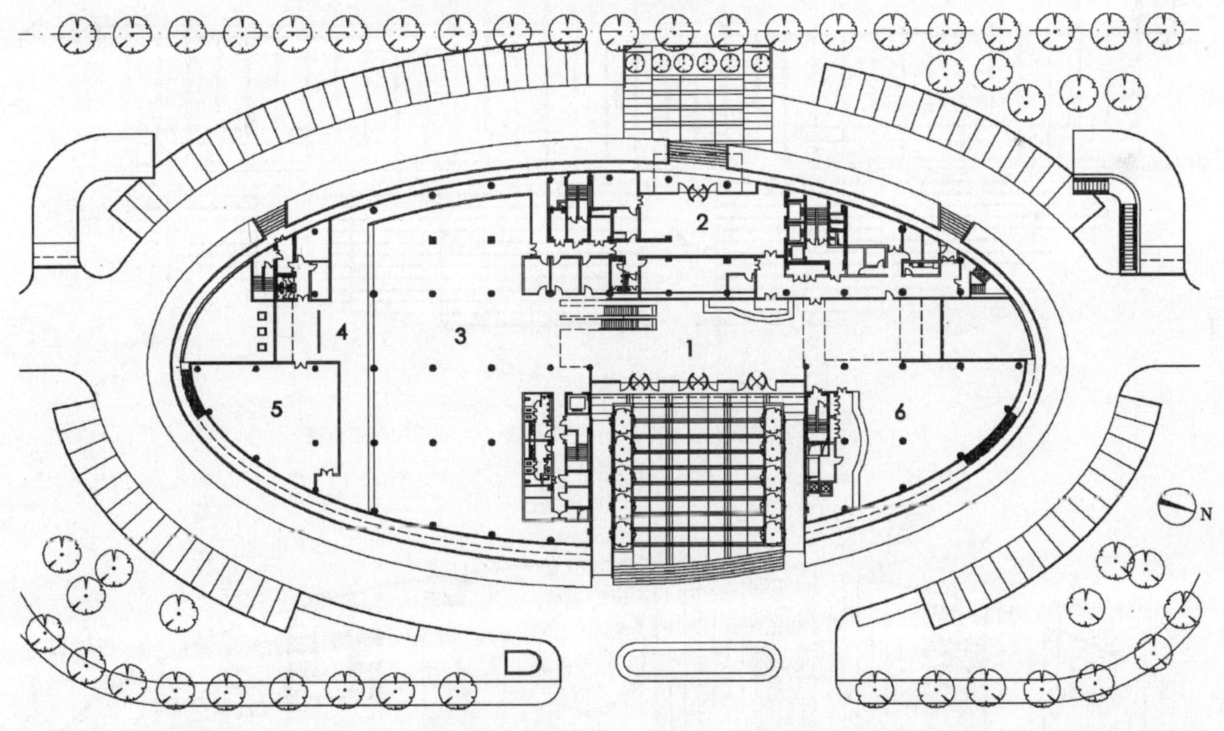

1. 公众入口门厅　2. 办公入口门厅　3. 办证大厅　4. 办证柜台　5. 办证工作人员办公室　6. 服务大厅

图3　1层平面图

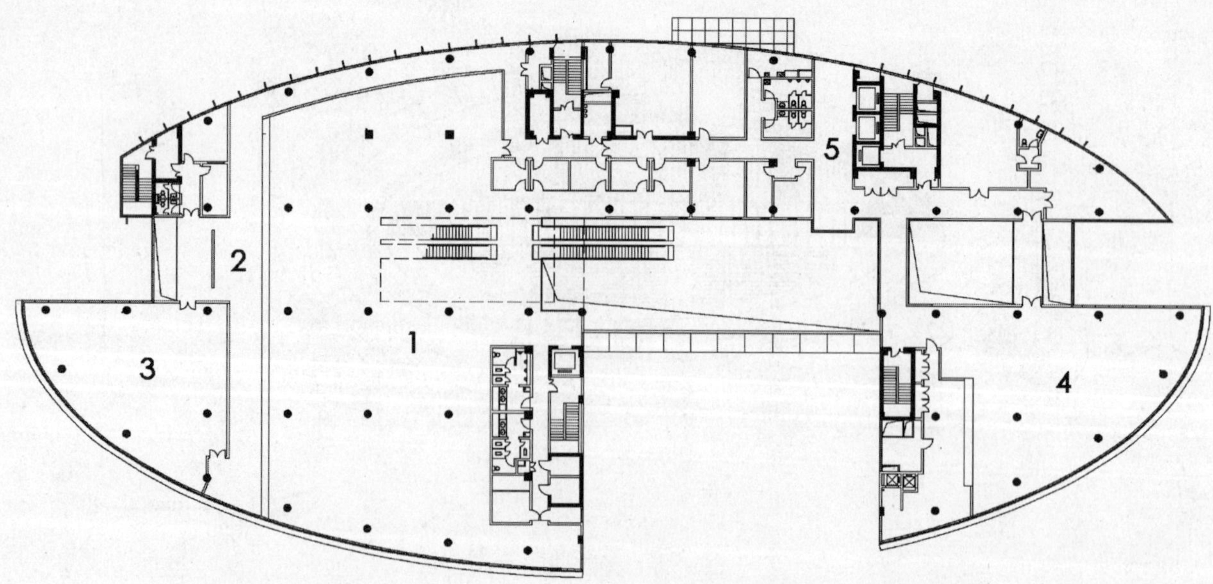

1. 办证大厅 2. 办证柜台 3. 办证工作人员办公室 4. 职工餐厅 5. 电梯厅

图4 2层平面图

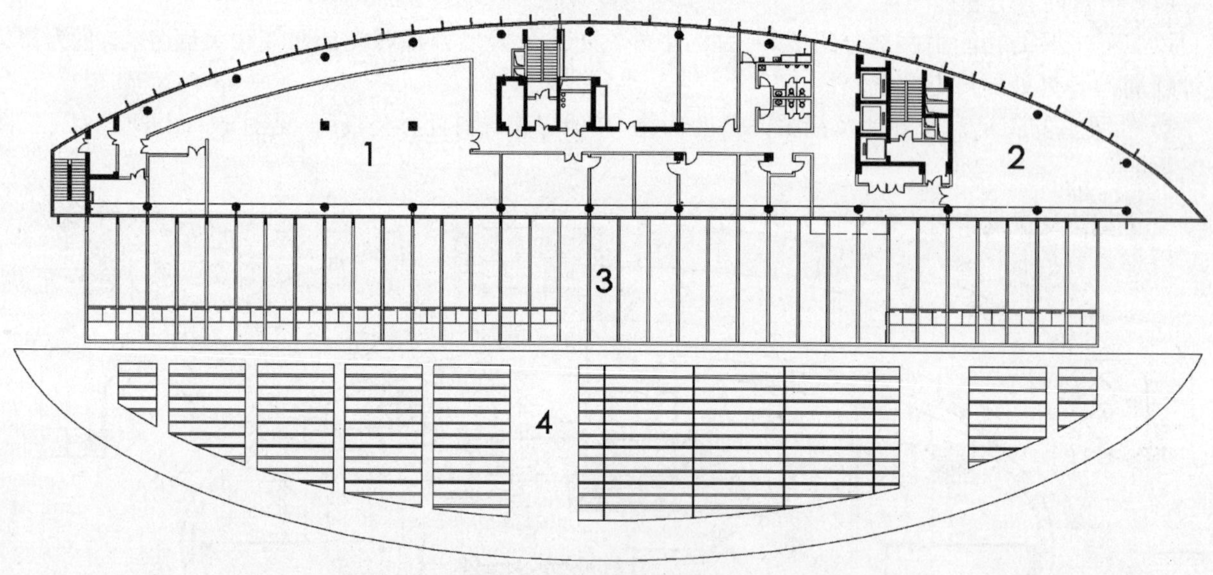

1. 主机房 2. 大空间办公室 3. 中庭玻璃顶 4. 裙房屋顶铝格栅

图5 5层平面图

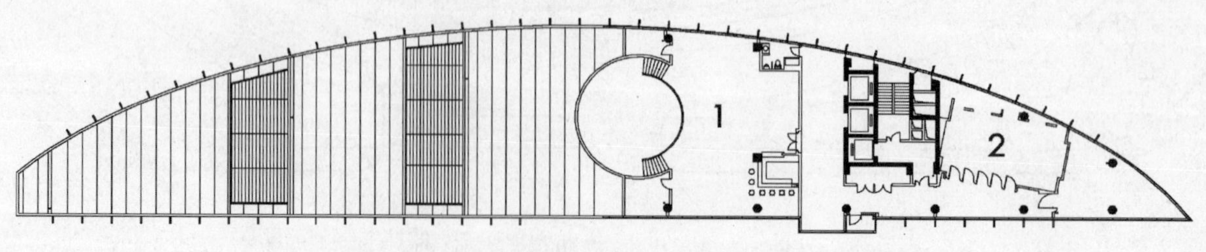

1. 十警活动室 2. 会议室

图6 10层平面图

(2) 各层平面功能分布和面积(见表 1):

表 1　各层平面功能分布和面积

层　号	功　　能	面积(m^2)
地面 1 层	办证大厅(国内部分)、服务大厅与大办公室、贵宾接待室等	3 431
地面 2 层	办证大厅(团体部分)、会谈室与大办公室、会议室、资料室,以及职工大餐厅和贵宾接待及小餐厅等	3 041
地面 3 层	办证大厅(外国人部分)及其办公、会议、资料室,以及电话咨询台等	2 985
地面 4 层	会议中心、领事接待室、展示厅、培训中心、大办公室及会议、资料室	2 818
地面 5～7 层	科技设备室、制证中心以及大办公室、会议室、资料室;领导办公层以及会议室、健身中心、多功能演视厅、音像资料视听室等	1 250
地面 8 层	政治处与处办公室	1 002
地面 9 层	警卫休息室及健身房	766
地面 10 层	警员休息室和双边会议室	518
地面 11 层	设备层	336
地下 1 层	机动车、非机动车停放,档案库房、后勤库房、厨房、沐浴房、理发室,审讯室、滞留室以及机电设备用房	5 122
备　　注	地上总建筑面积	18 647
	地下总建筑面积	5 169
	总建筑面积	23 816

2. 剖面设计及交通组织

地下室层高 5.2 m,停车部分层高 4.2 m,底层层高 5.7 m,2～5 层层高4.7 m,6 层以上为 3.7 m。

办证大厅设有自动扶梯上下 1～3 层,并有专用电梯及楼梯,办公部分有专用电梯 2 部,消防电梯 1 部,另外,均匀布置的楼梯,能满足使用及疏散的要求(见图 7 和图 8)。

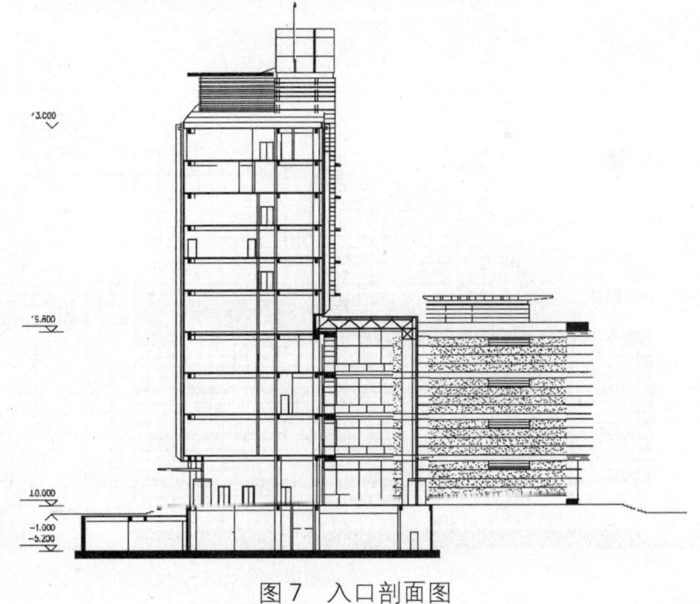

图 7　入口剖面图

(五) 环境设计

整个建筑周边为 1 m 高的草坡台基。东面主入口以石材铺地为主,以两侧花池内种植竹子为辅,西面办公入口与环形车道接合,有较大乔木作为其空间的限定。南北两端在主楼和裙房形体交接的凹口设有水景。基地周边以绿篱作为围护与隔断,其他绿化区域配以自由布置的草地及灌木。

(六) 造型及立面设计

出入境管理大楼是国门的标志,就其功能而言,在形态上应有其独特性。方案从一椭圆形体着手,经过一系列切割与穿插,形成了以一斜边斜冲向上的趋势。向上的斜边使人联想到航船的边弦,建筑中高高突出的楼梯间使人联想到航船的桅杆。同时避免简单的具象模仿,而是以形体的穿插,从深层次表现出新世纪航船的喻意(见图 9 和图 10)。

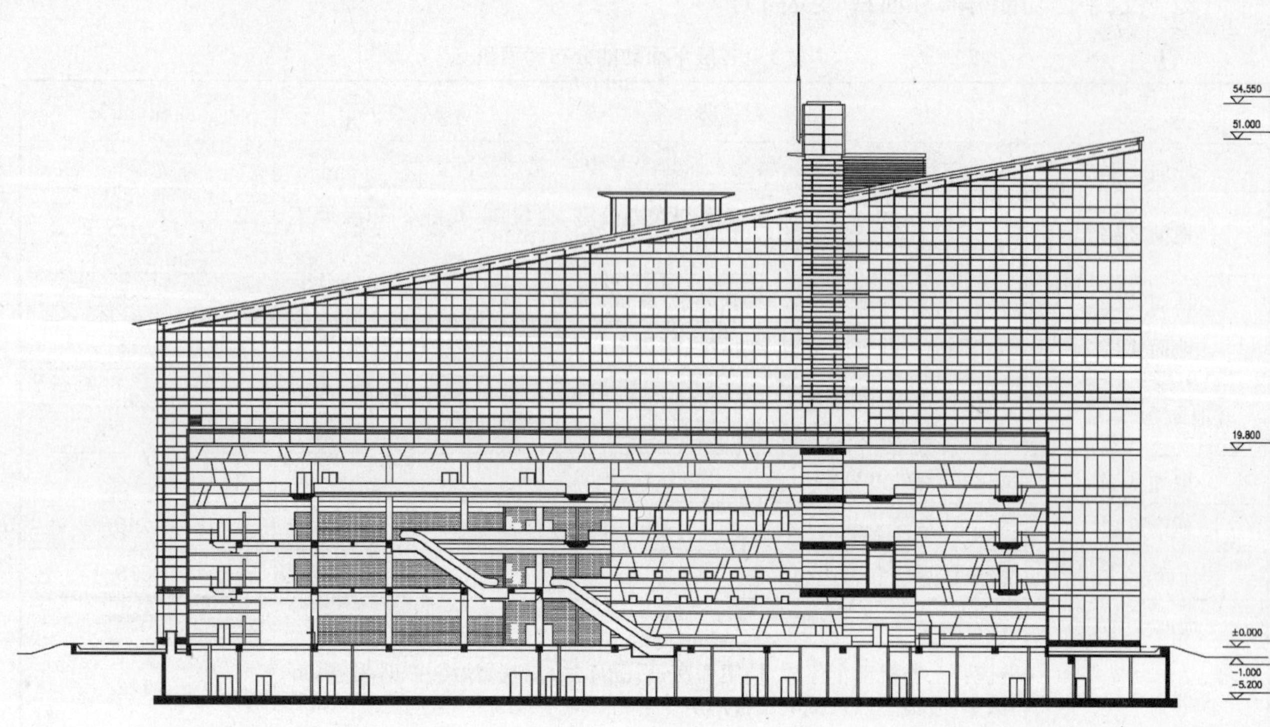

图8　中庭剖面

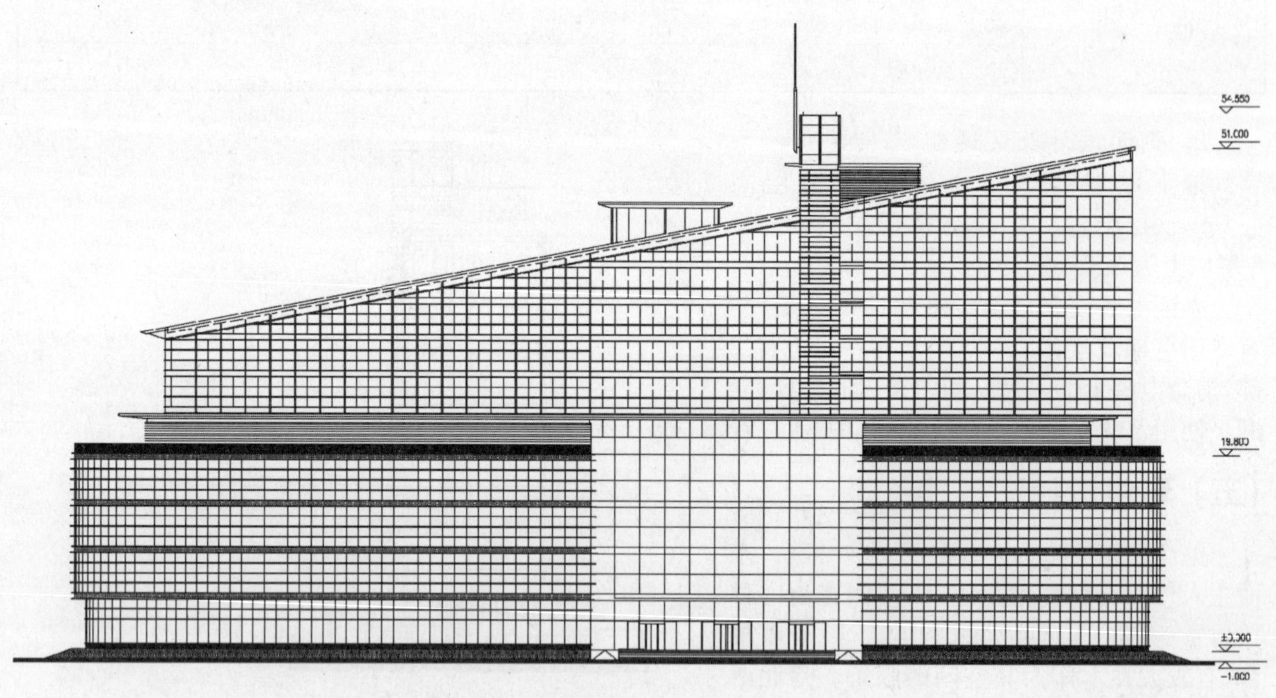

图9　东立面

设计上，用简洁流畅的形态，尽量简化的建筑语言来表现该建筑，外墙以大面积的玻璃幕墙和金属百叶为主，让人充分体会到现代建筑的技术之精美；而磨砂玻璃和透明玻璃的交错布置，避免了大面积的反光，更表现出独特的雅致，增强了建筑的亲和力。

（七）围护及节能设计

整个建筑四周的围护墙体几乎全为透明玻璃幕墙，另外裙房屋面为一般混凝土屋面，上加水平金属格栅,主楼屋面为混凝土屋面上做铝板屋面,中庭顶部为透明玻璃。这种做法必然会带来节能方面的问题,因此,在具体的操作中,尽量采取了一些节能的措施(见图 11)。

1. 建筑布置与体型

该项目各建筑外轮廓基座 4 层为椭圆,高层主体为半椭圆,无明显凹凸变化,有利于节能。

2. 外墙

建筑围护结构虽多为玻璃幕墙,但均考虑采用相对节能的双层中空玻璃,内片玻璃采用 low-e 玻璃(6+9A+6yle-0182),热传导系数 $K\leqslant 0.36\ W/(m^2\cdot ℃)$。同时设置了大量水平与垂直百叶,利于节能,屋面加设架空金属板层,有利于通风,增加反照热量,以降低屋面板温度,从而减少空调能耗。

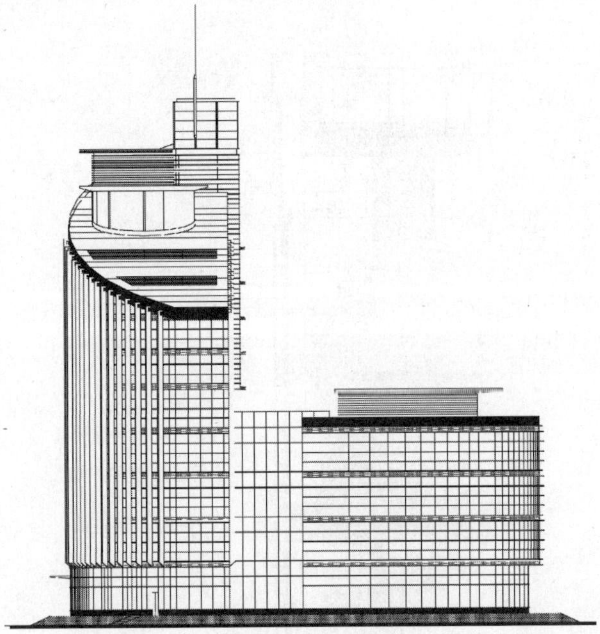

图10 南立面

(八) 消防设计

1. 总体消防设计

建筑与周围建筑的最近距离大于 13 m(最小防火间距),满足规范规定的防火间距要求。

建筑四周均有消防环道,道路宽度为 7 m。高层部分消防登高面在西侧,满足长度及登高场地要求。

主要的出入口前预留集散的空地,满足办证大厅紧急疏散时的要求。

基地周围东、南、北均与城市干道相通,满足疏散要求。

楼内设有消防控制室,在地下 1 层,紧邻疏散楼梯。锅炉房、变电室、柴油发电机房设于地下 1 层,通过汽车坡道直通室外,或与直通室外的出入口相邻。

2. 建筑消防设计

(1) 建筑为高层民用建筑,建筑物的耐火等级为一级。

(2) 防火防烟分区:

地下室部分:设 4 个防火分区,其中汽车库为一防火分区;档案库为一防火分区,设气体灭火装置;审讯室部分为防火分区,设自动喷淋;与设备用房相连部分为一防火分区,设自动喷淋;设备用房以及厨房设防火门,不计入防火面积。

裙房部分:共设 10 个分区,其中与中庭相连部分 1 个防火分区,其余部分与中庭相通处设防火卷帘或防火门与中庭相隔,同时中庭顶部设自动排烟窗,其余部分均设可开启外窗,满足排烟要求面积。

标准层:每层为一防火分区,设喷淋,满足面积要求。

主楼内设 3 部防烟楼梯,1 部消防电梯,裙房增设 2 部封闭楼梯。

每个防烟分区面积小于 500 m^2,防烟分区主要采用梁或挡烟垂壁进行分割。

3. 安全疏散

裙房楼梯总宽度为 6 m,主楼楼梯总宽度为 3.6 m。对外疏散口共有 4 个,总宽度为 25 m。

疏散楼梯至底层或有直接对外出入口,或离主入口距离不超过 20 m(最远 18.5 m)。

4. 防火构造

管道井防火分割采用回填细石混凝土进行每层封堵。

幕墙上下层相接处用防火材料封堵,同时靠近幕墙部分的楼板均设喷淋。

室内钢结构部分均做防火漆,并满足耐火时间。

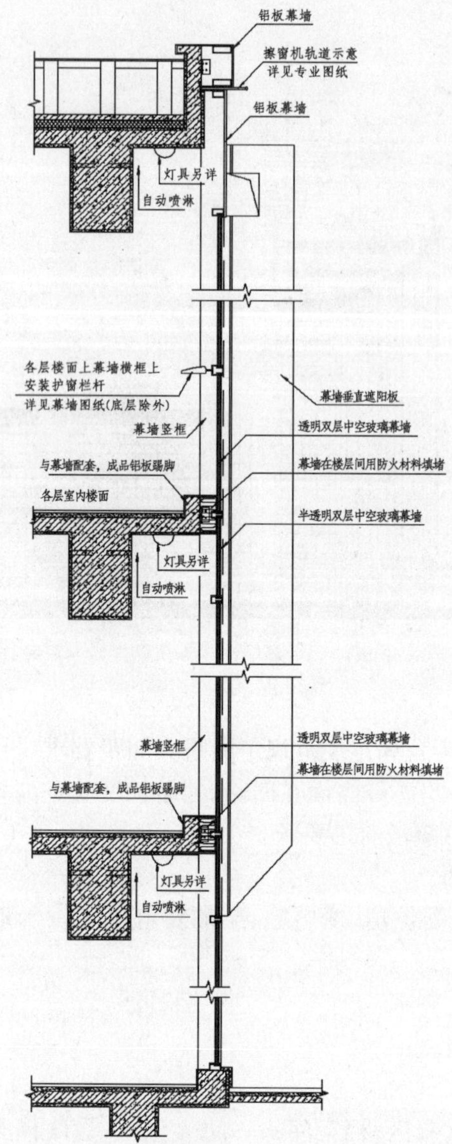

主楼幕墙垂直剖面

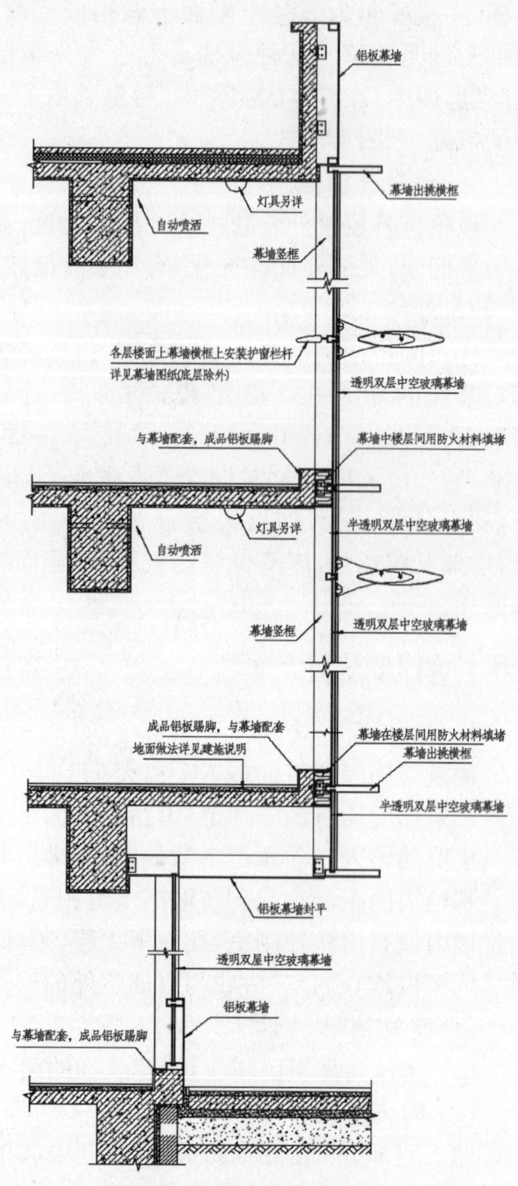

裙楼幕墙垂直剖面

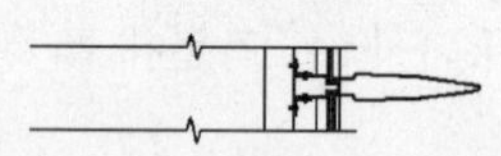

主楼幕墙水平剖面

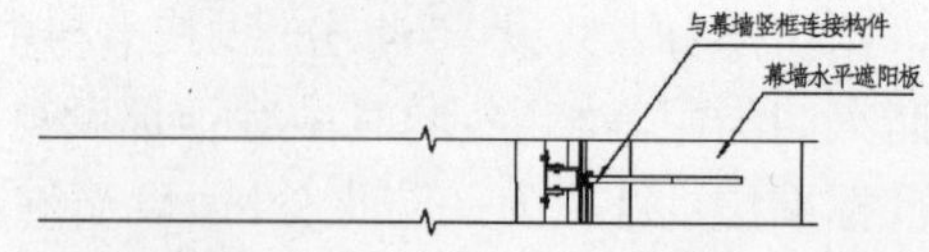

裙楼幕墙标准层水平剖面

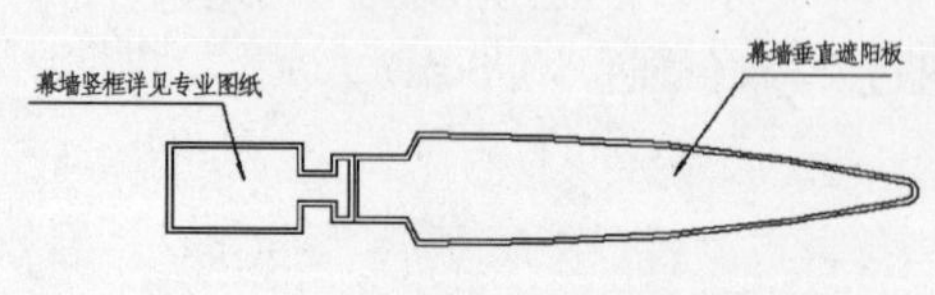

主楼幕墙垂直遮阳板示意

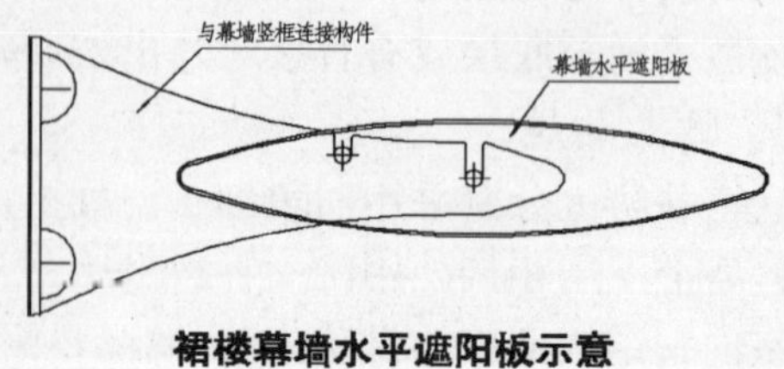

裙楼幕墙水平遮阳板示意

图11 围护设计

(九) 环保设计

1. 项目主要污染物产生及预计排放情况(见表 2)

表 2 项目主要污染物

内容类型	排放源(编号)	污染物名称
水污染物	排水系统(生活污水)	COD、BOD_5、SS、NH_3-N
固体废物	生活垃圾	生活垃圾
噪　　声	水泵、排风机、空调等小于 80 dB	

2. 建设项目环境保护防治措施

(1) 废水防治:

室内生活排水采用污废水合流,室外采用雨污分流。雨污水相对集中后就近排入市政管网。污水集中后经格栅处理排入市政污水管网,生活排水量:105 m^3/d。

(2) 噪声防治:

主要噪声源为水泵、风机和空调机组,该声源有强噪声,机组选用低噪声设备。空调和通风设备采用消声、隔声、减振、隔振的措施,如为座装的空调主机、循环水泵和空调箱(器)配备弹性减振基座,吊装的空调和通风机组设置弹性减振吊架,在冷(暖)水机组和循环水泵进、出口设置可曲挠型橡胶软接头,在风机进、出口设置非燃性的软接头,在空调和通风管道上配备消声器或消声装置,以满足环保部门和设计规范有关噪声控制的要求。

所有水泵均设置减振基础并在进、出水口设置橡胶软接头,以减少噪声。

(3) 固体废物:

统一收集运出。

(十) 建筑技术经济指标

建筑技术经济指标见表 3。

表 3 建筑技术经济指标

项目		指标
基地面积		13 804 m^2
总建筑面积		23 816 m^2
其中	地上建筑面积	18 647 m^2
	地下建筑面积	5 169 m^2
容积率		1.35
道路广场面积		1 670 m^2
绿地面积		4 173 m^2
绿化率		30.2%
机动车停车数		113 辆
其中	地面	73 辆
	地下	40 辆
非机动车停车数		159 辆
其中	地面	125 辆
	地下	34 辆

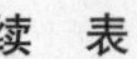

续 表

建筑密度	24.9%
建筑高度	47.7 m
建筑层数	地下1层,地上10层

二、结构设计

(一) 工程概况

该工程地处上海市浦东新区。地下为1层,地上从8层起,逐层收进,地上最高处局部为10层,建筑物总高约52 m。裙房4层,位于建筑物的东侧,裙房与主体采用整体设计。裙房与主楼之间设有中庭,中庭设有钢结构玻璃天篷,贯通建筑物南北。位于西侧的地下车库是纯地下室(上部无建筑物),主楼和地下车库以及主楼和4层裙房之间采用整体设计。建筑物2~4层楼平面呈带切口的椭圆形状,长轴约100 m,短轴约47 m(见图12)。基础类型为桩筏基础。上部结构采用现浇钢筋混凝土框架-剪力墙结构。

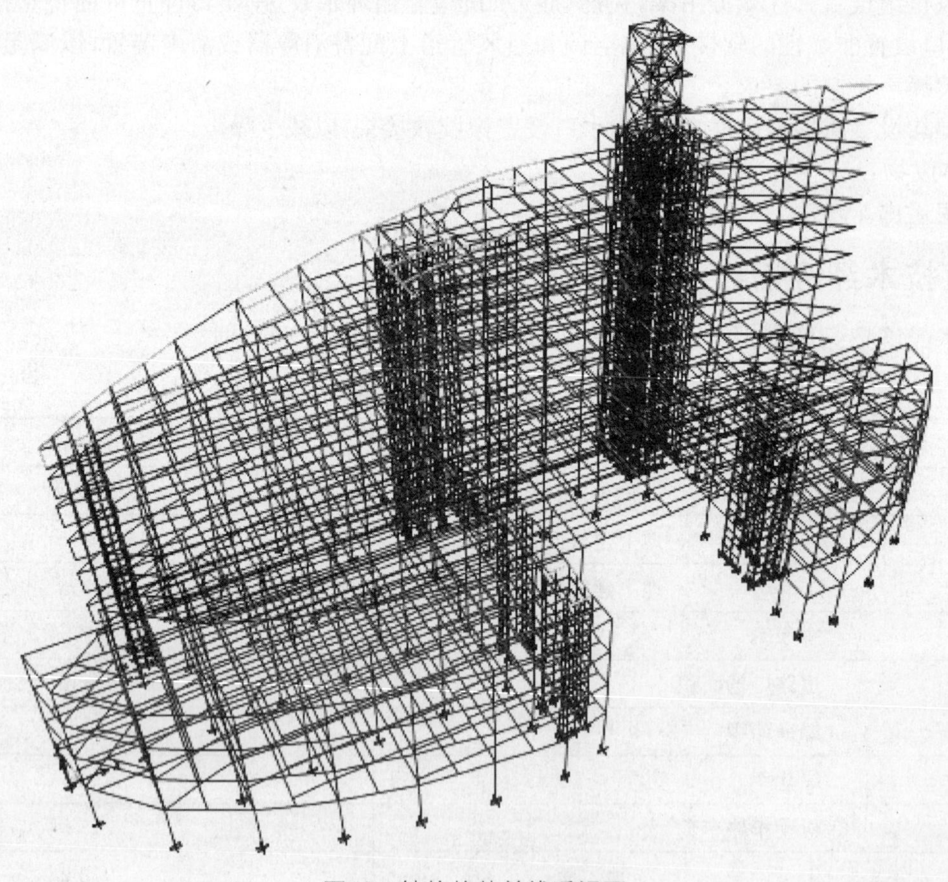

图12　结构构件单线透视图

(二) 地基基础

1. 工程地质概况

地基土层物理力学综合指标见表4。

表 4　地基土层物理力学综合指标

层号	土层名称	层底标高(平均值)	含水量 W (%)	重度 γ (kN/m^3)	孔隙比 e	直剪固快(峰值)		压缩系数 $a_{0.1\sim0.2}$ (MPa^{-1})	压缩模量 $Es_{0.1\sim0.2}$ (MPa)	标准贯入(实测数) $N_{63.5}$	比贯入阻力 P_s (MPa)
						黏聚力 C(kPa)	内摩擦力 ϕ(°)				
②$_1$	褐黄色粉质黏土	2.08	27.8	18.9	0.81	31	18.5	0.36	5.25		0.95
②$_2$	灰黄色黏土	1.58	36.4	17.9	1.05	17	15.0	0.66	3.17		0.57
③$_1$	灰色淤泥质粉质黏土	0.49	47.7	16.8	1.36	11	13.0	1.33	1.92		0.35
③$_2$	灰色砂质粉土	−2.17	28.9	18.7	0.83	3	34.0	0.19	10.02	11.9	2.38
③$_3$	灰色淤泥质粉质黏土	−5.43	43.3	17.2	1.23	11	18.0	0.81	2.80		0.66
④	灰色淤泥质黏土	−14.51	48.4	16.7	1.39	11	10.0	1.18	2.07		0.51
⑤	灰色黏土	−20.35	35.9	17.9	1.04	16	16.5	0.55	3.85		0.91
⑥$_1$	暗绿色黏土	−23.58	22.4	19.7	0.67	41	18.5	0.24	7.02		2.28
⑥$_2$	草黄色粉质黏土夹黏质粉土	−25.67	24.2	19.4	0.71	32	22.0	0.23	7.66		6.44
⑦$_1$	草黄色砂质粉土	−31.54	31.0	18.5	0.88	3	32.5	0.18	10.51	22.1	9.21
⑦$_2$	灰黄色粉砂	−41.71	26.8	19.0	0.76	3	35.0	0.12	14.66	29.5	14.71
⑦$_3$	灰黄—灰色粉砂	未钻穿	26.0	19.1	0.74	2	35.0	0.12	14.66	56.0	22.42

地质柱状剖面见图 13。

2. 持力层的确定及桩型选择

勘查结果表明，该场地属于一般高层建筑桩基条件相对较好的地段，场地内分布的⑤层土及其以上各层地基土多以软弱黏性土为主，由于其含水量高、空隙比大、压缩性高、强度低，均不适合作为拟建办公楼的桩基持力层。而场地内均有分布的⑥$_1$层暗绿色黏土、⑥$_2$层草黄色粉质黏土夹黏质粉土、⑦$_1$层草黄色砂质粉土及⑦$_2$层灰黄色粉砂，不仅土质甚佳，而且埋藏适中，分布基本稳定，是本工程良好的桩基持力层。

从场地地质条件和拟建建筑物工程性质分析，该工程对沉降及沉降差控制要求较严，因此，最终确定选择⑦$_1$层地基土作为桩基的持力层，西侧的地下车库（纯地下室）部位选择以⑥$_1$层土为桩基的持力层。

该工程采用 322 根 JZHb－240－1514C 预制方桩，桩长 29 m，桩号 P1。单桩竖向承载力设计值为 1 850 kN。试桩最大加载量 3 200 kN，最大沉降量 13.99 mm。地下车库采用 65 根 JZHb－240－1111C 预制方桩，桩长 22 m，桩号 P2。单桩竖向承载力设计值为 950 kN，单桩竖向抗拔承载力设计值为 500 kN。P1 试桩结果见图 14。建筑物的最终沉降计算量为 52 mm。根据结构封顶时(2003.12.23)的沉

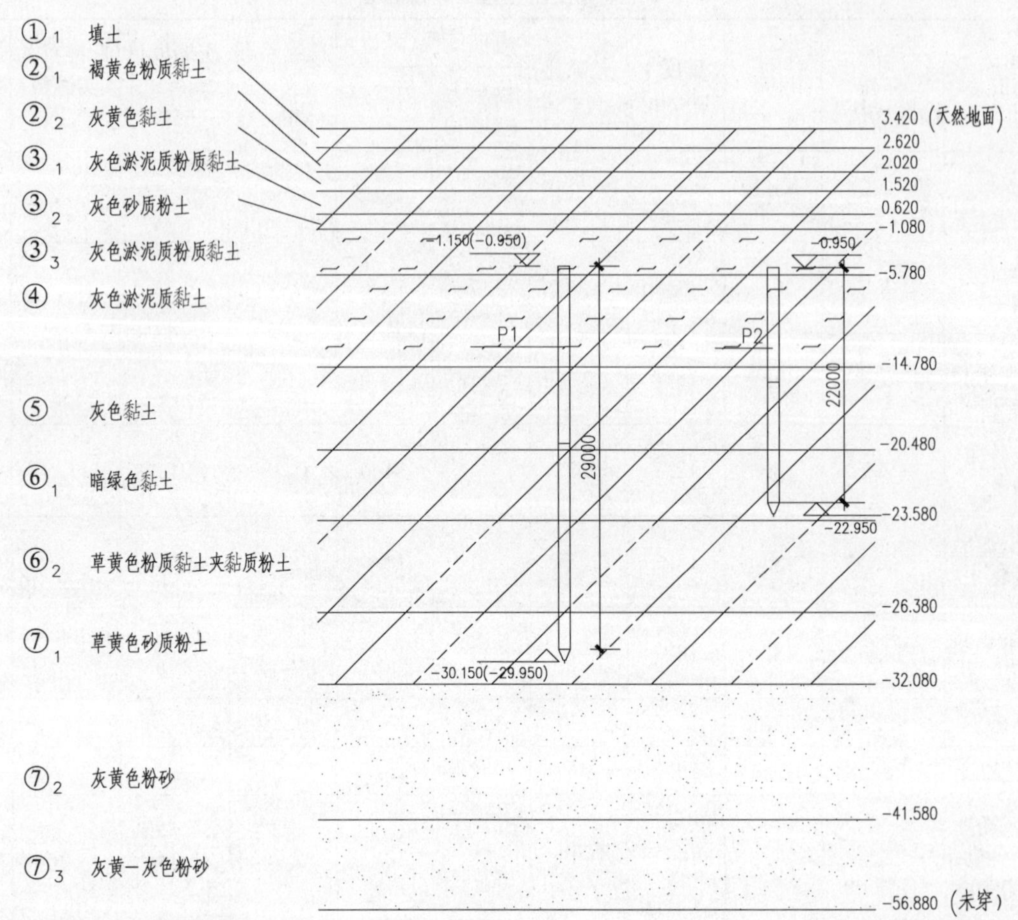

图13 地质柱状剖面图

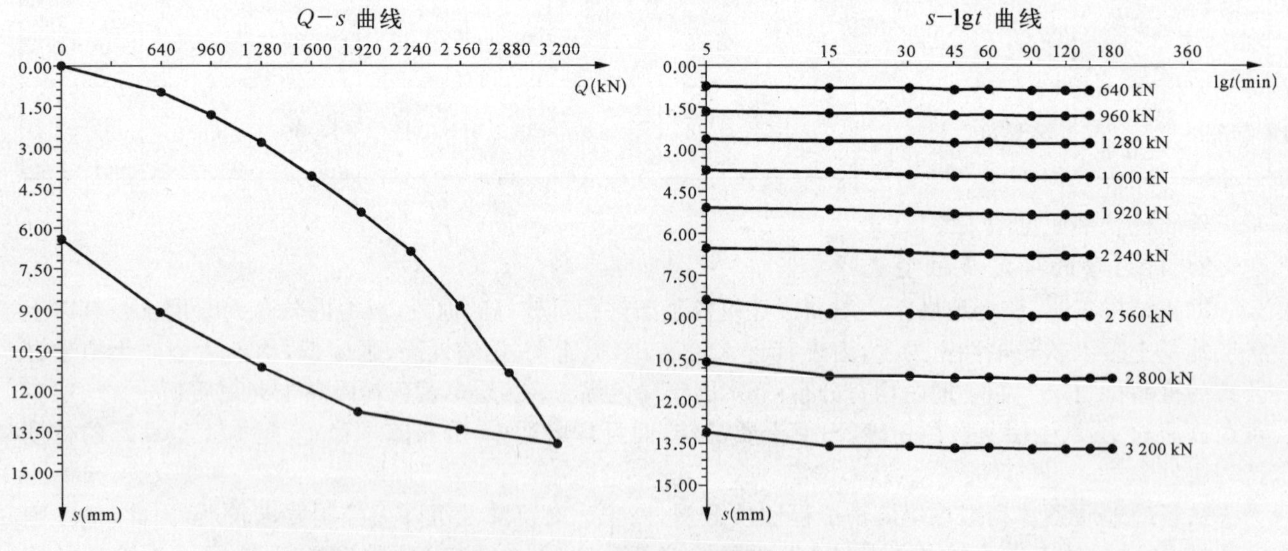

图14 P1试桩结果图

降观测资料，实测沉降量在3～5 mm。

3．基础底板设计

桩承台采用整体筏板基础，主楼范围板厚1.2 m，裙房与纯地下室车库板厚1.0 m。基础设计考虑了地基、基础与上部结构相互作用的影响。由于采用了整体桩筏基础，增加了建筑物的整体性，起到了调节不均匀沉降的作用。

在施工时，为了减少主楼与裙房及地下车库之间差异沉降引起的内力，设置了2道沉降后浇带，从基础到裙房屋顶全部断开，等到结构封顶后，用强度等级提高一级的、早强、补偿收缩的混凝土浇灌，连成整体。

(三) 上部结构设计

1. 结构体系及结构布置

该建筑物的平立面具有如下特点：

(1) 平面凹凸不规则：入口处凹进的尺寸，大于相应投影方向总尺寸的30%，属平面规则性超限；

(2) 楼板局部不连续：2至4层楼面洞口宽度大于该层楼板典型宽度的50%，亦属平面规则性超限；

(3) 如侧立面图中所示，结构竖向局部收进的水平向尺寸大于相邻下一层的25%，属竖向规则性超限；

(4) 建筑物高度达52 m；

(5) 建筑要求有较大的使用空间；

(6) 该工程外围维护墙采用了大量的玻璃幕墙。结合以上所述建筑物特点，并通过方案的分析比较，确定采用框架-剪力墙结构体系。

主要柱网开间尺寸为7.5 m，进深尺寸根据椭圆平面的变化，一般为6.9～11.5 m。楼屋盖的布置采用现浇梁板形式，次梁一般采用井格梁的方式布置。柱子截面尺寸一般为700×700～900×900、ϕ700～ϕ900，沿高度逐渐缩小；剪力墙厚度一般为300厚，底层及局部厚为400(筒体内部墙厚一般为250 mm)。层高底层为5.7 m，2～5层为4.7 m，6层以上为3.7 m。因为层高(尤其6层以上)限制，而建筑设计希望能提供尽可能大的净空，同时设备又需要足够的管线空间，所以框架梁截面尺寸5层以下一般为400×700，个别大跨度梁为600×700、800×800，6层以上一般为400×600；次梁截面尺寸一般为250×500。东南角裙房4层大会议厅将中间柱子抽取，屋盖跨度达22 m，采用预应力混凝土主梁方案减小楼盖结构高度和变形。主入口幕墙与中庭的采光玻璃天篷支承体系采用钢结构。1层、2层结构平面见图15和图16：

2. 上部结构设计的特点

(1) 剪力墙布置：

由于建筑平面布置的限制，只能利用楼梯间、电梯井、设备井等位置布置剪力墙。设计过程中对剪力墙的数量、长度和厚度进行了多次调整，最后如图17所示A～E处，形成5个小筒体，增强了结构的抗扭刚度；同时使结构沿各主轴方向(x和y)的侧向刚度较接近；剪力墙间距约为35 m，满足规范要求。其中A～C三筒主要控制主塔的扭转效应，D、E两筒主要是针对2～4层楼面大开洞与深凹口等的平面不规则性而设置，加强底部大底盘的抗侧刚度，控制凹口两侧的水平位移差，并减少塔楼与大底盘的偏心距。

(2) 2～4层天桥的处理：

2～4层楼面主楼与裙房之间的天桥，可采用刚性连接或非铰接连接的方案，考虑到结构抗震体系的整体性、为入口与中庭的大面积玻璃幕墙和采光玻璃天篷提供足够刚度的支承构件等原因，该工程采用了刚性连接的方式，天桥宽2.8 m。因为洞口面积超过连接处面积的1/2，凹口深度超出规范限值更多，故构造上对天桥结构进行加强设计，板厚加厚至300 mm，双面双向通长配筋，同时在板边设型钢混凝土梁并与框架柱或剪力墙有效拉结，以保证平面内剪力有效传递，并提高延性(见图18)。另外，洞口附近的楼板也加厚至150 mm。这些处理将裙房和主体形成一个刚性连接体，对控制结构的扭转也起到关键作用。

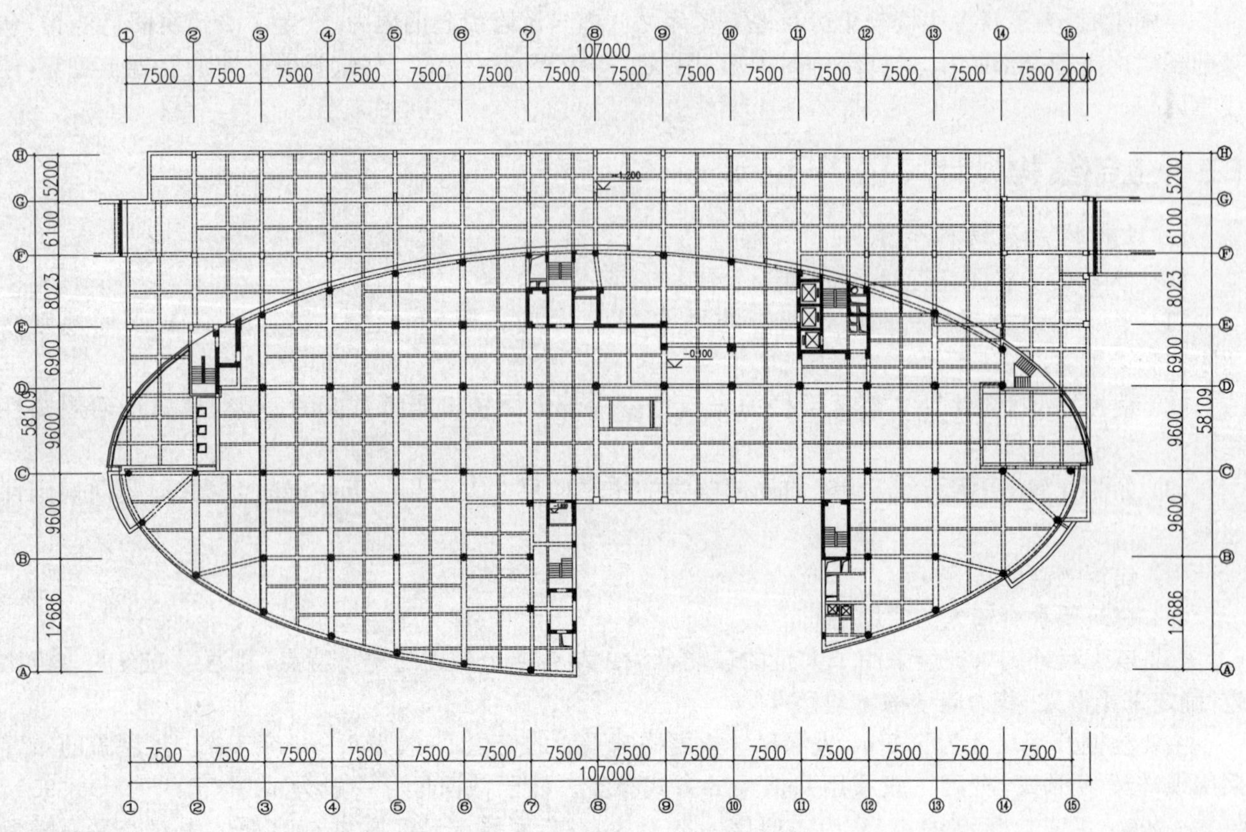

图15　1层结构平面布置图

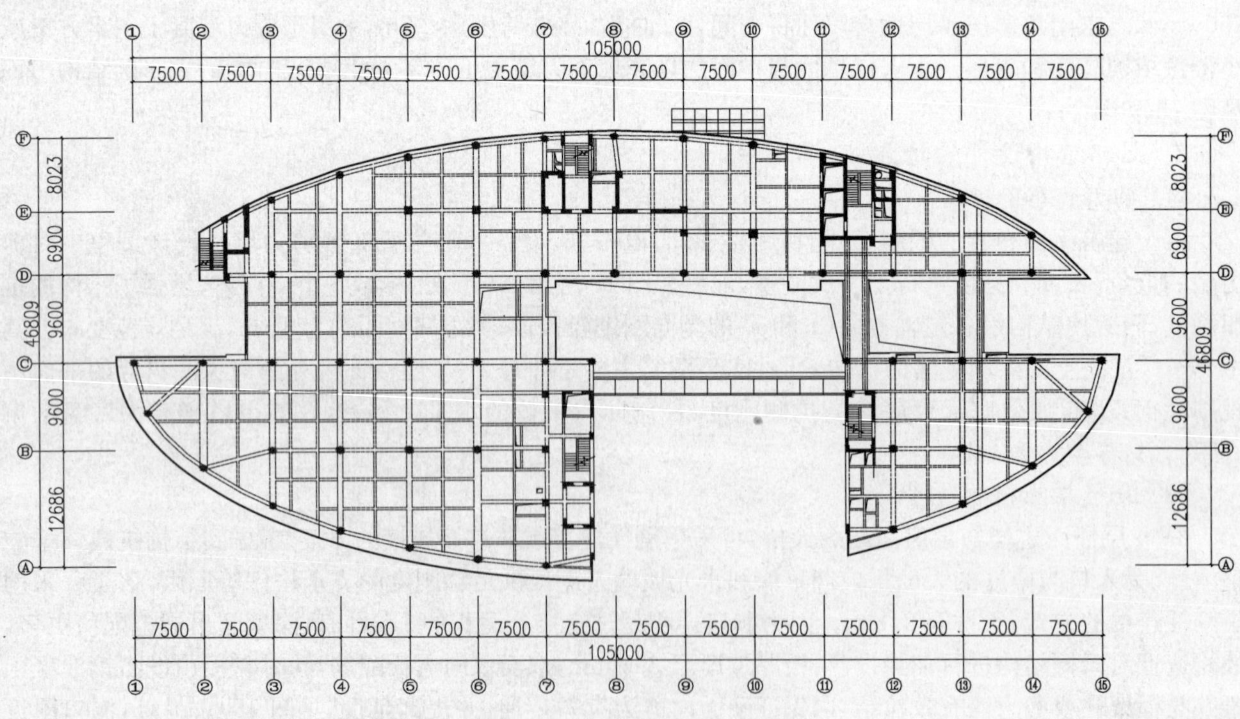

图16　2层结构平面布置图

（3）地下室顶盖设计：

地下室顶板加厚至 180 mm，采用双层双向配筋，提高配筋率；加厚地下室外墙，沿西侧主楼外圈轴线增设地下室内墙，加强地下室结构的楼层侧向刚度，使其不小于相邻上部楼层侧向刚度的 2 倍（经计算达 4 倍以上），地下室顶板可视作上部结构的嵌固端。

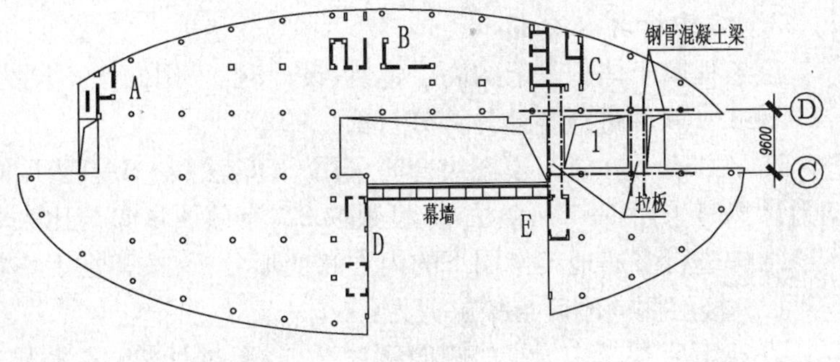

图 17　剪力墙平面布置图

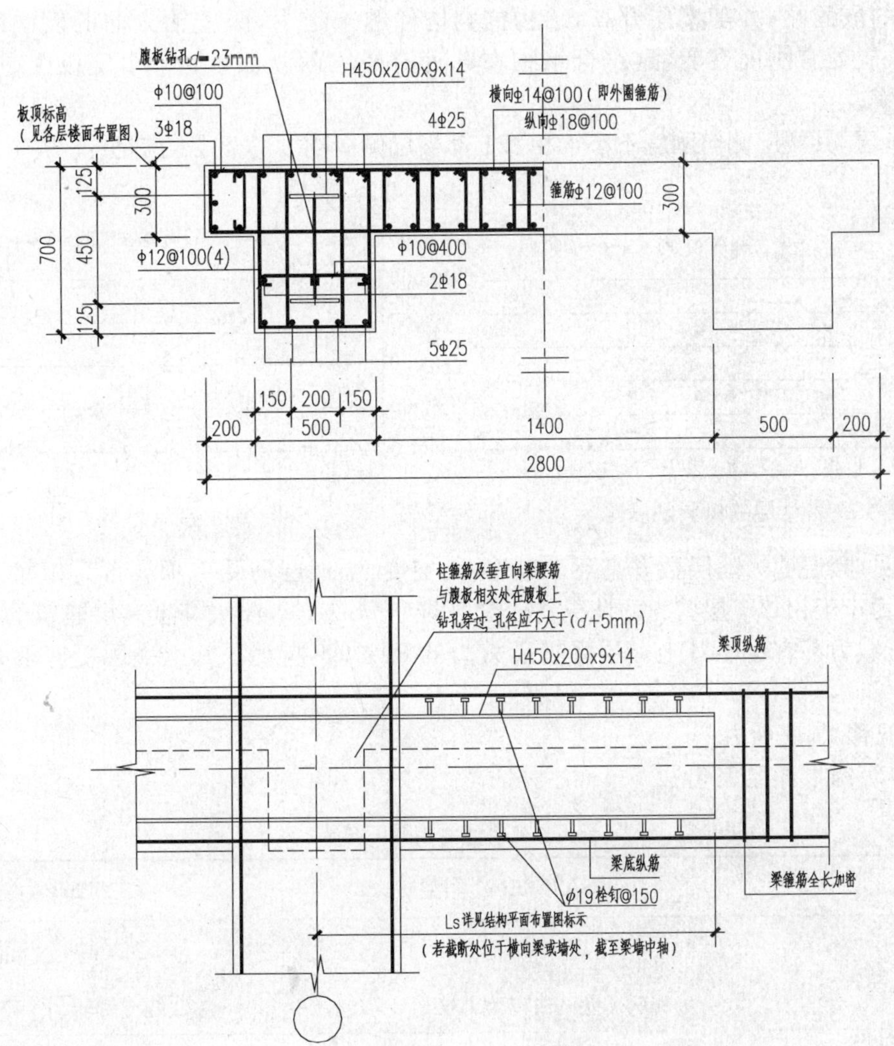

图 18　天桥型钢混凝土剖面详图

（4）立面收进的结构处理：

裙房 5 层楼面 C－D 轴为中庭天篷，且为裙房混凝土结构部分的屋顶，故加强 4 层楼盖，增加楼板厚度，提高配筋率，加强收进部位的竖向构件（尤其是中庭两侧），适当提高配筋以增强其延性。

（5）中庭幕墙与采光天篷的支承结构设计：

中庭幕墙与采光天篷的支承结构，采用整体设计的理念，增加了该支承结构的稳定性，亦满足了建筑师提出的“支承结构构件简洁，结构构件形式统一”的要求。中庭顶篷与裙房屋顶，以及中庭顶篷与东入口幕墙的支承结构在横向（C－D 轴间）统一采用两端铰接的“Γ”形刚架作为主骨架。纵向采用钢梁与“Γ”形刚架的侧向刚性连接形成框架，并使整个幕墙支承系统可靠地依附于主体结构。

3. 结构计算与分析

该工程属于体型复杂的高层建筑，设计时，采用两个不同力学模型的结构分析软件——SATWE 和 ETABS8.0 软件进行整体计算分析。

ETABS8.0 在进行模态组合时采用 CQC 法(与 SATWE 同)，它可以考虑密集模态的耦合，在进行动力计算时采用 Ritz 向量法，振型数取 21，有效质量参与比大于 90%。

结构进行多遇地震作用下的内力和变形分析，按弹性工作状态计算。

(1) 楼层侧向刚度与楼层剪力：

设地下室层为 0 层，其侧向刚度为 1，通过计算，各楼层侧向刚度与其的比值见图 19。由图可见，1 层与地下室的刚度比为：x 向 0.1，y 向 0.25，即地下室刚度是上部结构的 4 倍以上，故可以作为上部结构的嵌固端；并随楼层升高，结构抗侧构件越来越少，两主轴方向的侧向刚度也均逐渐减小；另外在 5 层处有刚度突变，这符合结构在此处有较大的立面收进，11 层以上是小塔楼，几乎不具有侧向刚度。

最薄弱的 5 层，其楼层侧向刚度不小于相邻上部楼层侧向刚度的 70%，满足“高规”4.4.2 条。

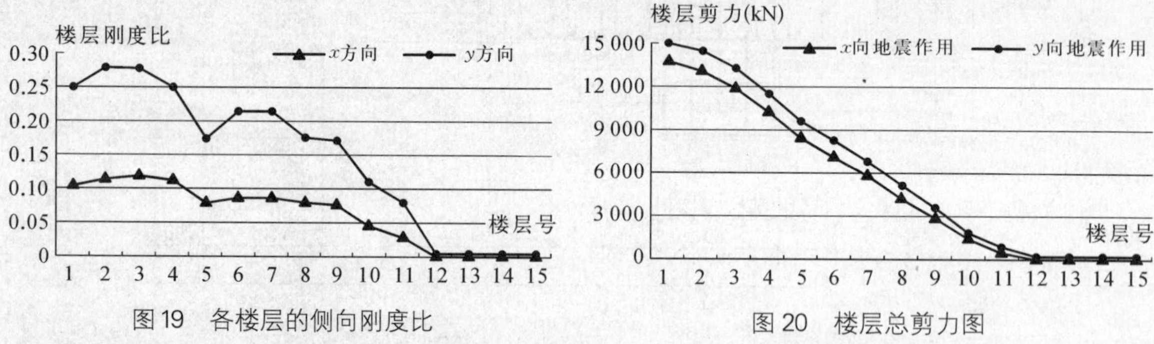

图 19 各楼层的侧向刚度比

图 20 楼层总剪力图

由图 20 可见，楼层剪力随层数升高逐渐减小，无突变，上层层间受剪承载力为相邻下层的 70%～95%，无上层剪力小于相邻下层剪力的情况，符合“高规”4.4.3 条：A 级高度高层建筑的楼层层间抗侧力结构的受剪承载力不宜小于其上一层受剪承载力的 80%，不应小于其上一层受剪承载力的 65%的要求。

(2) 周期、位移、基底剪力：

结构主要计算结果详见表 5。

表 5 主要计算结果汇总表

	SATWE(21 振型)		ETABS(21 振型)	
周期(前 3 阶)T_i(s)	1.152 4(x 向平动) 0.952 7(y 向平动) 0.846 2(绕 z 轴转动 $T3/T1$=73%)		1.171 1(x 向平动) 1.060 6(y 向平动) 0.882 2(绕 z 轴转动 $T3/T1$=75%)	
顶点最大位移 U_{max}(mm)	x 向：47.1 y 向：48.7		x 向：26.9 y 向：28.0	
层间最大位移角	x 向：1/975 y 向：1/843		x 向：1/1 439 y 向：1/1 214	
楼层竖向构件最大水平位移与层平均位移的比 $U_{max}/\bar{u}$	x 向	最大：1.15 最小：1.00 均值：1.04	x 向	最大：1.16 最小：0.90 均值：1.04
	y 向	最大：1.43 最小：1.00 均值：1.19	y 向	最大：1.44 最小：1.06 均值：1.20

续 表

	SATWE(21 振型)	ETABS(21 振型)
基底总剪力(kN)	x 向：13 795.49 y 向：14 873.79	x 向：13 409.16 y 向：13 152.80
结构总重力荷载(kN)	283 274.95	282 169.345
剪重比(Q_0/G_e)	x 向：4.87% y 向：5.25%	x 向：4.75% y 向：4.66%

三、给排水设计

(一) 给水系统

1. 生活用水量(见表 6)

表 6　生活用水量

	数　量	每日用水标准	最大日用水量(m^3)	平均时用水量(m^3)	最大时用水量(m^3)
工作人员(普通)	400 人	60 L/人	24.0	2.4	6.0
工作人员(值勤)	24 人	400 L/人	9.6	0.4	1.0
流动人员	3 000 人	3 L/人	9.0	0.9	2.3
餐　厅	600 人	15 L/人	9.0	0.8	1.9
淋　浴	100 人	150 L/人	15.0	1.3	2.5
洗　车	40 辆	400 L/辆	16.0	2.4	2.4
汽车库冲洗	1 200 m^2	3 L/m^2	3.6	3.6	3.6
水景补充水	100	15%水	15.0	0.6	0.6
空调补充水			4.0	0.5	0.5
绿化及道路冲洗	10 000 m^2	3 L/m^2	30.0	5.0	5.0
总计(合计×1.1)			148.7	19.7	28.4

2. 水源

含笑路及民生路各有 1 条 DN250 供水管至基地，压力不低于 0.15 MPa，水质符合生活饮用水标准。民生路 DN250 进水管上接出 DN100 生活水进水管，计量后供基地生活用水。

为保证生活给水的卫生和舒适，大楼除洗车、汽车库冲洗、水景补充水及绿化道路冲洗水采用市政直接给水外，其余生活用水均采用变频恒压供水。

变频加压水泵房设于地下层，调节水池容积按最高日用水量 20%计算，为 15 m^3。生活变频泵按秒流量确定，选用 HCRR16－50 恒压变频变速泵浦组一套(最大水量 24 m^3/h，最大扬程 72 m，$N=7.5$ kW)，变频控制压力 0.65 MPa。

供水系统分高低两个区，1 至 4 层为低区，5 至 10 层为高区，可调式减压阀设于 5 层，阀后压力为 0.08 MPa，最高点设置自动放气阀。高区供水为下行上给式，低区为上行下给式，系统各用水点压力均小于 0.45 MPa，但满足各卫生洁具最小工作压力要求。系统设计见图 21。

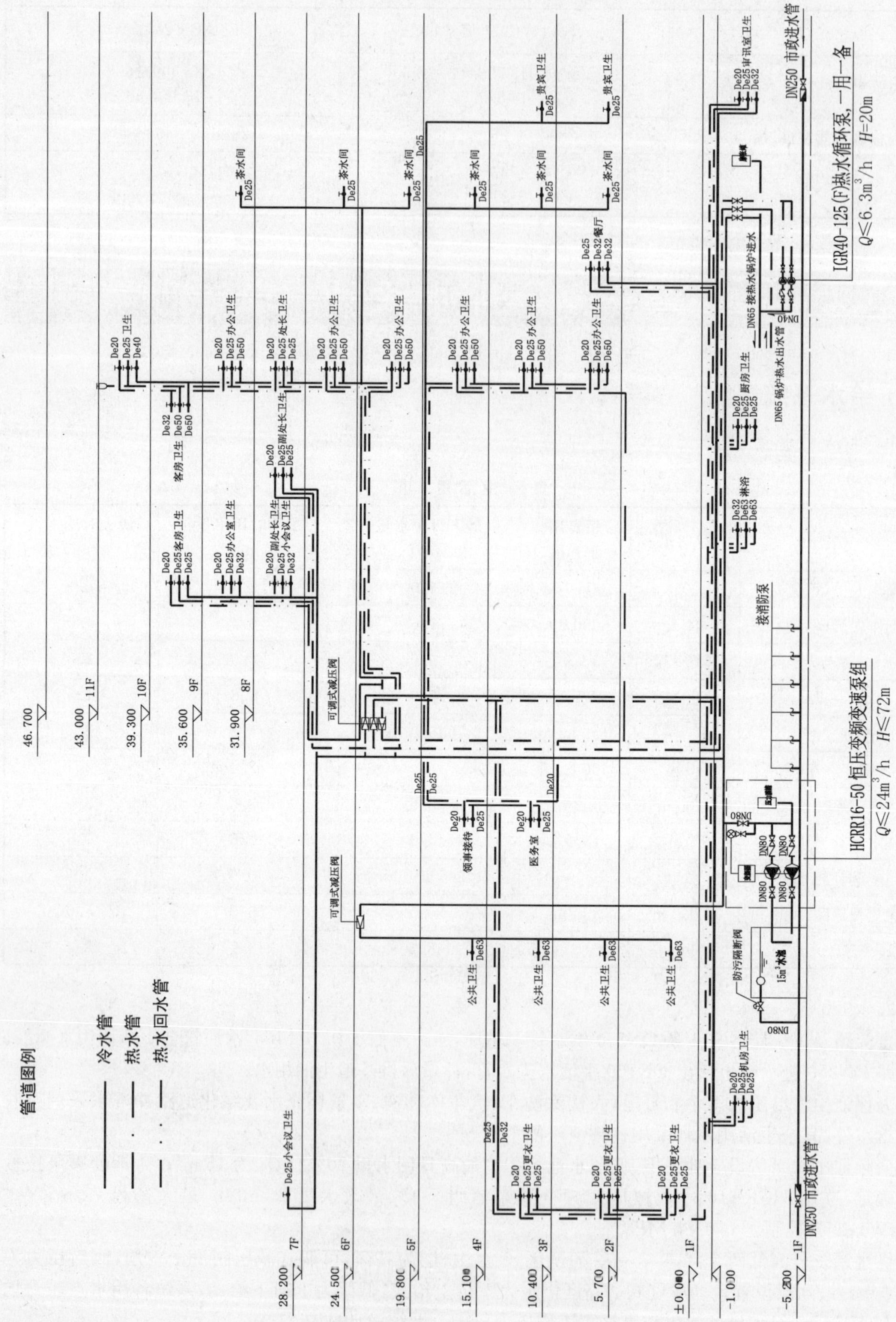

管道图例

冷水管

热水管

热水回水管

HCRR16-50 恒压变频变速泵组

$Q \leq 24m^3/h$　$H \leq 72m$

IGR40-125(F)热水循环泵，一用一备

$Q \leq 6.3m^3/h$　$H=20m$

图 21 生活给水系统原理图

(二) 热水系统

1. 系统

除1至4层大厅部分公共卫生间外，其余卫生间洗脸盆、淋浴、浴缸及食堂均设热水供应。考虑管道安装的经济性及可靠、节能等因素，2、3、7层端头卫生间因管线较长，设计采用容积式电加热器加热，其余卫生间热水均由管网系统供给。热水制备采用水-水交换浮动盘管换热器，制备温度为60℃。

热水系统分区与冷水系统竖向分区相同，并采用机械循环方式，保证干管和立管的热水循环。热水循环泵为IGR40－125(F)，$Q=6.3\ m^3/h$，$H=20\ m$，系统设置膨胀罐，容积为600 L。

2. 热水用量

40℃水用量：$Q=\sum q_n \times n \times B/100$。

表7 40℃ 水 用 量

用水单位	n	q_n(L/h)	B(%)	Q(m^3/h)
淋　浴	26	300	100	8.40
洗手盆	21	25	60	0.32
食堂洗涤	8	320	50	1.28
浴　缸	18	300	70	3.78
洗手盆	44	25	60	0.66
总　计				14.44

60℃水用量：$Q=14.14\times(40-5)/(60-5)=9.19\ m^3/h$。

(三) 饮用水系统

1. 水量

按业主要求，大楼设饮用水供水系统，要求满足1 500～1 800人饮用和日产30～50桶18.5 L/桶的桶装水供应。日供水量为0.9～1.3 m^3。

2. 供水系统流程(见图22)

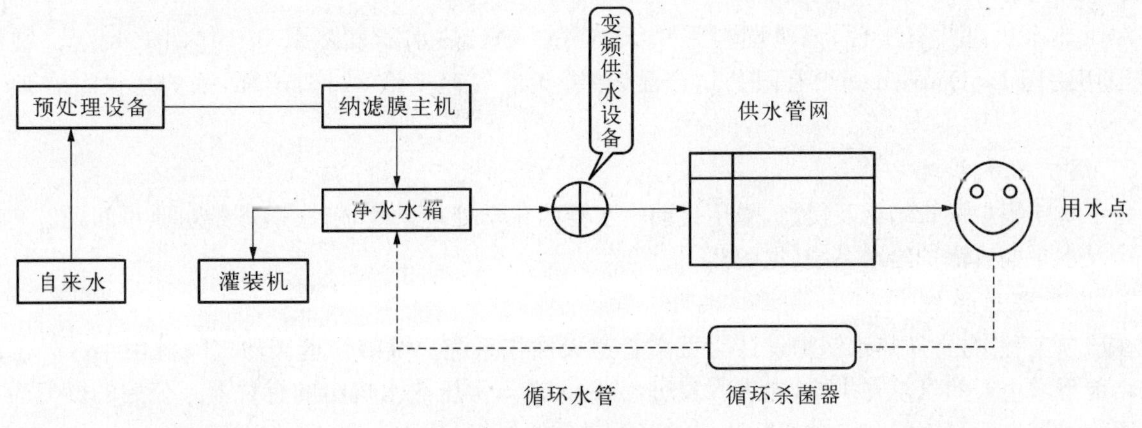

图22 供水系统流程图

3. 饮用水处理设备工艺

水处理设备选用德国SIEMENS公司的PLC可编程序控制器，由SIMATIC S7－200可编程序控制器模块化结构设计(见图23)。

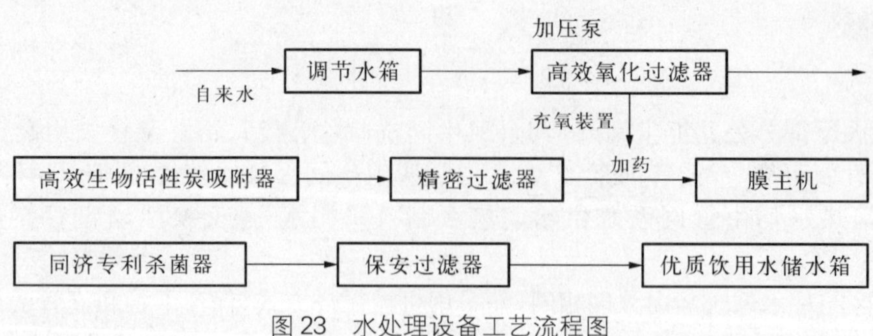

图23 水处理设备工艺流程图

(四) 排水系统

1. 生活污水系统

室内卫生间排水采用污废水合流系统，并设环形通气；食堂排水采用明沟间接排水，至总体经隔油池处理；车库排水、洗车排水至地下层集水坑，由潜水排污泵提升至室外集中后，由隔油沉砂池处理；地下层有卫生间、淋浴间设置，其污废水均排至密闭污水集水坑，由带搅拌及粉碎功能的潜水排污泵提升至室外，污水集水坑设独立的排风系统。

所有污废水于总体汇总后，经隔栅处理，直接排入市政污水系统，总出水管为两根分别为 De200 及 De250 管道。

2. 雨水排放系统

屋面排水采用内落排水，由于大楼屋面较复杂，建筑呈狭长形，外墙均为大面积幕墙布置。传统的重力雨水排放系统有较多雨水立管设置，建筑内较难布置。综合各种因素，设计采用了虹吸式雨水排放系统。此系统利用屋面专用虹吸雨水漏斗实现汽水分离，使系统呈负压状态形成压力排水。这种系统既减小了室内雨水悬吊管的坡度，又使雨水排放系统达到了较重力系统更大的排放量。由于大大提高了设计重现期，从而也进一步提高了该建筑的安全品质。

根据上海市暴雨强度公式，屋面雨水设计重现期选用 $P=10$。屋面共设置 19 套虹吸式雨水斗，集中至 4 根雨水立管，经混凝土雨水井排至室外雨水管网。

(五) 锅炉和天然气

1. 锅炉房设计

常压热水机组共有 1 台，该机燃料采用天然气。单台热水器发热量 3.14×10^6 kJ/h。常压热水器采用法国 De Dietrich 锅炉有限公司产品，单台天然气耗气量 88.6 m^3/h，锅炉房设置在地下独立部分。

2. 锅炉给水系统

为了防止锅炉喉管结垢及侵蚀，采用自动软水器的化学处理系统，解决锅炉给水质量问题。它同膨胀水箱及水泵构成锅炉给水系统(见图 24)。

3. 燃气供给系统

在该项工程中，常压热水锅炉设计为城市管道天然气系统。城市管道天然气气源由小区外围的市政道路地下城市天然气总管供给，先进入表房，然后再送入常压热水机组的燃烧器。公用的燃气表房和锅炉房均设燃气泄漏报警和自动切断装置。气源是低压供气，其压力 2 000～3 000 kPa。

4. 锅炉排废气系统

锅炉产生的废气由烟道在建筑物主楼的顶上排出。1 台常压热水机组使用 1 根直径为 $\phi400$ 的烟道。

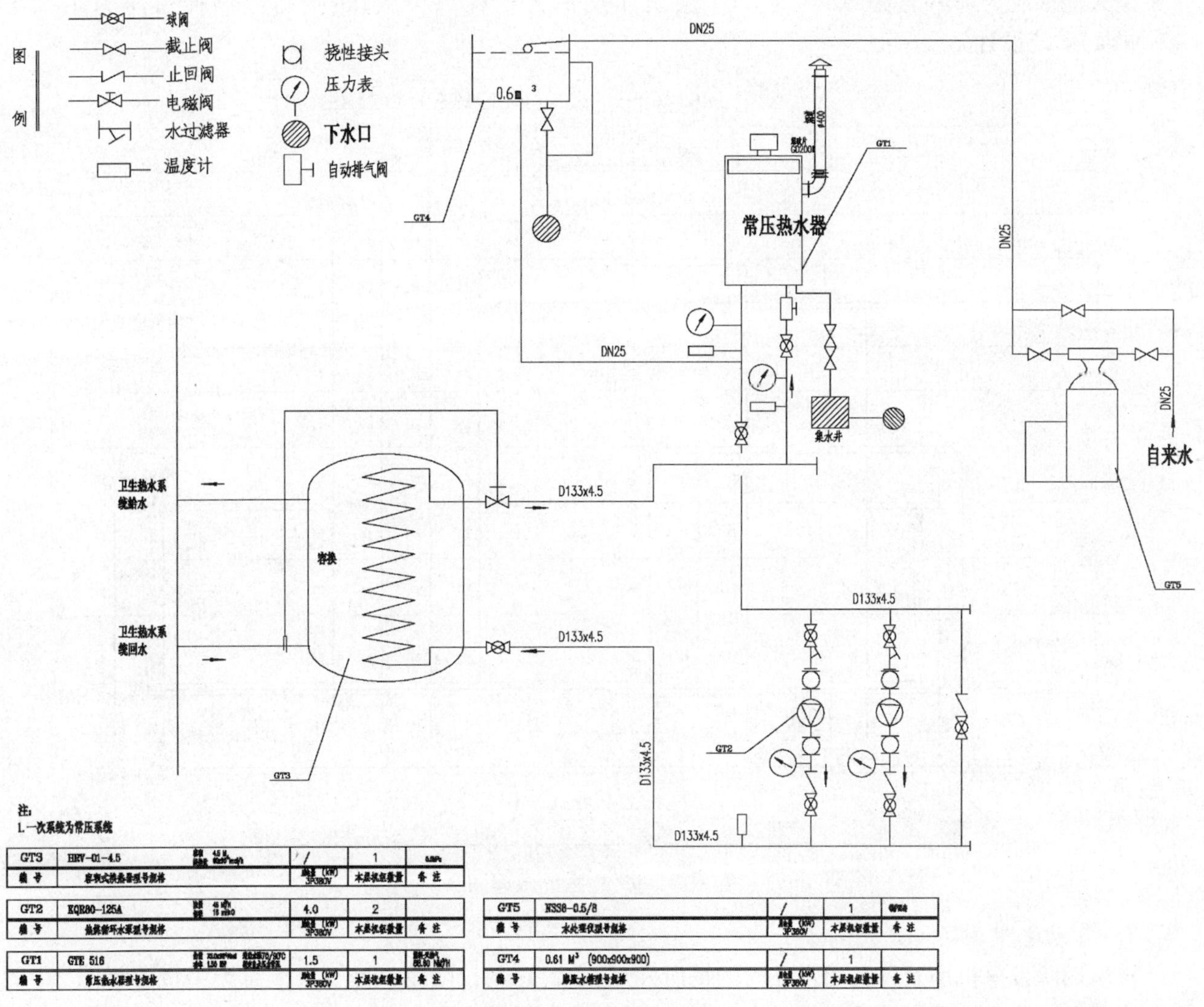

图 24 热力系统流程图

(六) 消防

1. 消防给水系统

(1) 消防水量:

该建筑为一类高层公共建筑，$H<50$ m。室外消防水量 30 L/s；室内消防水量 30 L/s；自动喷淋灭火系统水量 27 L/s(中危险Ⅱ级)；发电机房水喷雾灭火系统水量 16 L/s (喷水强度 20 L/min · m²)。消防总用水量为 103 L/s。

(2) 消防水源:

市政含笑路及民生路各有 1 条 DN250 供水管至基地内环通，并引入两根 DN200 进水管至地下室消防泵房连通，供室内各消防泵吸水。

(3) 室外消防系统:

基地市政 DN250 给水环网上设置室外地上式消火栓 4 套，间距不超过 120 m。

(4) 室内消火栓系统:

消火栓系统为临时高压制，选用消火栓泵 2 台($Q=30$ L/s，$H=60$ m，$N=30$ kW)，一用一备。各楼层消防前室、主要楼梯附近、走道等公共场所均设置消火栓箱，保证同层 2 支水枪充实水柱到达室内任何部位。箱内同时设置消防软管卷盘、消防报警及消防泵启泵按钮。

消火栓系统为环状管道系统，地下1层至4层消火栓栓口设减压孔板，控制栓口压力不大于0.5 MPa。系统设计见图25。

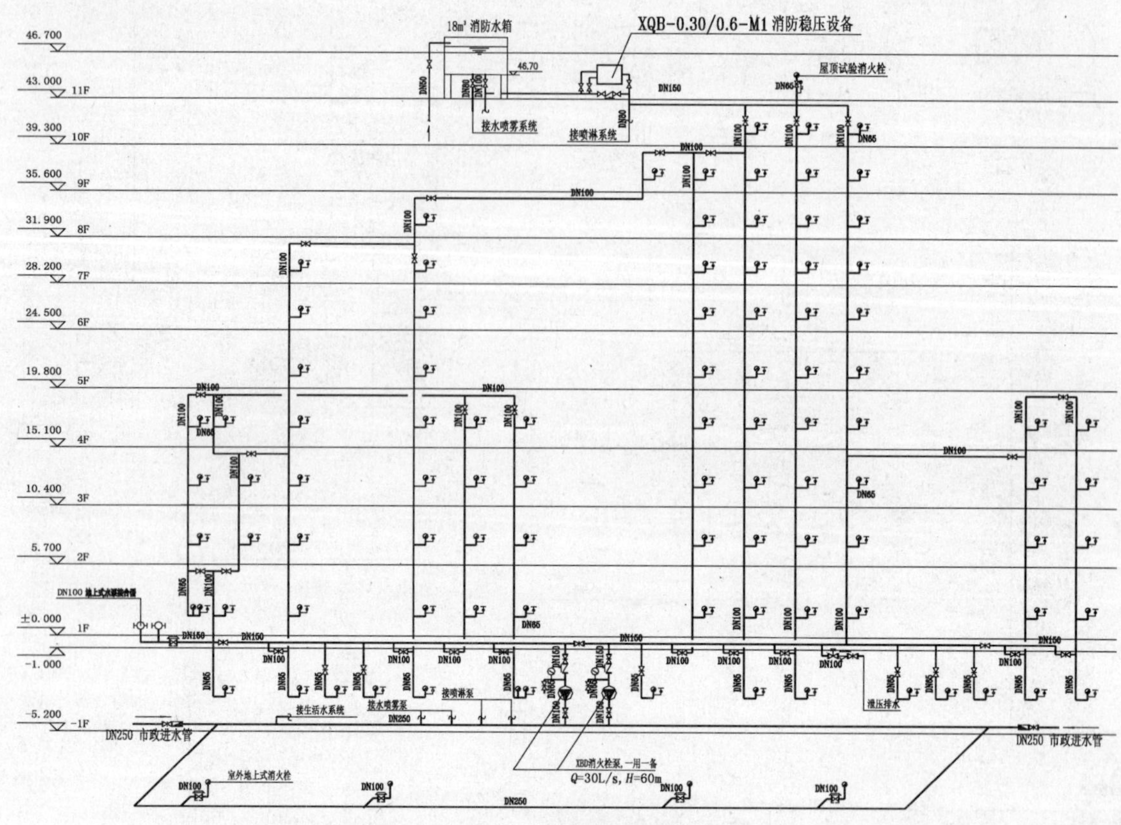

图25 消火栓系统原理图

2. 自动水喷淋系统

建筑内除发电机房及不宜用水扑灭的场所外，均设置自动水喷淋系统。汽车库为中危险Ⅱ级，其余场所为中危险Ⅰ级。喷淋系统为临时高压制，地下层消防泵房设喷淋泵2台(Q=30 L/s，H=80 m，N=45 kW)，一用一备。

水喷淋系统设有湿式系统和预作用系统两个系统。档案库房、信息及网络中心主机房、设备电源房考虑其使用的特殊性，为防止系统误喷，采用预作用喷水系统，报警阀后管网充满0.05 MPa的压缩空气。泵房共设置预作用报警阀1套、湿式报警阀4套。每个防火区、每个楼层均设水流指示器，除厨房采用动作温度93℃喷头外，其余喷头动作温度均为68℃。系统设计见图26。

3. 水喷雾系统

地下层发电机房采用水喷雾消防系统，系统设有自动控制、手动控制和应急操作3种控制方式。消防泵房设水喷雾消防泵2台(Q=20 L/s，H=60 m，N=22 kW)，一用一备。系统设雨淋报警阀1套于发电机房内，喷头采用ZSTWB50-90、K=26.5高速水雾喷头。

4. 消防初期水量及稳压系统

消防初期火灾水量18 m³设于屋顶水箱内，并有不被动用之措施。为保证各消防系统最不利点工作压力，屋面设XQB-0.3/0.6-M1(Q=1 L/s，H=30 m，隔膜罐V=600 L)消防稳压给水设备1套。

5. 其他

地下层消防电梯井设排水设施，排水井容量不小于2 m³，排水泵容量不小于10 L/s。

各水消防系统均在室外设置对应水泵接合器，共6套，其40 m范围内有室外消火栓设置。

根据《建筑灭火器配置设计规范》，建筑内各楼层均设置2 kg手提式干粉灭火器若干。

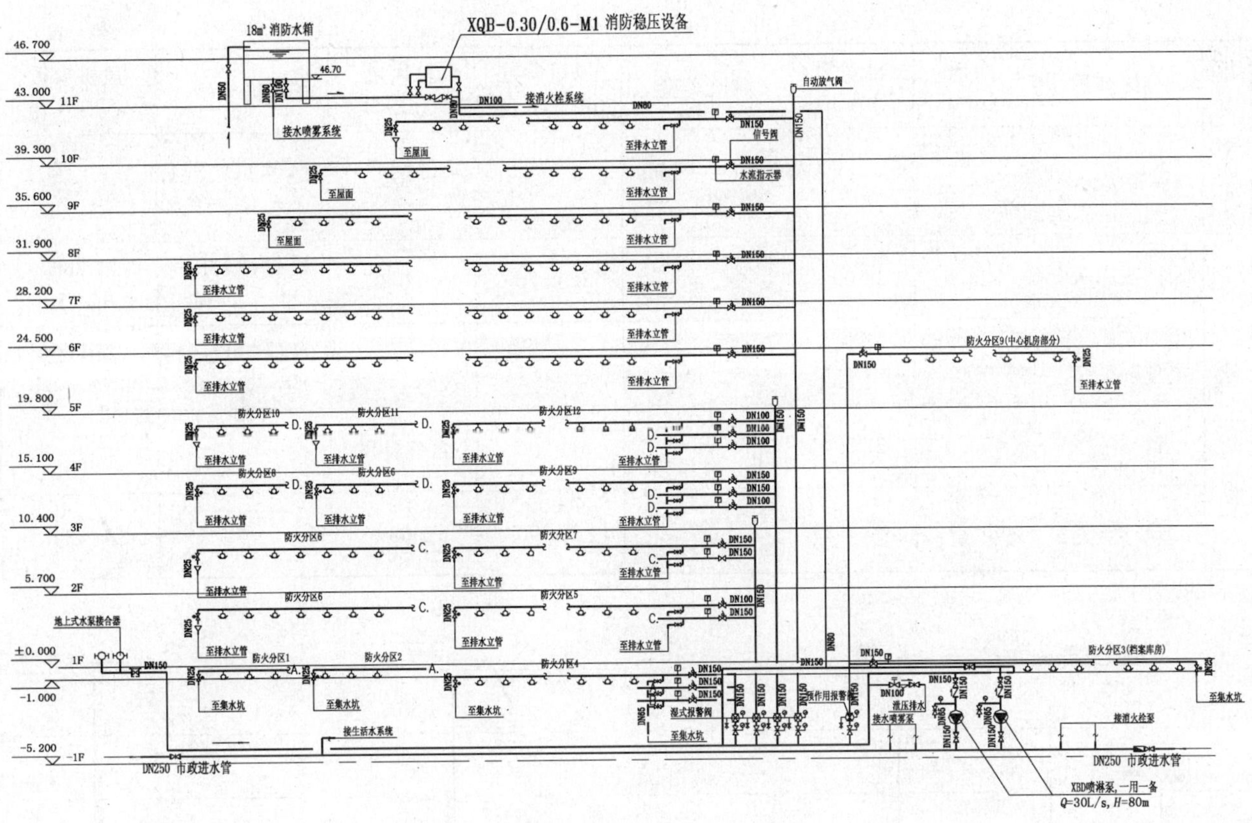

图 26 喷淋系统原理图

（七）防火排烟系统

1. 正压送风系统（见表 8）

表 8 正压送风系统

位 置	送风方式	计算送风量 (m^3/h)	风机类型	风机参数 [m^3/(h·台)]
疏散楼梯间（楼梯 1,2,3）	机械加压送风	14 287	HTFC(B)-Ⅰ No. 18 900 r/min 一台	16 600
	机械加压送风	27 500	HTFC(B)-Ⅰ No. 28 600 r/min 一台	31 000
消防电梯前（电梯 3 与楼梯 3 合用前室）	机械加压送风	23 295	HTFC(B)-Ⅰ No. 22 800 r/min 一台	25 300

上述风机均设置在屋顶层。

2. 机械排烟系统（见表 9 和图 27）

表 9 机械排烟系统

位置	分区名称	面积 (m^2)	排烟量 (m^3/h)	风机类型	风机参数 [m^3/(h·台)]	补风量 (m^3/h)	风机类型	风机参数 [m^3/(h·台)]
封闭走道	2a 防火分区	206.0	12 360	PYHL-14A No. 7.5A 一台	13 000	7 000	HTFC(DT)-Ⅱ-20 一台	21 760/12 450
	2b 防火分区	100.0	9 000	PYHL-14A No. 7.5A 一台	13 000	5 500	HTFC(DT)-Ⅰ No. 15 一台	7 670

续 表

位置	分区名称	面积 (m^2)	排烟量 (m^3/h)	风机类型	风机参数 [m^3/(h·台)]	补风量 (m^3/h)	风机类型	风机参数 [m^3/(h·台)]
封闭走道	4#防火分区	94.0	9 000	PYHL-14A No. 6A一台	7 120/10 750	5 500	HTFC(DT)-Ⅰ No. 15一台	7 670
封闭房间	档案库房	745.0	18 000	PYHL-14A No. 7.5A一台	23 570	9 000	HTFC(DT)-Ⅱ-20一台	21 760/12 450
	厨　房	305.0	18 000	PYHL-14A No. 7.5A一台	9 000	9 000	HTFC(DT)-Ⅱ-20一台	21 760/12 450
	餐　厅	458.9	27 594	HTFC(A)-Ⅱ-22一台	31 200	自然补风		
	会 议 室	338.2	20 292	HTFC(A)-Ⅱ-22一台	30 600	1 600	HTFC(DT)-Ⅰ-20一台	16 200

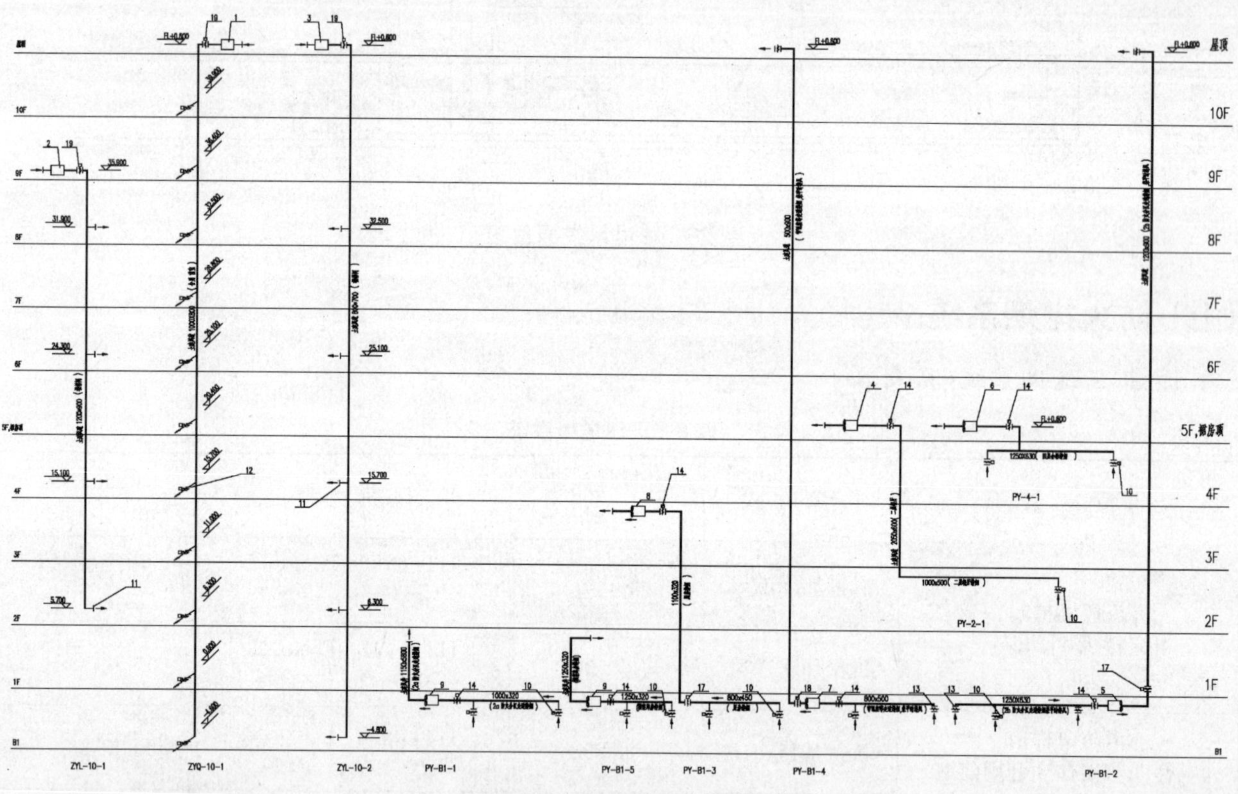

图 27　机械排烟系统

3. 自然排烟系统

设置部位：各层接待大厅及中庭、地上层内走道、地面层各办公室、活动室等面积>100 m^2的大空间场所。

(1) 中庭：排烟空间的建筑高度为 19.3 m。自然排烟口的截面积为 46.68 m^2。选择自动排烟窗 1 200 mm×2 300 mm，共 20 组，并与火灾报警系统连锁。该自动排烟窗也可用于平时通风换气(见图 28)。

(2) 地上层内走道：地面各层内走廊装修皆采用不燃材料，走廊两侧房间均考虑排烟，地上层内走道不考虑排烟措施。

(3) 1～3 层接待大厅与中庭部位之间设有挡烟帘，且该部分均设置不小于 2%的可开启外窗。

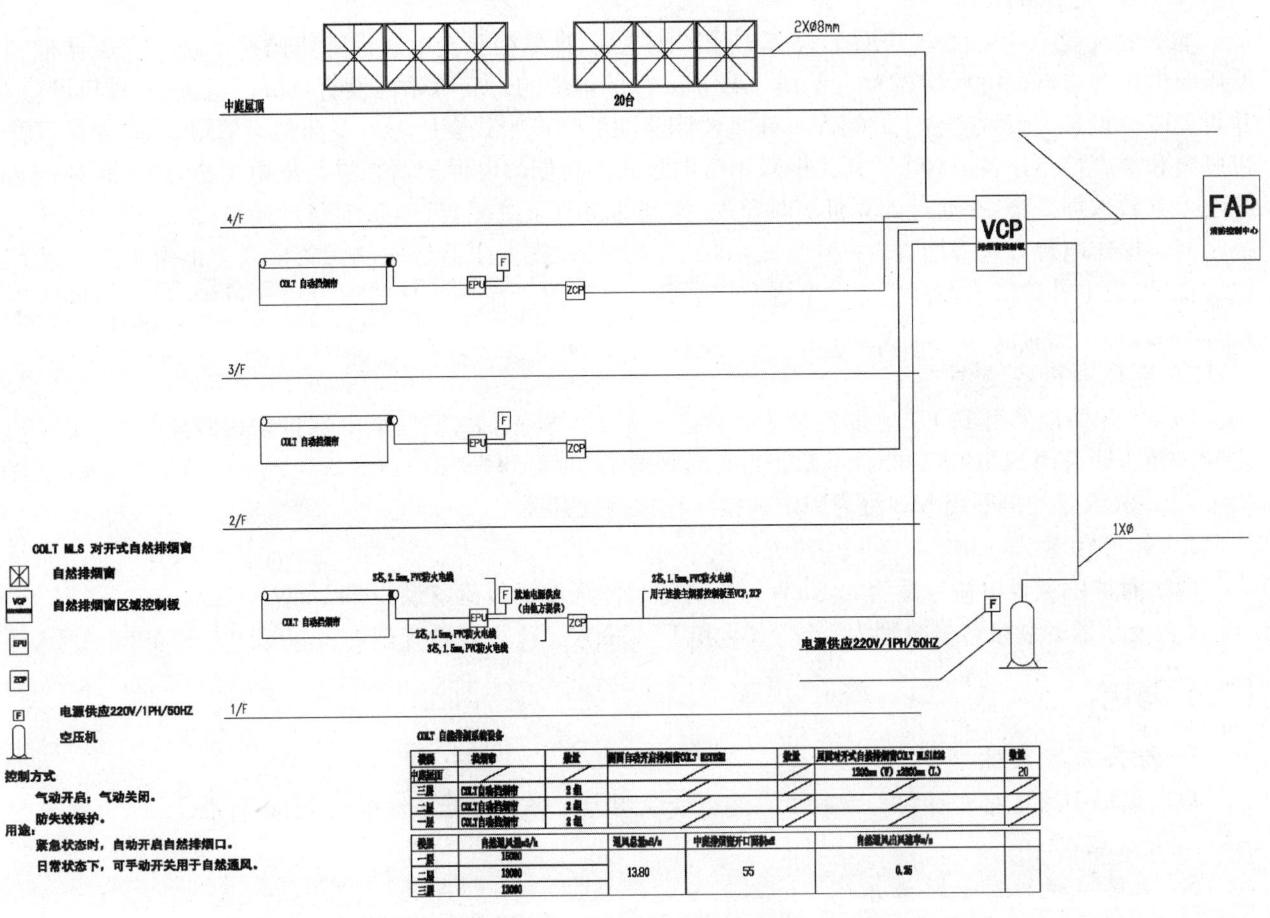

图 28　大厅、中庭自然排烟系统原理图

(4) 警员活动中心等面积＞100 m²的大空间场所，均设置不小于 2％的可开启外窗。

(八) 电梯

整个大楼设 4 台电梯，1 台食梯，4 台自动扶梯。

其中主楼 2 台客梯，每台载重 1 150 kg，速度为 1.75 m/s；主楼 1 台消防电梯，载重 1 000 kg，速度为 1.75 m/s；裙房设无障碍使用电梯 1 台，载重 1 350 kg，速度为 1.5 m/s。

裙房的厨房至餐厅设 1 台电梯，载重 200 kg，速度为 0.4 m/s。

4 台自动扶梯角度为 35°，速度为 0.5 m/s。

四、电 气 设 计

(一) 强电

1. 负荷等级与供电电源

大楼属一类高层建筑，按一级负荷要求供电。10 kV 供电电源分别由上一级环网站采用环网供电方式，由电缆引入至大楼地下 1 层 10 kV 用户配电站。2 路独立 10 kV 电源，同时供电，分列运行，当 1 路电源故障时，另一路电源不致同时受到损坏。设有 1 台 560 kW 柴油发电机组，以保证一级负荷中的特别重要负荷供电。计算机房为特别重要负荷，设置集中 UPS 电源。走廊、疏散楼梯、消防前室、消防机电房及重要机房设置事故照明，由不间断电源 UPS 供电。

2. 变配电系统

地下层设置 10 kV 用户变电站，设有 10 kV 配电柜、计量柜和变电所计算机监控系统及变压器柜和低压配电柜等。变配电所层高为 5.5 m，下设 1 m 深的电缆沟。变电站内设有良好的机械进、排风设备，并设置降湿设备。设置 2 台 1 600 kVA 环氧树脂浇注低噪声干式变压器。变压器设置 IP21 外壳护罩并带风扇和温度控制设备。10 kV 开关柜采用微电脑式多功能继电保护器来进行继电保护，能实时进行系统电力参数数据采集，并通过计算机实时监视、控制并接收系统报警，该系统通过通讯接口可与 BAS 系统联网。操作电源方式采用直流操作方式，110 V/40 Ah。在变压器低压侧设置成套静电电容器自动补偿装置，以集中补偿形式使高压侧功率因数提高到 0.9 以上。在 10 kV 母线设置计量柜，采用高供高量方式量电。

3. 变配电设备选型

10 kV 开关柜采用 10 kV 金属铠装中置式手车柜 KYN37－12 型。继电保护采用西屋公司 FP5000 装置。变压器采用 SCR9－1 600 kVA，2 台。具体指标如下：10＋3/－1×2.5 kV/0.23～0.4 kV △/Y0－11。低压开关柜采用 MB 型为固定式接线配拔插式开关。

4. 负荷容量

消防时特别重要负荷容量为 491 kW。非消防时特别重要负荷容量为 514 kW。

2 台变压器的装接容量分别为 1 775 kW 和 1 745 kW。计算容量分别为 1 420 kVA 和 1 360 kVA。

(二) 弱电

1. 综合布线系统

从电信局引来 3 路光纤和 1 路铜缆。终端线缆均为 6 类 4 对屏蔽铜缆，共设语音点 757 个，数据点 912 个，光纤点 12 个。

2. 闭路监视和安全防盗系统

在大楼的出入口、公共部位、公共走廊、室内车库、电梯厅、电梯轿厢及室外周界等处设置摄像机。共计有固定彩色摄像机 74 台。带云台彩色摄像机 14 台。室外彩色摄像机 4 台。楼层内各重要办公室设置红外/微波双鉴探测器，在各层接待大厅办证台处和楼层内各重要办公室设置紧急按钮，当所控制的区域发生异常情况时，控制室将发出声光报警信号，并与电视监控系统联动，将相关图像强切至指定的输出通道显示和记录，并通过 110 报警与市 110 联网。

3. 卫星及有线电视系统

大楼内的电视信号由设在屋顶的卫星电视节目接收天线和市有线电视台引来，有线电视前端机房设在九层屋面，楼内信号传输网络由同轴视频电缆、分支器、分配器和放大组成。电视终端主要设在会议室内。

4. 消防报警系统

大楼为一类建筑，火灾自动报警系统按一级保护对象设防，并采用集中报警系统的形式。按照不同的区域设置相关的探测器。消防火警时联动相关设备动作，满足消防安全要求。

5. 楼宇设备控制管理系统

系统采用集散控制，具有开放性、可扩展性。系统由中央工作站、网络服务器、直接数字控制器、各类传感器及电动阀等组成，控制中心设在地面一层，对需监控的机电设备、公共照明、空调机、新风处理机、各类非消防水泵、各类水箱及水池作监视和测量。

6. 其他

会议系统、大屏控制系统、排队等候系统等专用弱电系统的设置和管线预留均由专业公司结合业主确位后向设计院提出配合要求。

五、暖通设计

(一) 设计标准

1. 室内设计参数(见表10)

表10　室内设计参数

项目＼场所	大堂、办证大厅、大小餐厅(职工食堂)		多功能会议室、警员活动中心室		办公室	
	夏季	冬季	夏季	冬季	夏季	冬季
干球温度(℃)	26～27	18～20	25～26	18～20	24～25	20～21
相对湿度(%)	≤65	≥30	≤65	≥30	≤65	
新鲜空气量[m^3/(h·人)]	20		25		30(大),50(小)	

2. 通风类型和换气次数

停车库6次/h,设有机械排风系统,由设在机房内的柜式离心风机箱负责排出有害废气,补风为自然方式。地下室厨房10～40次/h,锅炉房20次/h等,均设有机械送风及排风系统。

(二) 空调冷热源

根据业主要求,该大楼需分别设计8 h运行的冷暖中央空调系统和24 h运行的独立冷暖中央空调系统。其中,8 h运行的冷暖中央空调系统是为大楼日常的工作时间运行使用,24 h运行的独立冷暖中央空调系统是指挥和值班部门,需要独立连续运行使用。由于服务区域的重要性和工作的连续性,空调主机应可靠性高,故设有部分备用机组。如网络中心和信息中心主机房,配置了1台型号为MR331X3风冷恒温恒湿机组。

该楼空调系统主机分为两部分,空调室内负荷部分的主机选择,采用大金公司生产的变冷媒流量热泵型机组(变频多联机,VRV)系统;新风负荷部分采用空气-水的风冷热泵机组系统。两种主机分别设置在左右边裙房层顶和7层至10层顶。

风水系统通过设置在新风机房内管井的水管,提供新风冷量和热量。冷媒系统部分则通过冷媒管向室内提供冷量和热量。其中,变冷媒流量机组的制冷(热)量3 026.9(3 107) kW,共用38台;风冷热泵机组制冷(热)量1 392(1 438) kW,共用4台。冷负荷指标186 W/m^2,热负荷指标120 W/m^2,裙房层3台热泵机组为水泵内置式。主楼顶层的2台冷热水泵循环量为135 m^3/h。冷热水系统均采用闭式膨胀罐为定压装置。其型号为Variomat 2－1/60＋VG200、300、400(见图29和图30)。

(三) 空气处理系统

1. 大厅、办公区域

在空调冷媒为HFC－R407C的前提下,每层在空调机房(或裙房顶层)内,设置1台集中的定风量新风空调机组,各房间室内设置VRV室内机,实现集中处理和分支管送入新风,即各房间分别处理室内负荷的集中式的空调形式。各房间内的气流组织采取上送上回的方式,由顶送散流器,顶回风口,加上新风口和室内百叶排风口(大厅采用下部排风,房间采用上部排风),构成完整的室内空间气流组织。

2. 机械通风

地下机动车库设有机械排风系统,补风为自然方式。

地下室厨房设有机械送风和机械排风系统,由设在屋面上的柜式离心风机箱负责排除余热和污浊

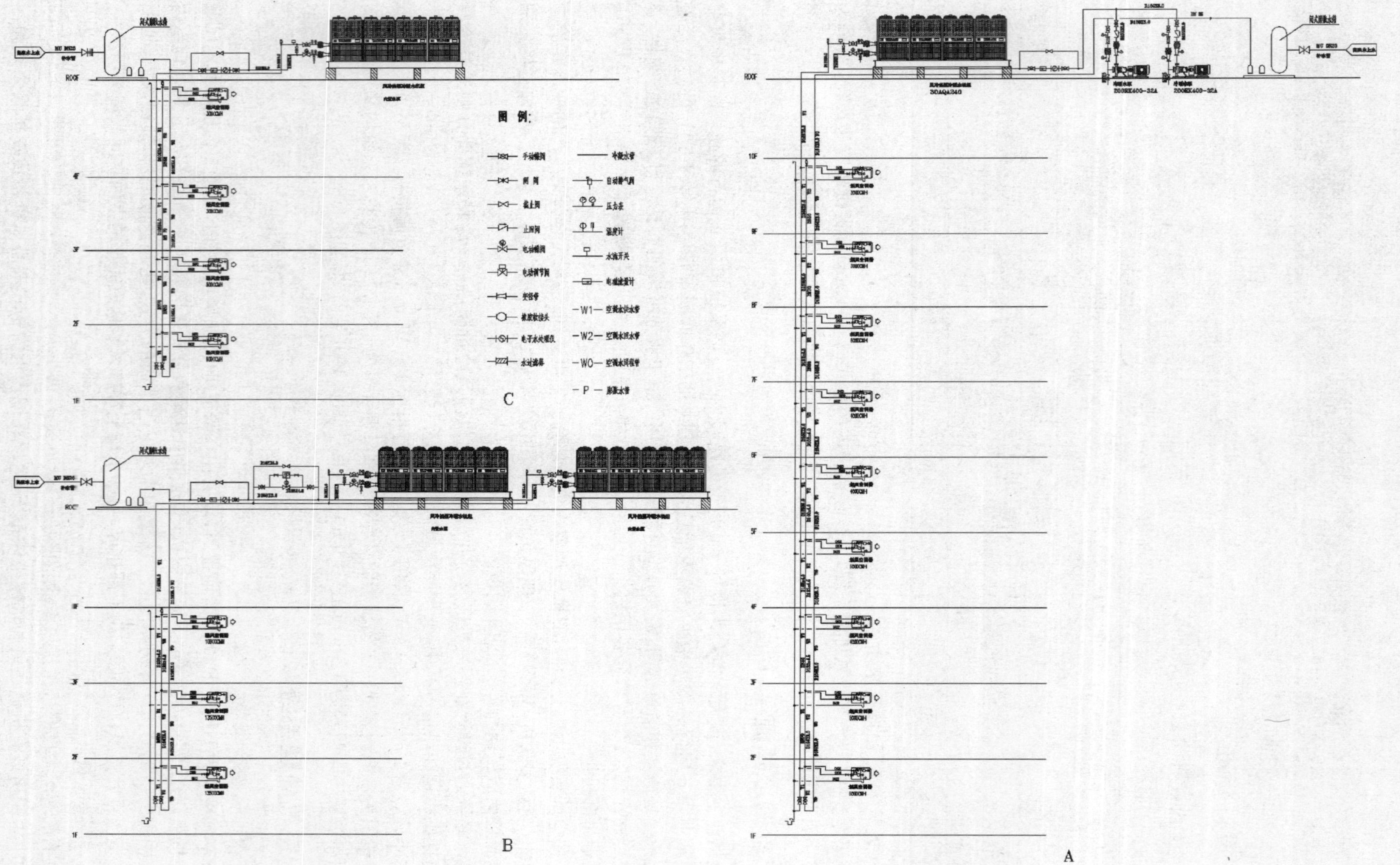

图 29 空调系统原理图一

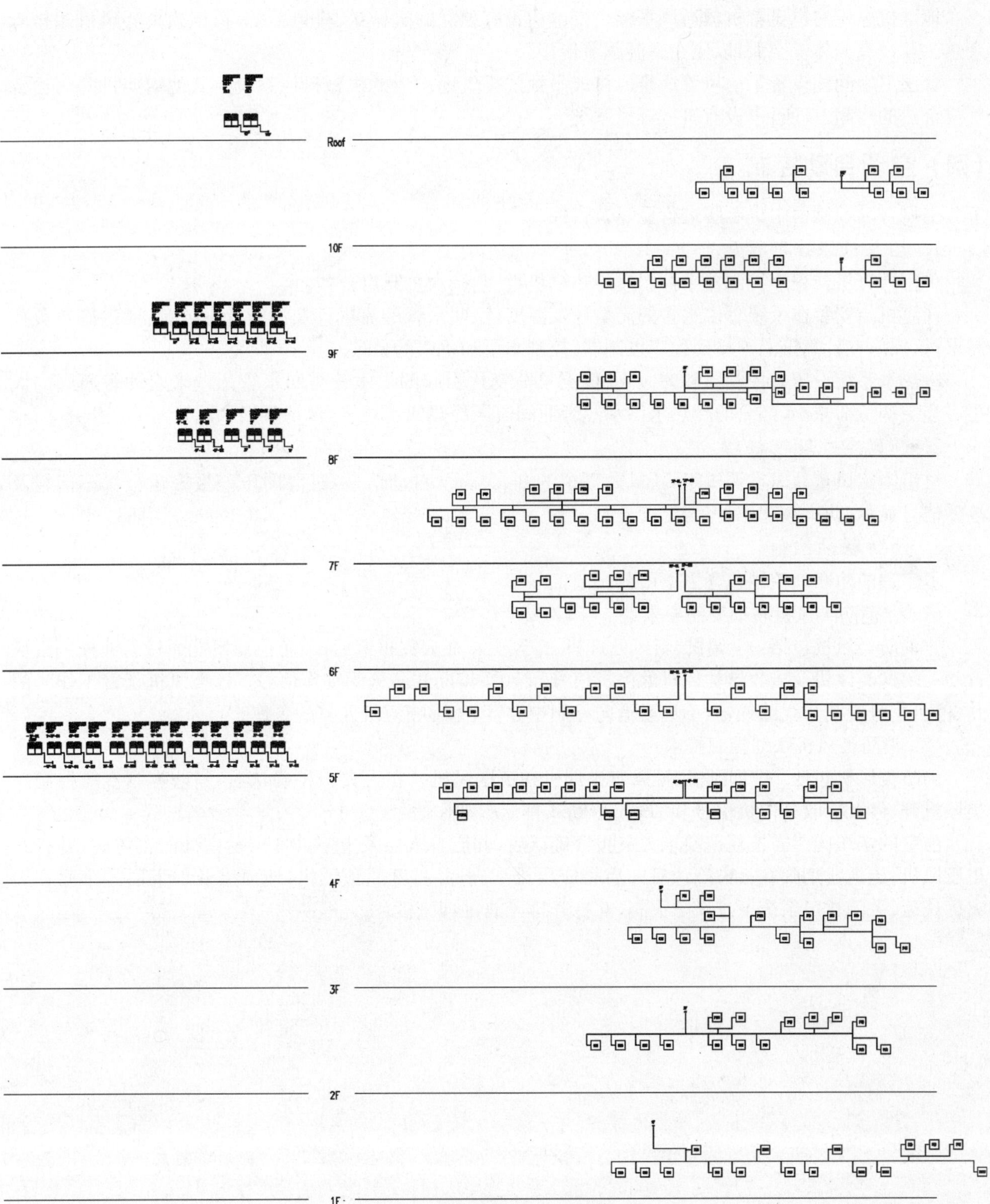

图 30　空调系统原理图二

空气。机械排风系统的排风风机箱前，特别设有油烟净化装置。

地下机电用房也设有机械通风系统。变电所设有独立的机械送、排风系统，由柜式离心风机箱排除余热。并设有分体机空调，以便在高温季节使用。

各层卫生间均设置了由风管式排风机或吊顶式排气扇构成的机械排风系统。其他需要排除污浊空气或余热的房间、场所，也设有机械排风系统。

(四) 空调自动控制

空调自动控制由中央电脑进行显示及自控。

1. 热泵机组控制程序

采用计算机与程序控制器来控制风冷热泵机组、空调水泵开启台数。

计算机由安装在系统总供水管的流量计及温度计、回水管的流量计及温度计来控制，通过冷热负荷需求量，反应在计算机上连接到程序控制器，控制水泵和机组的台数。

冷热水系统设压差控制器和旁通阀，根据负荷变化引起的供水管与回水管压差来启动旁通阀的大小。当空调负荷减小，部分的冷热水供水经旁通阀流回冷热回水总管，保持供回水总管间一定压差。

2. 新风空气处理机组

机组为定风量新风空调机组，新风处理机的开、关、手/自动信号，过滤网压差报警运行状态信号及故障信号显示，防火阀状态显示，温度显示。

3. 消防联动控制

本工程消防联动控制包含以下内容。

(1) 非消防类风机联动控制要求：

非消防类风机包括：空调机、新风处理机、排风机。在火灾报警后，消防值班室能通过就地控制模块自动关闭这类风机及接收这类风机的停机信号和70℃熔断式防火阀动作信号。这类风机正常工作时的开、停机信号受消防线路锁定，不送至消防控制中心，以免影响值班人员的工作。

(2) 消防类风机联动控制要求：

消防类风机包括：排烟风机、排风兼排烟机和正压风机。在火灾报警确认后，消防控制室能控制这类风机开、停及接收其停机信号和280℃熔断式排烟阀动作信号。

前室的正压阀门需按规范要求火灾报警确认后，开启着火层及上下共3层前室处的正压阀，并打开正压风机；走道排烟阀在火灾确认后开启相应层排烟阀，并打开屋顶风机；地面层及地下层停车库在火灾确认后，关闭排风系统下排风防火阀，并打开排风兼排烟风机。

中国银联
上海信息处理中心

建设单位：中国银联股份有限公司

设计单位：同济大学建筑设计研究院

施工单位：江苏省华建建设股份有限公司

撰 稿 人：文小琴　王忠平　李维祥

包顺强　刘　毅

一、建筑设计

(一) 设计规模和目标

1. 设计规模

该工程基地位于中国银联股份有限公司园区总用地的东北部，北临顾家浜，东临中横港，南侧和西侧为中国银联园区用地，在其外围则为龙东大道及顾唐路，用地面积 20 984 m^2。

中国银联上海信息处理中心总建筑面积 15 387 m^2（不计架空层建筑面积 617 m^2），包括办公区、生产区及动力区。

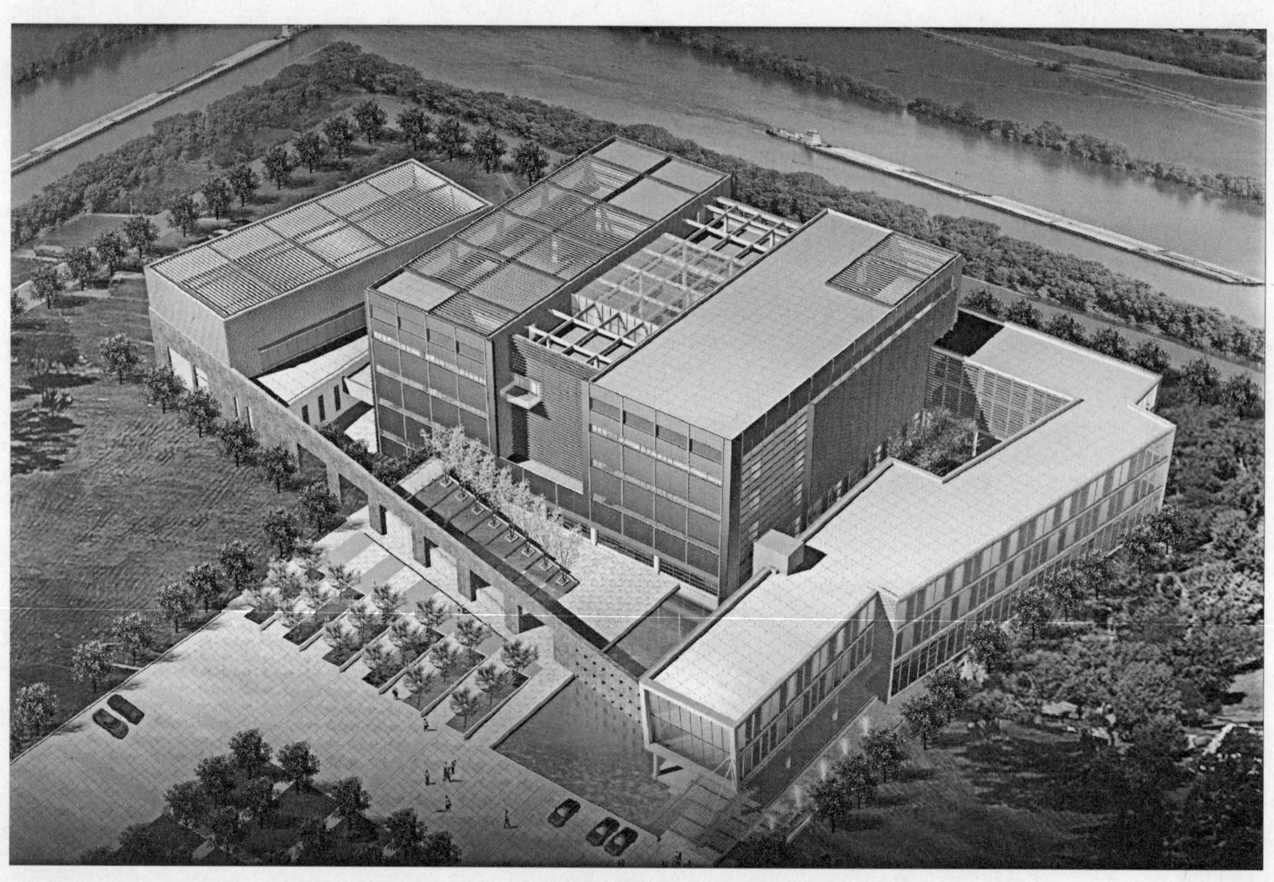

图1　中国银联上海信息处理中心

2. 设计目标

中国银联是中国货币与金融电子化的先驱，因此要为之提供一个与其品质相适应的具有典型现代主义特征的空间：

(1) 理性、可靠、坚固、现代的建筑造型，与中国银联的企业特征相吻合。

(2) 地处两条河道的交界处，自然环境优美，采用园林式的建筑布局，为生产办公提供自然化的景观。

(二) 总体布局

整个建筑分为生产、办公、动力区 3 个部分，3 部分建筑相对独立，通过联廊联系。其中生产区与其他两个部分都有较为密切的关系，故处在基地中部；办公区靠南布置，面对外部绿化广场，具有较好的景观及朝向；动力区设在基地北部，相对于公共广场较为隐蔽。

3部分区域根据基地的两条轴线自由布局，相互穿插，在基地西面自然围合形成一个半开敞的内广场，广场中布置了绿化斜坡、休闲步道、休憩广场、跌水、植株、座椅等小品。

生产区和办公区之间的内部庭院取自日本园林，使用了青石铺地，种植竹子，设置休息石凳，制造出静谧的气氛。

将沿河的办公区底层架空形成观景休闲平台，内观竹院，外借河景，形成通透的内外交融的空间，彼此相映生辉。

内部半围合广场、内部庭院、观景平台是本建筑具有园林式特征的基本构成元素。

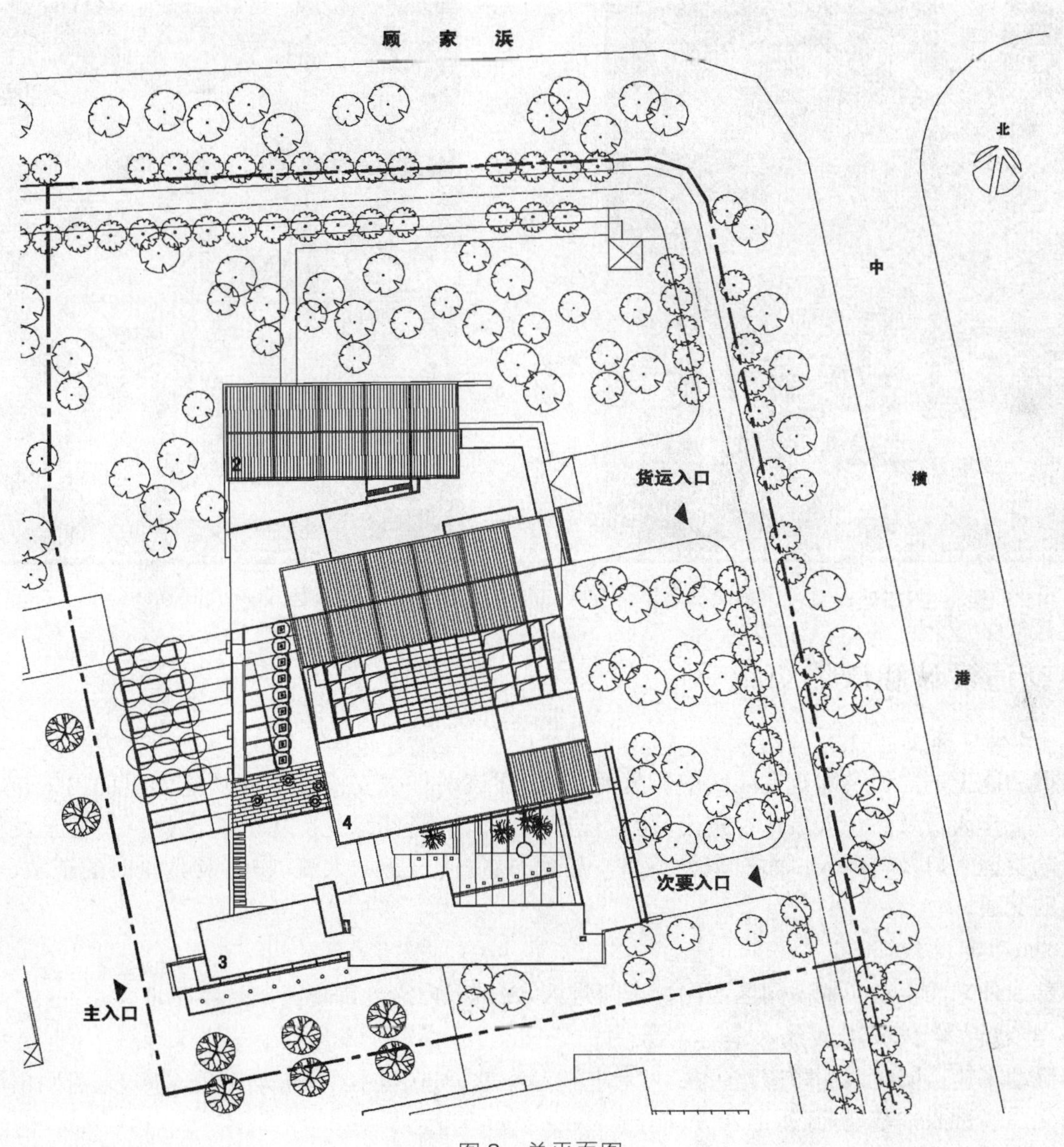

图2　总平面图

（三）景观设计

步移景异，随着人的行走移动，处处都有不同的景色，这是园林式建筑应具有的最明显也是最根本的特征，该建筑强烈表达了这一园林设计的精髓和精神。

在公共广场上远观，可见建筑造型、喷泉以及内广场隐约透出的绿化；身处入口观景平台，左有内部广场，右有水景喷泉；从展廊透过玻璃，两侧景观一览无余；行走在内广场的水面步道上，水景、绿化、桃

树、跌水，是一种极其富有意境的体验，表达了“虽由人作，宛自天开”的自然观；从生产区、办公区之间的联廊观内院，可以透过庭院见到远处的河道；身处沿河观景平台望内庭院，又有不同的体验。

总之，不同的空间具有不同的气氛，通过造型布局自由围和产生的一系列空间，处处渗透中国古代江南造园的智慧，理性与感性的交织，科技与自然的结合。

值得一提的是，由于水是古典园林中最为重要的元素之一，在设计中运用了大量的水景。大面积平静的水面及其上部休憩的平台是工作者平和心境的承托者，置身其间，建筑与水景的相互辉映，身外平和与心灵的灵动，都是极富意境的体验。

图3 入口处广场和水景喷泉

图4 联廊和内庭院

（四）交通设计和流线组织

1. 出入口布置

依据功能上的需要及建筑在园区中所处的位置，在该工程中安排各不同功能侧重的出入口。主入口主要供工作人员及参观人员日常进出，位置位于面对园区公共绿化广场的西南侧。供后勤及辅助人员出入的货运入口及辅助入口面对东侧道路。如此布置，使日常的人流、物流及紧急时的疏散、救援都有便捷的交通。

2. 机动车流线

内部或外来的机动车辆由园区西侧顾唐路进入，在园区内沿外围环路到达本基地。

3. 非机动车和人流流线

非机动车辆由园区西侧顾唐路进入，然后非机动车就近进入园区非机动车停车库，人流则由园区内公共绿化广场进入本基地，到达主入口。

4. 停车场设置

根据业主要求，为满足安全方面的需要，该工程的停车位不宜设置在建筑周围，因此，本工程停车位位于园区西北侧，该停车区将结合园区总体规划一并设置。

（五）平面功能布局

1. 办公及入口区

办公区位于基地南部。1层为门厅、多功能厅、展厅及相应的配套及服务设施，2层为会议用房、大开间办公室及贵宾接待厅，3 层布置 4 套领导办公室及大开间办公室。

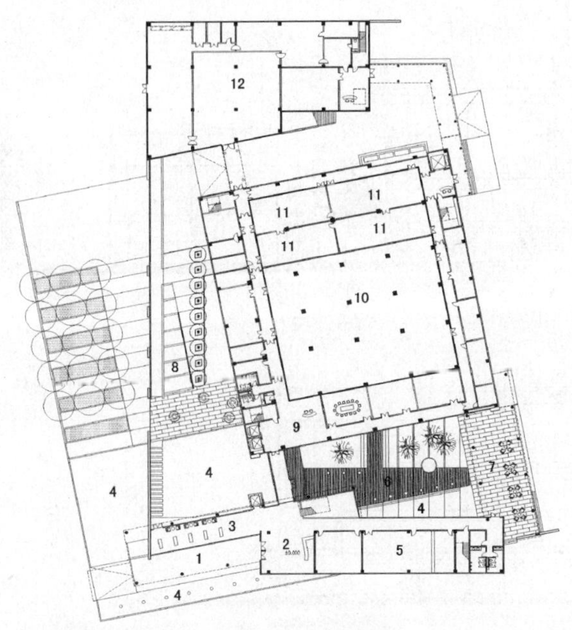

图5　1层平面图

1. 入口观景平台　2. 门厅　3. 展厅及休息厅　4. 水池
5. 多功能厅　6. 内部庭院　7. 架空观景平台　8. 叠水
9. 生产区门厅　10. 主机房　11. UPS 机房　12. 设备机房

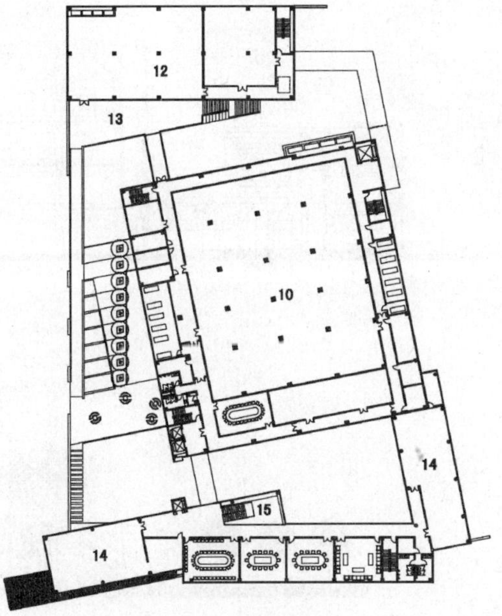

图6　2层平面图

10. 主机房　11. UPS 机房　12. 设备机房
13. 屋顶平台　14. 大开间办公室　15. 中庭上空

2. 生产区

生产区共 4 层。1 层主要部分为人工操作区(主机房)，西部为职工更衣、厕所等辅助设施，东侧为设备服务区，人员入口位于建筑 1 层南部、货物入口位于东北角。2、3 层的主要部分为主机房，周边布置服务及设备用房。4 层南部为主控机房及通讯机房，主控机房为 1 层半高，内设有夹层，夹层内为中心指挥室(会议室)，北部为磁带机房。

3. 动力区

动力区共 2 层，其中 1 层为水箱、给水机房及高低压配电机房、发电机房，2 层主要为二期备用设备机房。

(六) 垂直交通与层高设计

中国银联上海信息处理中心为多层建筑，垂直交通以楼梯为主。考虑到使用对象的多样性，在办公区配置了 1 台观光电梯，在生产区配置了 2 台电梯，为满足货物运输的需要，另在生产区东北部配置了 1 台货梯。办公区 1 层设计层高为 5.10 m，2、3 层为 4.20 m，生产区 1 层设计层高为 5.10 m，2～4 层为 4.80 m，动力区 1、2 层设计层高均为5.50 m。

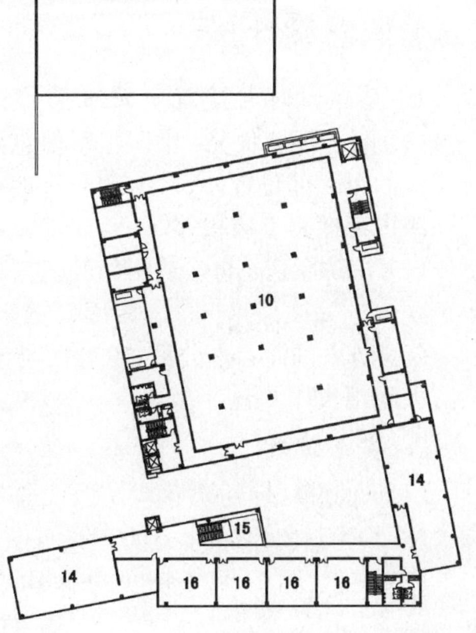

图7　3层平面图

10. 主机房　11. UPS 机房　12. 设备机房
13. 屋顶平台　14. 大开间办公室　15. 中庭上空
16. 领导办公室

(七) 立面设计和建筑造型

以最基本的几何形式——方形交互穿插组合，表达建筑所应具有的简约性特征；通过办公区玻璃材

质立面设计与周围体块虚实关系的对比，充分体现建筑自身的使用功能，同时使建筑各组成部分之间的关系更为清晰。

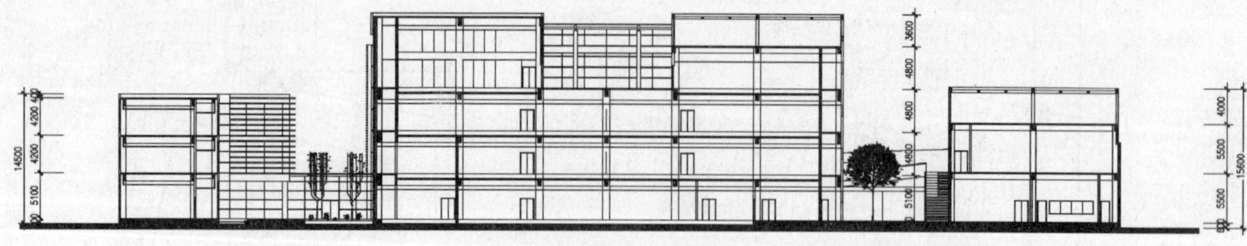

图8 1-1剖面

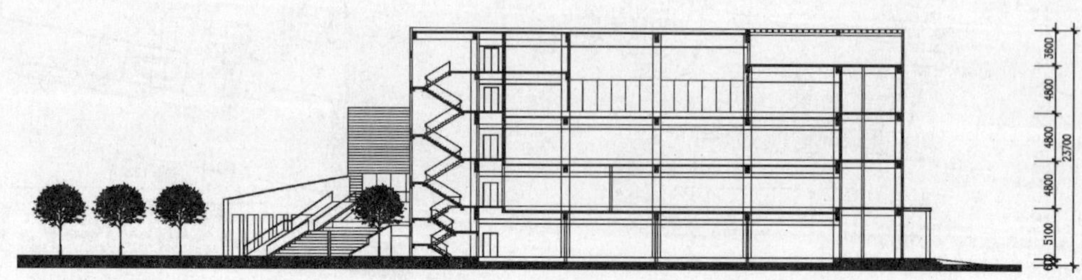

图9 2-2剖面

建筑的外墙以金属（白色瓦楞铝板及银色铝板）及玻璃为主，体现了理性、可靠、现代、高科技的企业特征。局部使用石头、木材等材料作为调和，使建筑更为人性化。

图10 建筑外墙

（八）消防设计

1. 总体设计与建筑平面布置

（1）周围环境状况：中国银联信息处理中心位于园区的东北部位置，入口由地面直接进出。两边与园区内部道路直接相邻。

（2）消防车道：与建筑相邻的内部道路宽度均大于4 m。

（3）防火间距：办公区、生产区与动力区之间的防火间距大于6 m。

2. 安全疏散

（1）疏散楼梯：办公区设疏散楼梯2座，其中1座为封闭楼梯间，1座为开敞楼梯。生产区设疏散楼梯3座，均为封闭楼梯间，动力区设疏散楼梯2座，其中1座为封闭楼梯，1座为室外平台踏步。

（2）疏散出口：每个防火分区均有2个以上的疏散出口，2个疏散楼梯间的疏散距离不超过80 m。

（九）建筑节能设计

1. 建筑布置与体型

建筑造型通过不同高度的形体组合，获得了良好的自然通风条件，有利用节能。

2. 外墙

（1）外墙为花岗石及铝板玻璃幕墙，开窗面积适中。墙体设计满足最小热阻要求。

(2) 建筑外墙窗户的高度位置有利于非制冷季节的自然通风和冬季的日照。

(3) 外窗为铝合金窗，有良好的密闭性和隔热性。玻璃为低反射镀膜玻璃，骨架为铝合金型材，用热惰性好的材料阻断热桥。

3. *屋面*

屋面采用憎水性珍珠岩板，厚度满足最小热阻要求。

(十) 主要技术经济指标

主要技术经济指标见表1。

表1　主要技术经济指标

用地面积	20 984 m^2
总建筑面积	15 387 m^2
容积率	0.73
建筑密度	22.5%
绿地率	48%

二、结构设计

(一) 工程概况

该工程由1栋2层动力房、1栋4层生产楼及1栋3层办公楼所组成，总建筑面积约为1.5万 m^2。具体情况见表2。

表2　工程概况

名　称	长×宽(m×m)	层数(地下室层数)	总高度(m)	结构类型		
				基础地基	基　础	上部结构
动力房	42×26	2(0)	10.2	ϕ500PHC管桩	独立承台加基础梁	框　架
生产楼	51×48	4(0)	21.9	ϕ500PHC管桩	独立承台加基础梁	框　架
办公楼	78×30	3(0)	14.7	ϕ500PHC管桩	独立承台加基础梁	框　架

该工程结构主体均为现浇钢筋混凝土结构。

该工程建筑抗震设防类别：生产楼为乙类、动力房和办公楼为丙类，按本地区设防烈度7°计算地震作用及按相应的抗震设防类别采取抗震措施，设计基本地震加速度值为0.10 g，设计地震分组为第一组(T_g=0.90 s)。建筑结构安全等级生产楼为一级，动力房和办公楼采用二级；结构的设计使用年限生产楼为100年、动力房和办公楼为50年。建筑场地类别为Ⅳ类。

该工程相对标高±0.000，相当于绝对标高为5.200。

(二) 地质概况

地质概况见表3。

表3 地质概况

地层编号及岩土名称	地层厚度	层底标高	特征	重度 γ (kN/m³)	C (kPa)	ϕ (°)	$N_{63.5}$	压缩模量 E_s (MPa)	桩基计算参数 f_s	桩基计算参数 f_p
①₁素填土	0.30～2.70	3.42～1.31	灰、灰黄色，松散							
①₂淤泥	0.70～2.20	1.83～−0.03	灰黑、灰色							
②黏土	0.50～2.10	1.79～1.01	褐黄色，湿，可塑	18.5	22	15.5			15	
③淤泥质粉质黏土	1.10～2.80	−0.38～−1.36	灰色，很湿，流塑	17.5	16	15.0			15	
③夹砂质粉土夹薄层淤泥质粉质黏土	1.30～3.60	−1.98～−3.98	灰色，饱和，松散～稍密	18.8	3	31.5	6.9		6 m以上15 6 m以下35	
③淤泥质粉质黏土	0.60～2.60	−4.19～−5.46	灰色，很湿，流塑	17.5	16	15.0			25	
④淤泥质黏土	14.70～15.80	−19.65～−20.71	灰色，饱和，流塑	16.7	12	11.0			25	
⑤₁粉质黏土夹薄层砂质粉土	11.00～18.30	−31.18～−38.70	灰色，湿，软塑	17.5	17	17.0		8.0	50	1 000
⑤₂₋₁质黏土夹薄层砂质粉土	4.60～7.40	−37.08～−38.58	灰色，饱和，中密	17.2	7	25.5	23.4	23.0	60	2 800
⑤₂₋₂砂夹薄层粉质黏土	2.20～13.30	−39.66～−50.57	灰色，饱和，密实	17.7	8	25.0	32.9	32.0	75	4 200
⑤₃粉质黏土夹粉土	2.80～12.70	−43.48～−56.86	灰色，湿，可塑	17.9	21	16.5		12.0	60	1 500
⑦粉砂	4.60～8.90	−60.12～−60.37	灰、草黄色，饱和，密实	18.3	1	32.5	57.7	55.0	100	7 000
⑧粉质黏土	未钻穿	未钻穿	灰色，湿，软塑	18.0	19	17.0		15.0		

根据勘探资料，拟建建筑场地类别为Ⅳ类，场地地基土无液化，地基稳定，地下水对钢筋混凝土无侵蚀性，属于对抗震不利地段(见图 11 和图 12)。

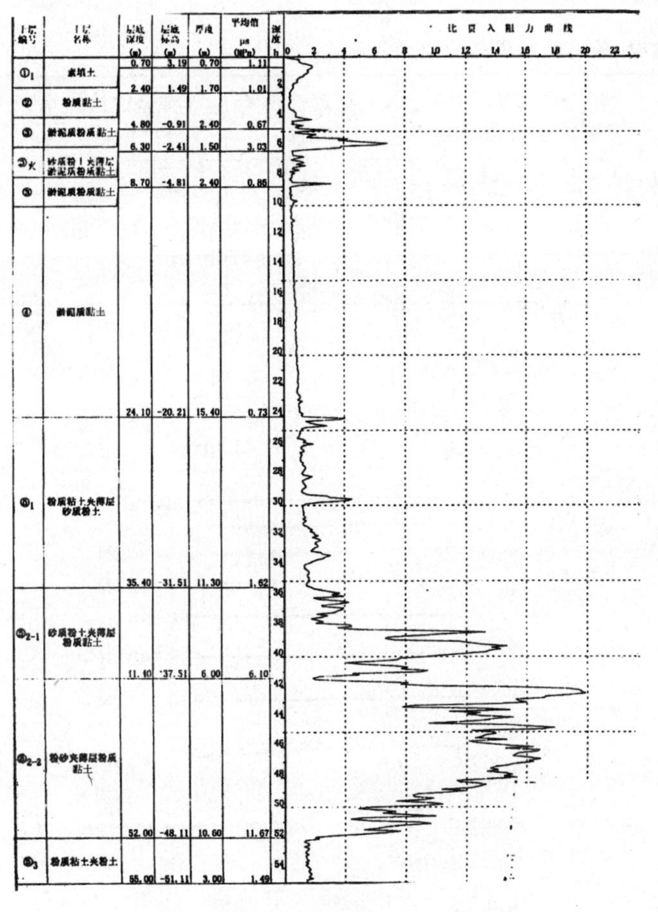

图11　静力触探测试成果图表

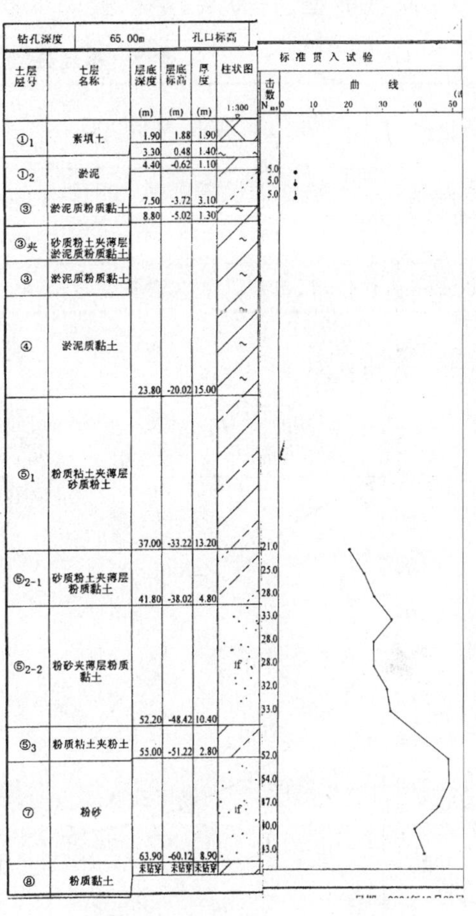

图12　标准贯入试验成果图表

(三) 荷载

荷载取值见表 4。

表4　荷 载 取 值

荷 载 类 型	场　　所	取值(kN/m²)
基本风压	生产楼	0.60(100 年一遇)
	动力房和办公楼	0.55(50 年一遇)
活 荷 载	生产楼计算机区域	7.0
	UPS 区域	20/10
	办公及会议等其他一般区域	2.5
	动力房及其他设备用房	按实际荷载取值(若无特殊情况，则按规范取值)
其他荷载		按建筑结构荷载规范(GB 50009—2001)取值

(四) 基础设计

1. 基础类型、持力层、单桩竖向承载力设计值理论估算(见表5)

表5　基础类型、持力层、单桩竖向承载力设计值理论

名　称	地基、基础类型	持力层名称/进入持力层深度(m)	有效桩长(m)	单桩竖向抗压承载力设计值估算(kN)
动力房	ϕ500PHC管桩,独立承台、基础梁	⑤$_2$层/≥1.6	44	2 050
生产楼	ϕ500PHC管桩,独立承台、基础梁	⑤$_2$层/≥1.6	44	2 050
办公楼	ϕ500PHC管桩,独立承台、基础梁	⑤$_2$层/≥1.6	44	2 050

2. 试桩资料

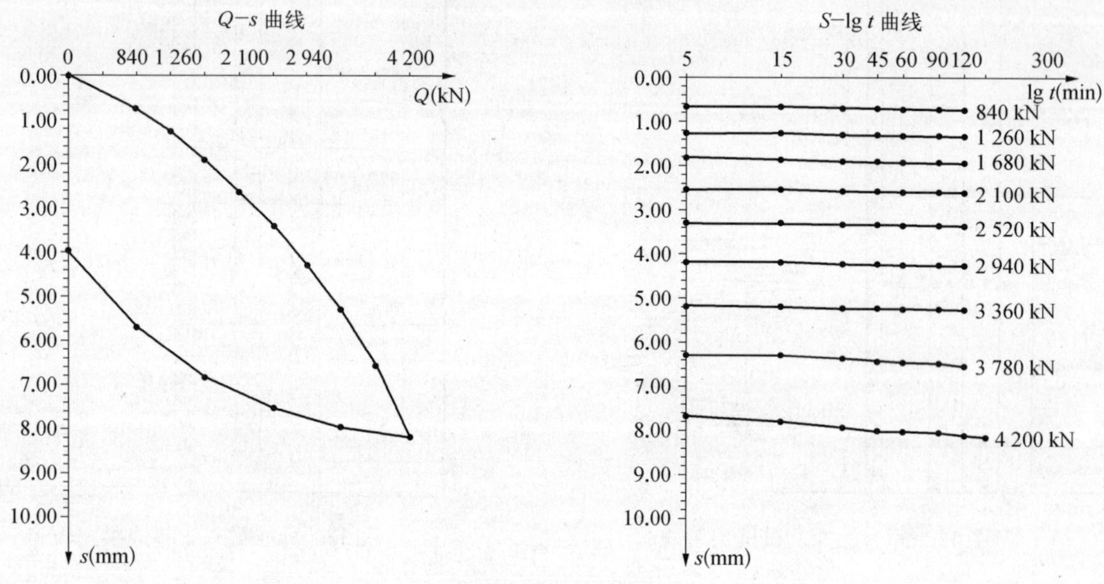

图13　桩测试曲线

3. 基础主要尺寸(见表6)

表6　基础主要尺寸

名　称	承台尺寸(mm×mm)	基础梁尺寸(mm×mm)
动力房	800×800×800(厚)～3 000×3 000×1 400(厚)	400×800
生产楼	800×800×800(厚)～4 800×4 318×1 600(厚)	400×800
办公楼	800×800×800(厚)～3 085×2 759×1 400(厚)	400×800

4. 平面图(见图14)

(五) 上部结构设计

1. 上部结构抗震等级(见表7)

表7　上部结构抗震等级

名　称	动力房	生产楼	办公楼
框　架	三　级	二　级	三　级

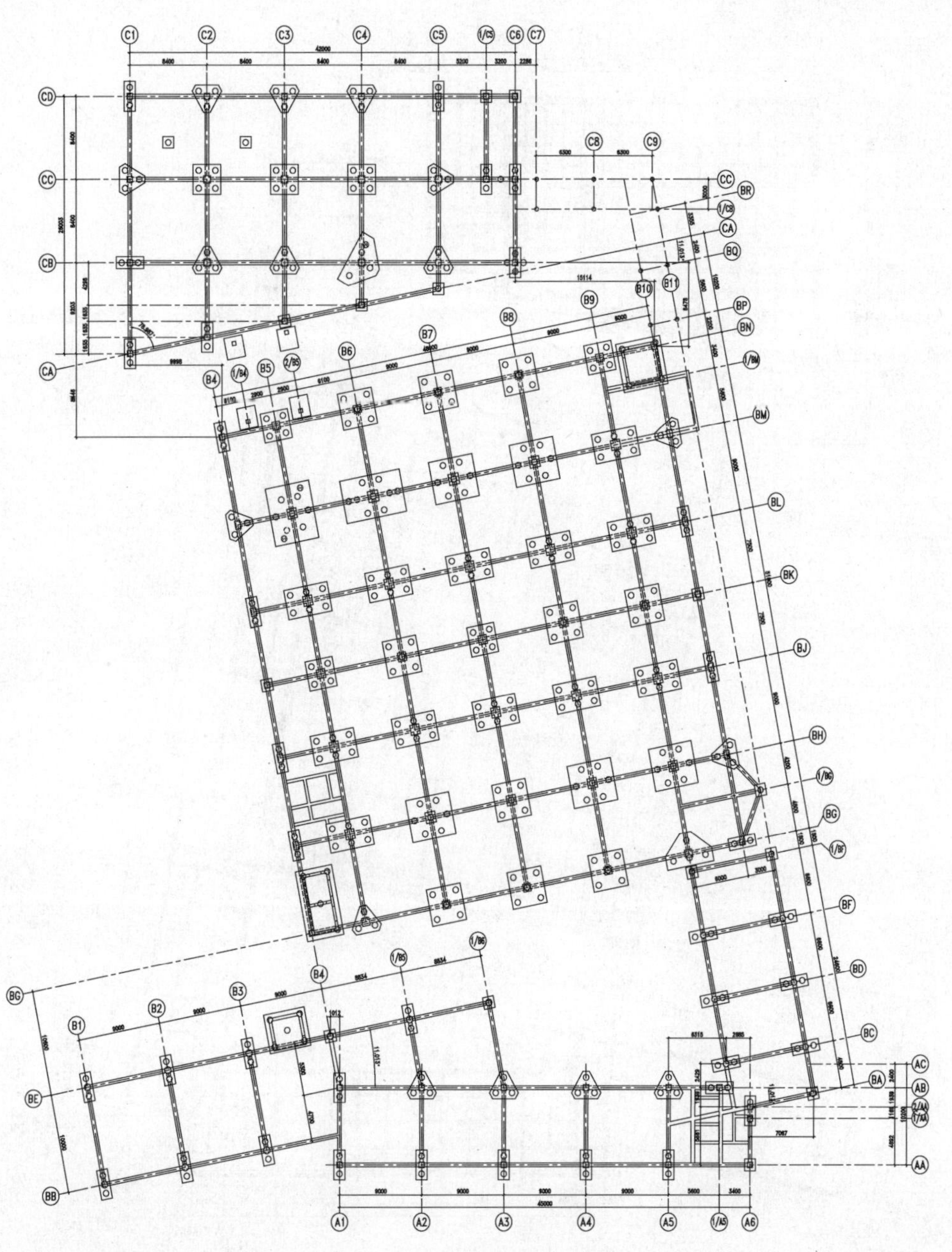

图14　桩位结构平面布置图

2. 上部结构主要构件尺寸(见表 8)

表 8　上部结构主要构件尺寸

名　称	结构体系	框架柱(mm)	框架梁(mm×mm)	井格梁或次梁(mm×mm)	楼板厚度(mm)
动力房	框　架	ϕ600～ϕ700	300×700～500×1 000	200×300～250×550	120～200
生产楼	框　架	ϕ600～ϕ1 100	300×750～700×1 200	200×300～300×1 000	120～200
办公楼	框　架	ϕ600～ϕ800	300×850	200×300～250×500	110～180

3. 上部结构平面布置图(图 15)

(六) 结构计算

采用中国建筑科学院结构所编写的“建筑结构空间有限元分析软件 SATWE”进行计算，结果见表 9。

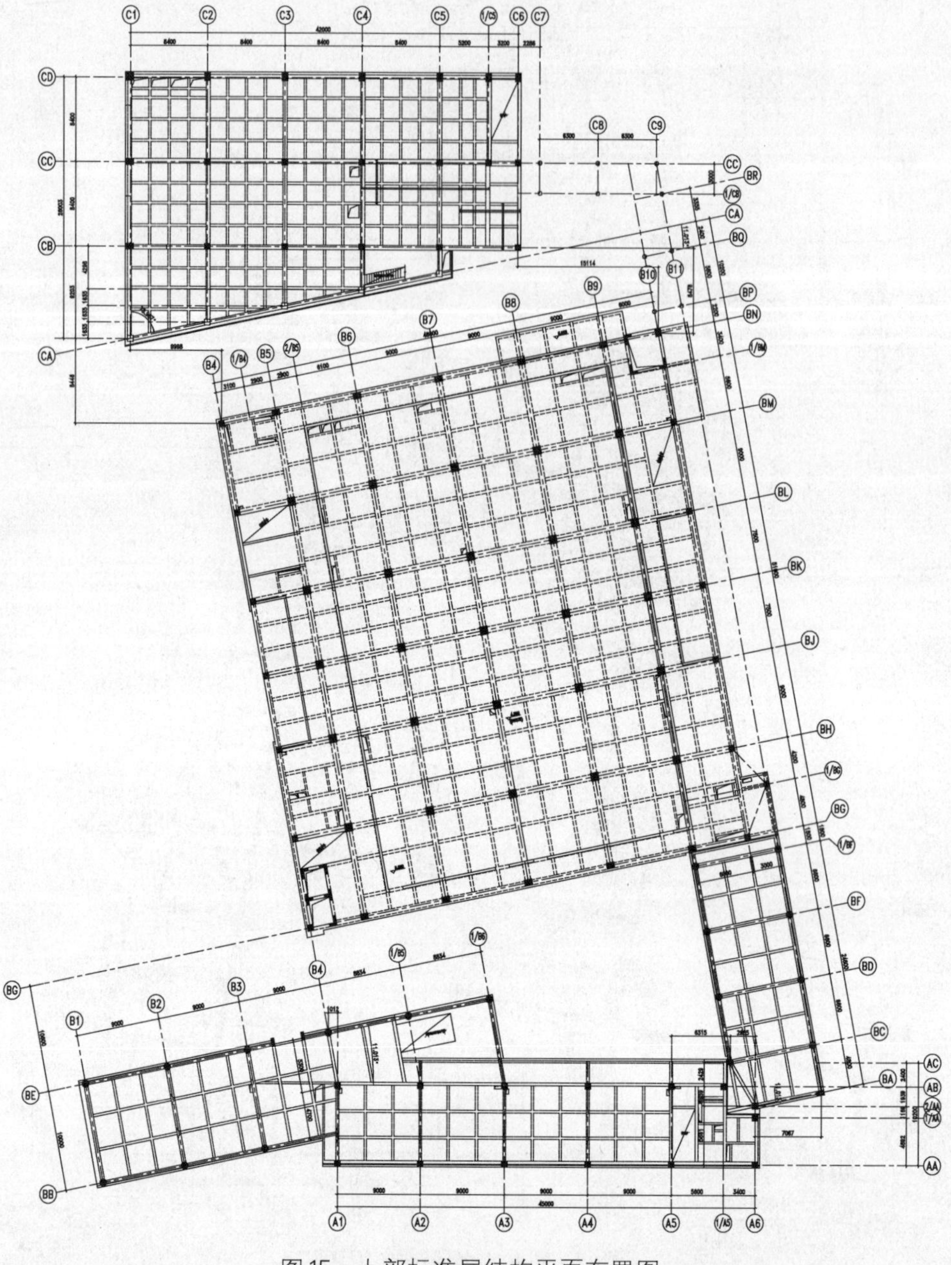

图15 上部标准层结构平面布置图

表9 SATWE软件结构计算结果

名 称			动力房	生产楼	办公楼
计算软件及模型			SATWE侧刚、刚性板	SATWE总刚、弹性板	SATWE总刚、弹性板
振型个数			12	15	15
周期折减系数			0.7	0.7	0.75
结构自振周期	耦 联	T_1(s)(扭转成分)	0.777 8(0.03)	0.968 6(0.02)	0.805 6(0.33)
		T_2(s)(扭转成分)	0.767 2(0.04)	0.936 7(0.13)	0.768 7(0.11)

续 表

名称			动力房	生产楼	办公楼
结构自振周期	耦联	T_3(s)（扭转成分）	0.657 7(0.93)	0.916 3(0.83)	0.742 8(0.84)
	扭转周期与最大平动周期的比值	T_t/T_1	0.845 6（多层无限值，仅供参考）	0.946 0（多层无限值，仅供参考）	0.922 0（多层无限值，仅供参考）
层间最大弹性位移角	地震	X 向	1/598	1/602	1/624
		Y 向	1/627	1/671	1/700
	风	X 向	1/3 653	1/7 390	1/2 261
		Y 向	1/7 367	1/3 319	1/5 671
最大弹性位移与平均位移的比值	地震	X 向	1.26	1.07	1.40
		Y 向	1.14	1.17	1.34
	风	X 向	1.11	1.07	1.30
		Y 向	1.08	1.15	1.15
剪压比		X 向	4.69%	5.33%	5.41%
		Y 向	4.69%	5.32%	5.48%
参与地震分析有效质量比值		X 向	99.50%	99.50%	99.81%
		Y 向	99.50%	99.66%	99.93%
相邻楼层最大抗侧移刚度比		X 向	1.0	1.292 4	1.03
		Y 向	1.0	1.276 4	1.10
最小楼层屈服强度系数		X 向	0.361 8	0.377 1	0.388 8
		Y 向	0.369 9	0.347 9	0.378 3
最大弹塑性层间位移角		X 向	1/55	1/55	1/52
		Y 向	1/56	1/61	1/53

(七) 采用的主要结构材料

1. 混凝土强度等级(见表 10)

表 10 混凝土强度等级

名 称	C40	C30	C20	C15
动力房	全部主体结构构件		防爆隔墙、构造柱、过梁等	基础垫层
生产楼	柱	除柱以外的全部主体结构构件	构造柱、过梁等	基础垫层
办公楼	柱	除柱以外的全部主体结构构件	构造柱、过梁等	基础垫层

2. 钢筋

采用 HPB235 级钢及 HRB335 级钢。

3. 填充墙

内隔墙采用轻质加气混凝土砌块；外墙隔墙采用混凝土小型空心砌块(孔内轻集料混凝土灌实)。

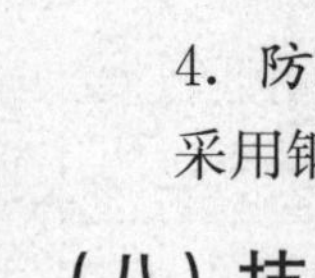

4. 防爆隔墙

采用钢筋混凝土墙体。

(八) 技术难点及特殊措施

1. 结构构件的耐久性措施

(1) 基础结构构件的环境类别为二 A 类,结构设计使用年限为 100 年。基础混凝土强度等级采用 C40 防水密实混凝土、抗渗等级 S6;控制混凝土的水灰比≤0.50、氯离子的含量≤0.06%、碱含量≤3 kg/m³,混凝土保护层厚度增加 50%;适当增加配筋量。

(2) 上部结构构件的环境类别为一类,结构设计使用年限为 100 年。混凝土强度等级采用 C40,控制混凝土的水灰比≤0.65、氯离子的含量≤0.06%、碱含量≤3 kg/m³,混凝土保护层厚度增加 40%;适当增加配筋量;在使用过程中定期维护。

2. 框架抗震构造特别措施

框架柱:严格控制柱的轴压比,采用复合箍筋,并在柱中额外设置芯柱以增加柱的延性。

3. 钢筋混凝土防爆隔墙

设计保证了其既起到防爆作用又不影响框架结构的刚度,具体构造见图 16。

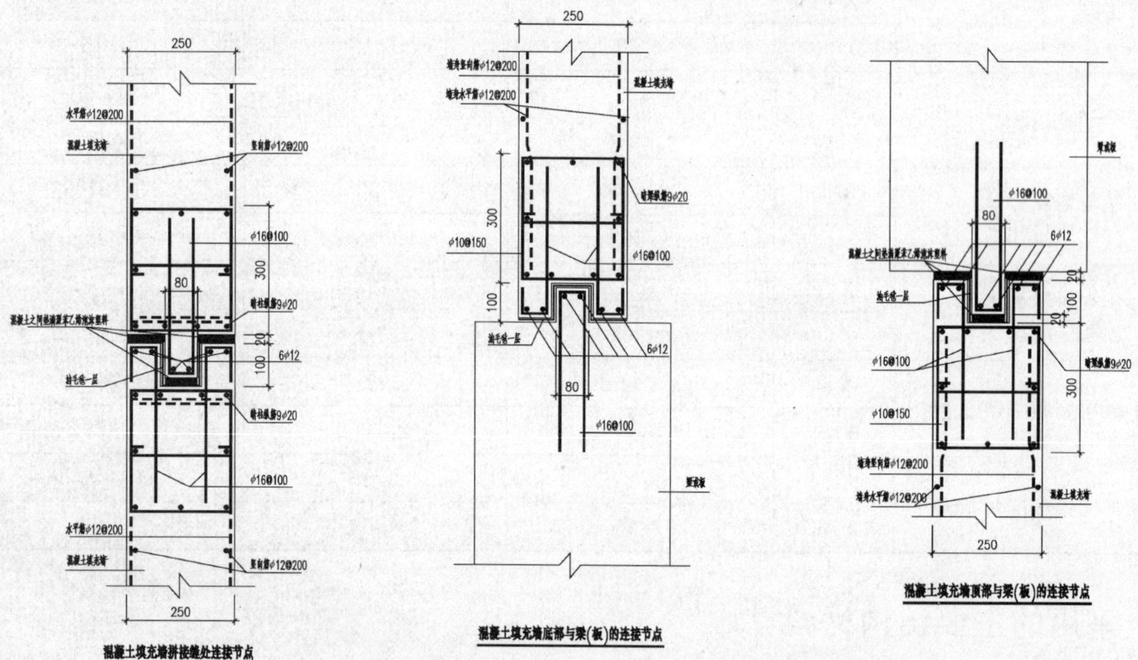

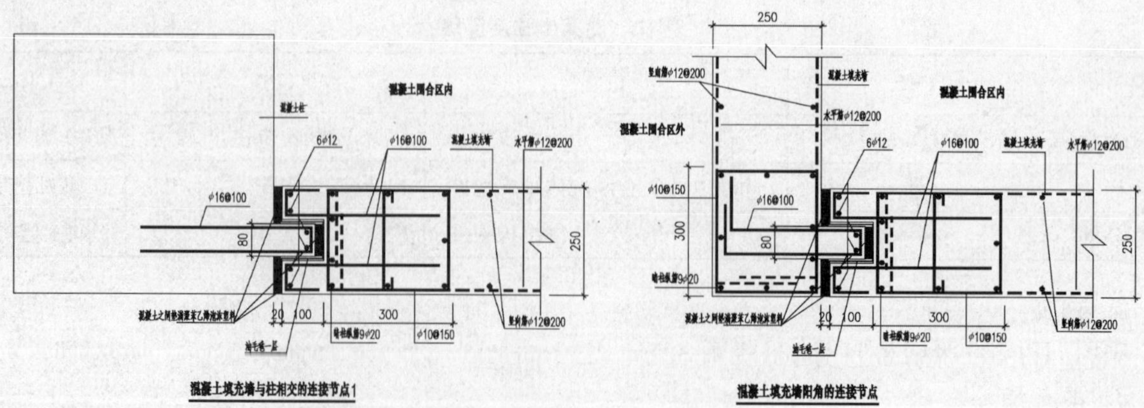

图16 上部结构平面布置图

(九) 建筑物沉降的理论计算值及实际情况

1. 建筑物沉降的理论值(见表 11)

表 11　建筑物沉降的理论值

名　称	中心点沉降(mm)	相邻柱基最大沉降差
动力房	24	0.2‰
生产楼	48	1.8‰
办公楼	21	0.1‰

2. 建筑物沉降的实测值(见表 12)

表 12　建筑物沉降的理论值

名　称	中心点沉降(mm)	相邻柱基最大沉降差
动力房	14	<0.2‰
生产楼	16	<1.8‰
办公楼	13	<0.1‰

(十) 主要经济技术指标

主要经济技术指标见表 13。

表 13　主要经济技术指标

混凝土总用量(m^3)	混凝土折算厚度(cm/m^2)		钢材总用量(t)		钢筋总用量(kg/m^2)	
	地　上	地　下	钢　筋	型　钢	钢　筋	型　钢
约 4 650	42	25	约 1 050	0	68	0

三、给排水设计

(一) 给水系统

1. 水源

生活用水取自市政给水管网(由位于基地西侧市政干道顾唐路上的 DN500 市政给水管接入 DN150 管供给)。

2. 用水量

最高日生活用水量约为 60 m^3。除包括生产、办公、动力三大区的生活用水外,还包括绿地浇洒、地坪冲洗、空调加湿用水。

3. 供水型式

采用“市政管网→不锈钢生活储水箱→恒压变频调速泵→各楼用水点”的供水方式,其中生活变频调速水泵(二用一备)、生活储水箱(33 m^3)、变频水泵及不锈钢生活水箱均设置在动力区的水泵房内。

(二) 排水系统

1. 排水量

生活排水量最高日约 48 m³。

2. 排水制度

(1) 室内:生活污、废水合流。

(2) 室外:雨水与生活排水分流。

(3) 空调机房冷凝水间接排水至基地雨水管中。

(4) 柴油发电机房、日用油箱间地沟排水至室外经隔油池后排入室外污水管道。

(5) 雨水管道设计根据上海市暴雨强度公式计算,设计重现期 $P=3$ 年,降雨历时 5 min。屋面雨水经雨水管道系统排至室外雨水窨井,再汇集基地雨水,一起排入市政雨水管。

3. 基地排水

(1) 生活污、废水直接排入基地西侧规划中的顾唐路 DN400 市政污水管。

(2) 基地雨水就近排入基地西侧顾唐路 DN1500 市政雨水管。

(三) 管材

1. 室内

给水管采用薄壁铜管或 PP - R 塑料管及配件。消防管管径≤DN100 采用热镀锌钢管,管径≥DN150 采用热镀锌的无缝钢管。室内排水管材用 UPVC 排水管。

2. 室外

给水管、消防管管径≥DN100 时采用球墨铸铁管,其余采用钢塑复合管,排水管采用排水塑料管。

(四) 消防

该建筑物设有:消火栓给水系统、自动喷淋灭火系统、水喷雾灭火系统、气体灭火系统。

1. 消防水源

按消防设计规范要求并经计算需从市政给水管网中引入 2 条 DN200 进水管在基地室外连接成环状以供室内外消防用水。两路进水分别为从基地西侧顾唐路上引入 1 根 DN200 消防给水管及从基地南侧龙东大道引入 1 根 DN200 消防给水管。

2. 消防水量及火灾延续时间(见表 14)

表 14　消防水量及火灾延续时间

项目 场所及方式	消防水量(L/s)	火灾延续时间(h)	总消防水量(m³)
室　外	30	2	216
室　内	15	2	108
湿式喷淋	21	1	76
水喷雾灭	33	0.5	60

3. 消防形式

(1) 消防水泵设在动力区的水泵房内,其中设消火栓水泵 2 台(互为备用)、湿式喷淋水泵(兼供水喷雾)2 台(互为备用)。喷淋水泵流量按 33 L/s 考虑,并设屋顶喷淋系统增压装置。办公楼屋面设备层设消防水箱,储存消防水量 18 m³。市政给水到水泵房内,由消防水泵直接从市政管网抽水并与屋面消防水箱、水泵接合器及各楼的消防管网构成消防供水系统。

(2) 各楼均设置室内消火栓给水系统,其消火栓间距为不大于 25 m,箱内设 DN65 系列消防器材、启动消防水泵的按钮及手提式磷酸铵盐干粉灭火器，室外设 2 只 DN150 地上式消火栓水泵结合器。

(3) 除生产机房外的所有公共部位均设置自动喷水灭火系统，并设有湿式报警阀，室外设 2 只 DN150 地上式喷淋水泵结合器。

(4) 柴油发电机房设置水喷雾灭火系统。

发电机房共有 2 台柴油发电机组，设 2 个雨淋阀，每台发电机对应一个雨淋阀保护。不管哪台机组发生火灾，则对应的雨淋阀开启供水灭火。实验灭火水喷雾设计强度为 20 L/(min・m^2)，喷头工作压力 $P \geqslant 0.35$ MPa，持续喷雾为 0.5 小时。

(5) 气体灭火：生产楼主机房及 UPS 机房采用 FM200(七氟丙烷)气体灭火系统。

该系统采用组合分配全淹没式保护；保护区为独立封闭空间；区内的平时环境温度与自然环境温度相同；气体钢瓶设置在保护区附近的专用房间；系统的启动方式分自动、手动和机械三种方式。

四、电气设计

(一) 强电

1. 设计范围及内容

(1) 用户 10 kV/0.4 kV 变配电系统及发电机供配电系统。

(2) 照明、动力、空调供配电及控制系统、数据交换系统主机供配电系统。

(3) 防雷与接地系统。

2. 负荷等级与供电电源

该工程为银行计算中心，集数据交换、生产、办公等于一体，属重要多层民用建筑。大楼内数据生产交换设备及机房空调、消防设备、重要照明等均属一级负荷，其余动力、照明、空调属二级或三级负荷。对于一级负荷中的数据生产交换设备及机房空调、消防设备等则为特别重要负荷。

为满足该工程一、二级负荷的供电要求，由市政提供 2 路独立的 10 kV 级电源同时供电，当其中一路电源发生故障时，另一路电源不应同时受到损坏，以确保一级负荷的用电需求。10 kV 电源电缆采用埋地方式引至该工程动力楼 1 层变配电所电缆进线室。

为保证一级负荷中的重要负荷的供电可靠性，设置 2 台 1 680 kW 的自备柴油发电机组：当 10 kV 电源或变压器发生故障时，发电机会在 15 s 内完成自启动并向重要负荷供电。发电机组设并机运行系统以及负载管理系统，供油量按生产区设备容量连续工作 24 h 储备。

为确保数据交换系统供电的绝对连续可靠，数据交换系统拟专设 A、B 2 组 1 600 kVA 静态交流不间断电源系统(UPS)，且 A、B 2 组 UPS 同时向数据生产交换设备供电。后备电池工作时间大于15 min，供电质量按 A 级标准设置，同时 UPS 系统设置限制谐波设施。

对重要机房的照明以及走道公灯，除采用两路电源自切外，另加 EPS 电源，以确保供电的可靠性。

3. 变配电系统

(1) 变配电所及发电机房：

① 该工程在动力楼 1 层设置电力站房，电力站房包括如下设备：

A. 10 台中置式高压开关柜；

B. 4 台 1 600 kVA 环氧树脂浇铸低噪低耗变压器，变压器带强迫通风装置及 IP20 外保护罩；

C. 37 台插拔式低压配电屏；

D. 供电局计量柜；

E. 65AH 直流屏；

F. 2 台 1 680 kW 带远置式散热器的柴油发电机组及 7 台发电机并机配电柜。

② 电力站房层高为 5.5 m，高低压配电柜均采用上进上出线方案。

③ 电力站房内设有机械进、排风装置，并有防水、防潮措施。

(2) 系统主接线：

① 高压系统采用单母线分段方式，分列运行，不设母联开关，各带 50%负荷。

② 共设 4 台 1 600 kVA 变压器，分两组捉对运行。其中 2 台 1 600 kVA 变压器(T1、T2)供照明、动力、空调用电，另 2 台 1 600 kVA 变压器(T3、T4)专供数据生产交换设备用电。

③ 低压系统分别采用单母线分段加母联开关方式(主开关及母联开关电气加机械联锁)，可手/自动联络。平时分列运行，当 1 路 10 kV 高压或 1 台主变检修或故障时，投入低压母联开关，则另 1 台主变可带全部一级负荷和二级负荷。

④ 发电机设置专用配电低压母线。发电机配出回路与低压配电回路通过可靠的 ATS 进行自动投切，确保发电机不发生向市电倒送电情况。

(3) 电力站房设置电力能源管理系统，通过各种电气设备的接口及模块装置，用计算机对电力系统的各类参数进行监控和管理，以达到节能及优化运行的目的，并且与 BAS 联网。系统主机放在电力站房值班室内。

4. 低压配电及线路敷设方式

(1) 动力楼设置低压总配电室，生产楼及办公楼每层均设置楼层配电间。UPS 机房及机房空调等大电流主干线采用铜母线供电；其他主干采用电缆供电。主干母线及主干电缆通过设备联廊引至相关机房及各楼层配电间。

(2) 至重要设备的低压配电线路，采用放射式配电方式；至一般设备的配电线路，采用放射与树干混合配电方式。所有一、二级负荷均设置双电源末端(ATS)自动切换，以确保供电的可靠性；消防设备配电装置均设置明显的消防标志。

(3) 该工程为一级电线电缆使用场所，所有电线电缆均采用低烟无卤型(WD)。普通电缆均采用 A 级阻燃交联型；消防电缆均采用 A 级阻燃耐火交联型。

(4) 低压电线均采用 C 级阻燃塑料绝缘铜芯线，其中消防部分的动照分支线路采用耐火线。

5. 照明系统

该工程包括以下照明种类：正常工作照明、事故照明、应急疏散照明、庭院景观照明及主要泛光照明等。照度设计参照国家有关标准，其他要求如下：

(1) 所有主机房、办公室等均采用高光效嵌入式荧光灯。

(2) 所有净高大于 5 m 的大空间均采用金卤灯或大功率节能灯照明。

(3) 走廊、电梯前室、楼梯间采用节能高光效荧光灯。

(4) 主机房、通讯机房、总控区、电力站房、消防中心、水泵房、电梯机房等重要机房及各层公共走廊设置事故照明。

(5) 门厅等人员密集场所设置不少于正常照度 10%的应急备用照明。

6. 电气保安与接地措施

(1) 该工程采用 TN-S 系统，三相五线配电，接地线(PE)专放。

(2) 电力站房低压主开关、联络开关及所有配电箱双电源切换开关均采用四极开关；重要负荷末端的保护开关均采用双极或四极开关。

(3) 所有插座回路专放接地线(PE)且均设置漏电保护开关。

(4) 凡安装高度低于 2.4 m 的灯具外壳均须与接地线可靠连接。

(5) 该工程设置联合接地系统：发电机中性点工作接地、变压器中性点工作接地、UPS 输出端中性点工作接地、防雷接地、电气设备保护接地、等电位接地、电梯控制系统的直流接地、弱电系统直流接地及其他电子设备的直流接地合用同一接地体，即利用基础桩基及承台内主钢筋作接地极，要求接地电阻不大于 1 Ω。根据业主方的要求，在室外 25 m 处另打一组接地电阻不大于 4 Ω 的专用接地极，引至生产楼底层机房，以满足将来计算机直流接地的可能需求。

(6) 主机房防静电地板下设置铜排网格，网格间距 60 cm×60 cm，铜排规格为 30 mm×3 mm。

(7) 凡有电子设备的机房均采用防静电地板(电阻率应为 $1.0\times10^{7}\sim1.0\times10^{10}\ \Omega\cdot cm$)，并有防静电接地措施。

(8) 在每层设备竖井设置等电位联结端子箱及等电位连接线，正常情况下不带电的金属管道(包括电缆的金属外皮、电气设备外壳、风管、水管等)均须与等电位连接线可靠相连；楼内金属构件如：金属扶手、防火门及吊顶龙骨等均须作等电位连接。

(9) 竖向敷设的金属管道及其他金属物体，在其底部与顶端与防雷装置作可靠连接。

(10) 本工程设置总等电位连接。

7. 防雷措施

(1) 工程属二类防雷建筑。

(2) 为防直击雷，在屋顶女儿墙及其他凸出部位设置避雷带，屋面设置避雷网，屋面上所有金属物件与避雷带可靠连接。由于该项目的重要性且处于较为空旷地带，为确保大楼以及楼内设备安全，在主楼屋顶拟同时设置早期预放电高效避雷针。

(3) 为防侧击雷，各楼层设置水平避雷带；外墙上的栏杆、门窗等金属物均与避雷装置连接；各层均做等电位均压措施。玻璃幕墙的所有金属构架自身应构成良好的电气通路，并与建筑物防雷装置的预埋件进行可靠连接。

(4) 引下线利用柱内外侧 2 根主钢筋($>\phi16$)，接地体利用建筑物基础桩基及承台内主钢筋。

(5) 为防电磁脉冲，配电回路设置三级过电压保护装置，以确保用电设备安全；突出屋面(LPZ0B区)的设备配电回路同样考虑。同时各弱电系统信号回路均设置信号类过电压保护装置。

(二) 弱电

1. 设计范围

(1) 通信系统(CAS)；

(2) 结构化综合布线系统(PDS)；

(3) 安保技防系统(SAS)；

(4) 有线电视及卫星接收系统(CATV)；

(5) 背景音乐兼消防广播系统(PAS)；

(6) 火灾自动报警及消防联动控制系统(FAS)；

(7) 楼宇设备控制管理系统(BAS)。

2. 系统组成和功能描述

(1) 通信系统(CAS)：

① 工程的电话需求量为 400 门，最终采用 IP 电话方式。

② 机房设在办公区 1 层，市政电缆及通讯光缆由基地南侧大道埋地引来，业务用电缆及光缆由东侧埋地引入。

③ 为解决大楼对无线电波的屏蔽作用，以保证移动通信的清晰与稳定，该工程考虑无线电话中断放大系统。

(2) 结构化综合布线系统(PDS)：

为满足现代化办公对通信与计算机网络的需要，根据先进性、开放性、可靠性、可扩充性的原则，该工程将设计一套千兆位到用户的标准、灵活、开放的结构化布线系统。该布线系统采用光纤加千兆位双绞线布线，集语音、数据、文字、图像于一体，可满足高速数据传输对 ATM、FDDI、Fiber channel、10Base-F、100Base-Fx 和 GbitEther 的发展要求。布线系统的拓扑结构为星型方式，以放射性方式布线。生产区设一个上升通道，办公区设一个上升通道。上升通道兼层弱电间，内设标准 482.6 mm (19 in)配线柜。系统网络

由1层电话机房引5类非屏蔽大对数铜缆及6芯室内多模光缆至生产区及办公区各层弱电间。另外，各层平面预留部分光缆，用于个别重要客户光缆到桌面的需要。信息端口基本为双孔型，满足一个工作区既有电话接口又有网络接口的需要。信息端口安装位置为墙面出线，端口采用RJ45型。

(3) 安保技防系统(SAS)：

根据该工程特点，该项目将设置如下安防系统：

① 电视监控系统：

系统由高性能的黑白与彩色摄像机构成，其中室外采用黑白摄像机；出入口、电梯厅、室内重要办公区走道等采用彩色摄像机。8.5 mm(1/3 in)黑白CCD摄像机水平清晰度不低于470线，8.5 mm(1/3 in)彩色CCD摄像机水平清晰度不低于380线。考虑到建筑物的整体美观和隐蔽性，摄像机的防护罩分别配置半球形、楔形等。

控制室设于1层，系统主机采用微机矩阵，主机可通过操作键盘对输入信号进行任意分组切换、点切及时序切换。也可对云台、变焦镜头进行各种姿态的遥控。画面输出除采用直接切换外，同时也配置了硬盘录像机，以便对系统进行全面的观察和录像。系统采用低损耗同轴视频电缆传输信号，摄像机采取控制室集中供电方式。

② 入侵报警、门禁及巡更系统：

A. 在生产区及重要办公区域设置红外/微波双鉴探测器，室外设周界报警，当所控制的区域发生异常情况时，中央控制室将发出声光报警信号，并与电视监控系统联动(对有BAS控制的照明回路可实施联动)，将相关图像强切至指定的输出通道显示和记录，并通过110报警系统与市110联网。

B. 门禁管理系统主要用于信息中心内部办公人员出勤管理和重点部门的安全出入控制。在生产区及部分重要办公区域、重要办公室和设备机房等需要监控和身份识别的重要场所，采用安装读卡机、电控锁和门磁以及掌纹机，系统不仅能实时记录门的开关状态和读卡进出的信息，而且还可对门予以控制，对非法操作闯入行为以声音和图像的方式进行报警并采取联动措施。系统可通过网络与闭路监控，防盗及消防报警实行系统间协调。

(4) 有线电视及卫星接收系统(CATV)：

该工程拟设卫星及有线电视接收系统，主要用于接收国际、国内政治、经济、金融信息及文化娱乐节目，满足建筑内对电视信号接收的要求。

卫星天线设在生产区屋顶。前端信号处理为提高图像质量采用转频方式，信号传输网络由同轴射频电缆和分支分配、放大组成，并留有与有线台联网接口。系统的各项电气性能指标须满足当地有线电视台联网接口的要求。系统采用860 MHz频分复用方式双向传输。电视终端电平控制在66～72 db范围，图像质量主观评价不低于四级。终端主要设置在各主要办公室、会议室等处。

(5) 背景音乐及消防广播系统(PAS)：

该工程设一套公共广播系统，系统平时播放背景音乐，当发生紧急情况时，自动切换到消防广播，以达到疏散人员的目的。作为背景音乐，共有音源3套，同时配一个紧急广播话筒，主机采用微机控制，每层的一个防火分区为一个回路。带微电脑的控制设备可以预置火灾报警及报警解除广播的语音合成，显示操作提示，当接收到消防联动信号，可以按消防广播规范启动相应区域广播，其他区域可正常广播。系统采用定电压输出方式，传输电压采用70～100 V。广播前端设备设在消防中心内。实际使用中，根据层高调整变送器接头(3 W和6 W两种)；背景音响的输出电平由前端调试时控制。系统信噪比≥50 db，频率特性为80～8 000 Hz±3 db。

(6) 火灾自动报警及消防联动控制系统(FAS)：

该工程为多层建筑，按一级火灾自动报警系统保护对象设防。系统形式采用控制中心方式。火灾报警系统由感烟、感温智能型光电探测器、手动报警按钮、水流指示器和水流闸阀组成。各层消火栓动作信号、水流指示器及水流闸阀动作信号均送至火灾报警系统。消防泵房、变电所等场所设固定消防电话，各层手动报警按钮均带消防电话插孔，消防控制室设火警专线电话。消防控制室内设火灾自动探测报警器、消防联动控制柜、消防广播、消防电话及消防报警装置。

联动控制分以下几类：

① 非消防类风机包括：空调机、新风处理机、送风机、排风机。

② 消防类风机包括：排风兼排烟风机、排烟风机。

③ 室内消防给水包括：消火栓水系统和喷淋水系统，消防泵及喷淋泵可由消防控制中心手动或自动控制，并接收水泵动作信号，喷淋泵的启动受喷淋总管湿式压力阀开关控制。

④ 消防报警：火灾预报警时，消防广播按本层着火层，相邻防火分区及上下层防火分区自动作提示性预报警。火灾确认后，着火层、相邻防火分区及上下层防火分区的消防广播和消防警铃投入正式报警，消防广播至火灾报警结束才停止。

⑤ 电梯联动控制：在火灾确认后，电梯立即迫降至底层停止运行。

⑥ FM200 气体灭火联动：FM200 气体灭火自成系统。独立报警控制器完成整个保护区域报警、联动及喷放过程。该控制器通过接口方式与大楼主机联网。

(7) 楼宇设备控制管理系统(BAS)：

为提高对机电设备运行情况的监察、控制及管理，达到节能、舒适、控制方便的目的，该工程设置 1 套高质量楼宇设备控制管理系统。系统采用集散控制，具有开放性、可扩展性。由中央工作站、网络服务器、直接数字控制器、各类传感器及电动阀等组成，控制室设在底层监控中心内。控制室主要的监控对象：

① 办公室走廊公共照明(常明灯除外)、泛光照明的开、关、手/自动信号及开关状态显示(包括风机盘管电源的定时控制)。

② 空调机、新风处理机的开、关、手/自动信号，过滤网压差报警运行状态信号及故障信号显示，防火阀状态显示，温度显示，排风机的开、停和状态显示。

③ 各类非消防水泵的开、关、手/自动信号，运行状态信号及故障信号显示，水流状态显示，生活水泵流量显示。

④ 各类水箱、水池高低水位显示及超水位报警。

⑤ 各主机房均设防水感应线，对机房漏水情况实行监察及预报警。

⑥ 空调水泵开、关、手/自动信号，运行状态信号及故障信号显示；热泵机组自成独立系统，BAS 与热泵机组采用按接入方式联网。

⑦ 电力站房设独立电力能源管理系统，该系统主机与 BAS 系统进行联网。

上述所述的监控对象，其控制程序可根据不同要求、不同季节进行调整；所有报警点在报警时均有记录；所取的模拟信号、数字信号可根据用户要求进行定时、定日、定月记录。

五、暖通设计

(一) 设计标准

1. 室内设计参数(见表 15)

表 15　室内设计参数

场所 / 指标	计算机房、通讯机房		电池室、UPS 机房		大厅、走廊		办公室、总控区、会议室		多功能厅	
	夏季	冬季	夏季	冬季	夏季	冬季	夏季	冬季	夏季	冬季
干球温度(℃)	21～25	18～22	≤25	16～18	26～28	16～18	24～26	18～20	24～26	18～20
相对湿度(%)	45～65	45～65	≤65	≥35	≤65	≥40	≤65	≥40	≤65	≥40
新鲜空气量(m^3/h/人)	按精密空调机总风量的 5%计算				30		40		25	

2. 通风换气次数(见表16)

表16 通风换气次数 (次/h)

变配电房	水泵房	电梯机房	电池室	计算机房、通讯机房事故排风
20	5	10	8	12

(二) 调冷热源

办公区采用2台制冷量为265 kW/台,制热量为300 kW/台,空气源风冷热泵型冷(热)水机组,机组设置于生产区屋顶。

生产区计算机房及通讯机房采用风冷直接蒸发式精密型恒温恒湿空调机,机组制冷量按400 W/m² 配置,机组台数按N+2配置(N指按实际负荷计算空调机台数),精密空调室内机设置于计算机房及通讯机房内,室外机设置于生产区2层室外平台及生产区屋顶。

生产区新风系统冷源,生产区辅助用房及动力区空调冷热源采用3台制冷量为315 kW/台,制热量为355 kW/台及1台制冷量为212 kW,制热量为236 kW空气源风冷热泵型冷(热)水机组,机组设置于生产区屋顶。

电池室及UPS机房采用2组制冷量为67 kW风冷直接蒸发式变频变冷媒热泵机组,室内机组采用吸顶式,室外机设置于室外地坪。

办公区电话机房及物业管理采用1组制冷量为14 kW风冷直接蒸发式变频变冷媒热泵机组,室内机组采用吸顶式,室外机设置于办公区屋顶。

(三) 供回水机系统

空调水系统为两管制冷热两用系统,夏季供回水温度为7℃/12℃,冬季供回水温度45℃/40℃,空调(热)水为一次泵系统,生产区空调系统,生产区计算机房、通讯机房新风系统与办公区空调系统分别为独立的空调水系统。

(四) 空气处理系统

计算机房及通讯机房选用下出风、上回风的精密型恒温恒湿空调机组,空气经中效过滤器处理后,送入活动地板架空层内,在活动地板的适当位置设置出风口,回风直接回至空调机回风口,计算机房及通讯机房新风系统则由设置于生产区屋顶的新风空调机组通过管道竖井送至各空调机组内。

生产区总控室采用全空气低速风管系统,空调机组设置于生产区屋顶空调机房内,共设置2台空调机组,一用一备。

生产区4层休息区采用全空气低速风管系统,空调机组设置于生产区屋顶。

生产区辅助用房,门厅及环廊采用风机盘管加新风系统,新风空调机组设置于各层空调机房内。

办公区大厅、多功能厅等采用全空气低速风管系统,空调机组设置于各楼层空调机房内。

办公区会议室、办公室等采用风机盘管加新风系统,新风空调机设置于各层空调机房内。

(五) 空调自控系统

风冷直接蒸发式精密型恒温恒湿空调机组是通过机组自带微电脑控制器,控制空调机组启停,控制计算机房及通讯机房温度、湿度。

1. 风冷热泵机组程序控制

采用程序控制器,按用户的冷热负荷需求量控制热泵机组,空调水泵的开启台数。冷(热)水系统设压差控制器和旁通阀,根据负荷变化引起的供水管与回水管压差变化来开启旁通阀的大小。

2. 风机盘管自动控制

风机盘管为二管制，在回水管上设置一只电动二通阀，风机采用三档调速，恒温控制器及风机调速开关设置于空调房间的墙上，根据房间温度的设定值，可控制电动二通阀的开关，达到室内设定温度要求。

3. 空气处理机组控制

空气处理机组为二管制，在回水管上设置一只电动二通比例调节阀，并由空调房间内的恒温控制器来控制电动调节阀的开度。

（六）制作与安装

空调与通风管道采用镀锌钢板制作，空调送、回管保温采用铝箔离心玻璃棉板材，密度为 64 kg/m^3，厚度为 30 mm，空调水管采用无缝钢管，空调供、回水管，冷凝水管采用难燃 B1 级橡塑保温材料。

上 海 印 钞 厂

建设单位：上海印钞厂

设计单位：上海建筑设计研究院有限公司

施工单位：五洋建设集团股份有限公司

撰 稿 人：赵 琳 吴慧茹 陆余年
乐照林 脱 宁 盛红英
沈 磊 吴健斌 魏 懿
汪海良

一、建筑设计

(一) 工程概况

上海印钞厂是隶属于中国人民银行总行,由中国印钞造币总公司领导的,国内印钞行业的骨干企业。该厂现址始建于1946年,厂内现存建筑均为20世纪所建。随着我国国民经济的飞速发展,现存的老厂房已显陈旧,生产设备、生产场地极其拥挤和狭小,不仅严重地制约了生产力的进一步发展,同时,也和不断增强的国力和更加开放的金融体制发生了脱节。由此,《中国印钞造币公司行业发展纲要》要求,上海印钞厂要在"十五"期间建成国家印钞行业对外开放展示的窗口企业,以适应上海作为国际型大都市建设的需要,为国家的经济发展再铸辉煌。

该项目基地地理位置位于上海市的西北部,主要立面——西立面位于上海市的主干道——曹杨路158号。建设规模以单体来说属于庞大型,它是一个集印钞生产、参观展示、办公等多功能于一体的现代化工业工程(见图1)。

图1 上海印钞厂

项目由三个部分组成:第一部分以直径8 m,高度53 m的圆形天眼为中心的弧形展示区。第二部分是1～4层八个大跨度的印钞车间,中间为大型智能立体库,其中局部5层为辅助设备层。第三部分为办公区域5～7层,整个工程建筑面积49 539.81 m^2,基地面积29 800 m^2,建筑高度44.1 m。

(二) 设计宗旨

利用现有条件,创造富有时代气息的空间、场所,努力创造企业的形象和文化氛围,树立现代化企业的崭新形象,使其既是一个企业发展的见证人,又是一个企业发展的里程碑,更是上海这个城市不断发展的有机组合部分。

(三) 设计原则

结合本地的自然条件和文化背景，利用现代的技术和手段，营造宽敞、简洁、高效的生产空间，并使其更人性化，作为城市空间的有机组合体，深入地融合在社会生活中。

(四) 设计构思

1. 项目定位

上海印钞厂首先是一个生产场地，作为现代化龙头企业的生产场地，其场地的舒适性操作和流线紧凑、高效、自不必多说，同时，必须体现空间的人性化和发展的可持续性。

其次，它是供人参观游览的场所，作为一个向全世界游客开放的游览场地，又必须满足国际化的要求，使得来访的游人高兴而来，满意而归。

此两者的结合，便成了委托方所希望的那样，成为一个行业对外开放的“窗口”。

2. 形象确定

作为特殊行业和特殊窗口，其形象可定格为国际化、现代化和个性化，即想通过现代的设计语言营造现代化的外观形象，并通过企业文化、社会背景的渗透、积淀形成特定的文化内涵，来达到现代化国有大企业所应达到的高度。

(五) 总平面设计

该工程在总体布局上充分考虑了基地与周边环境空间的关系，在满足基地退界需求的前提下，同时考虑在建筑施工期间不影响厂内的正常生产和整个厂房建成后，其周边环境的整体效果。

新厂房设置在紧邻东面的原分厂生产大楼的地点，两者相距平均 15 m，成 5°夹角，通过过街楼相连，西面邻曹杨路侧，留有宽度约 50 m 的入口广场。入口广场除承担主要交通职能外，另设喷水池和硬地景观，它既是城市景观，又是安全隔离带。南北两侧各留有主要干道，供厂区生产及游客疏散之用。在基地的北侧留有绿化用地，在绿地西侧设有机动车，非机动车停车场和地下车库出入口，停车场和地下车库的设置做到内外有别、各行其道、上下区分、互不干扰，从而创造出良好的总体空间和功能布局，建立一个高效、安全、有秩序和优美的生态环境(见图 2)。

(六) 单体设计

考虑到该建筑的身份和特性，建筑的主要部分(生产部分)设计为长方形，方便工业化大生产，同时供人们参观游览的门厅被设计成富有张力的曲线型。主门厅大面积的玻璃幕墙，使得内部空间玲珑剔透，供人们参观的走道外墙也配以大面积的玻璃幕墙，以利自然采光和表示一种自然、开放的形态。玻璃幕墙的上面配上竖向墙板，既起到遮阳和避免玄光的作用，又起到装饰的效果。考虑到新、老建筑的协调性，将保留建筑 2 号厂房及将改建为科研楼的老厂房和新建筑的外立面，统一设计、整体处理，形成一个一气呵成、尺度巨大的现代化工业建筑，同时在内部空间上也强调新老建筑的协调和一贯性，使之更能满足现代化的大生产。

在平面布置方面，在工艺师的指导下，充分考虑到生产工艺的要求，紧紧扣牢主题——工业建筑，将生产和参观分开，使得生产者不被参观者影响，而参观者又具有强烈的参与感和同步感。柱网的设置将满足不断更新的机器设备和提供具有一定舒适度的操作空间，使工业建筑人性化。根据生产人员及参观人员的高度需求，建筑的层高确定为 8 m，位于 6 楼的参观博览层高度为 5 m(见图3～图 5)。

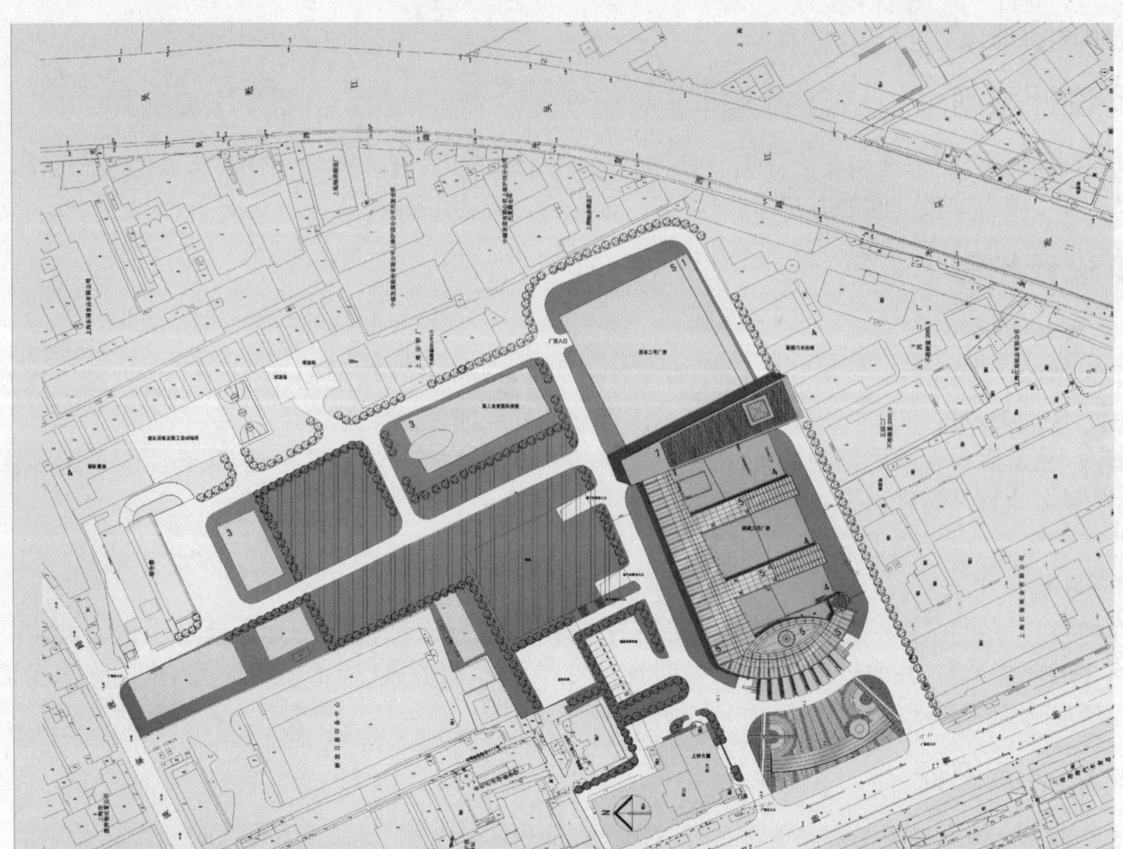

图2 总平面图

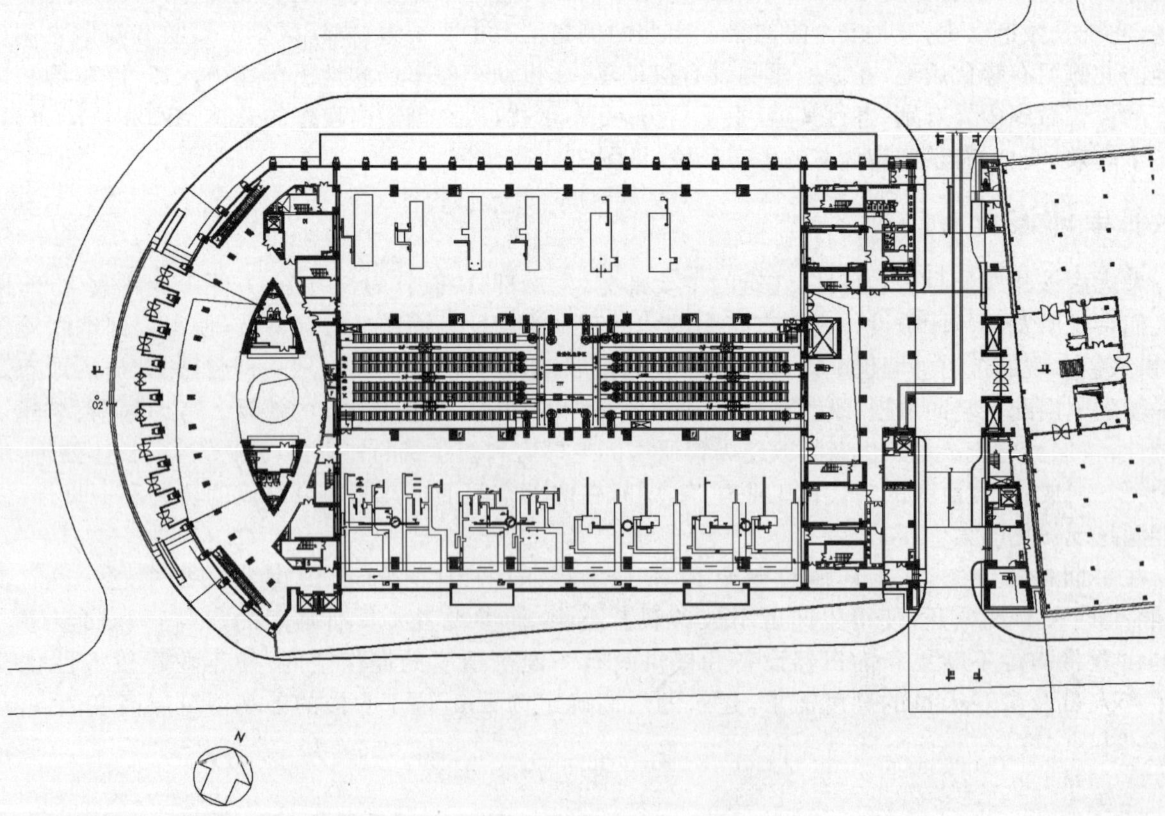

图3 1层平面

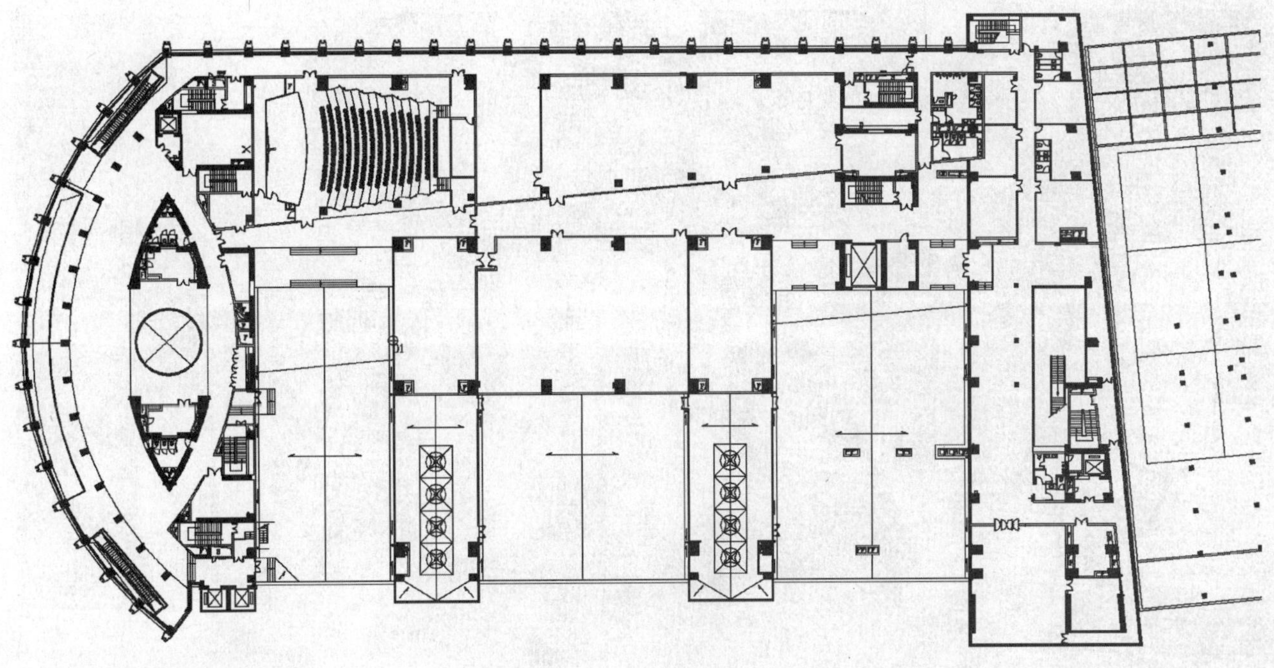

图4　5层平面

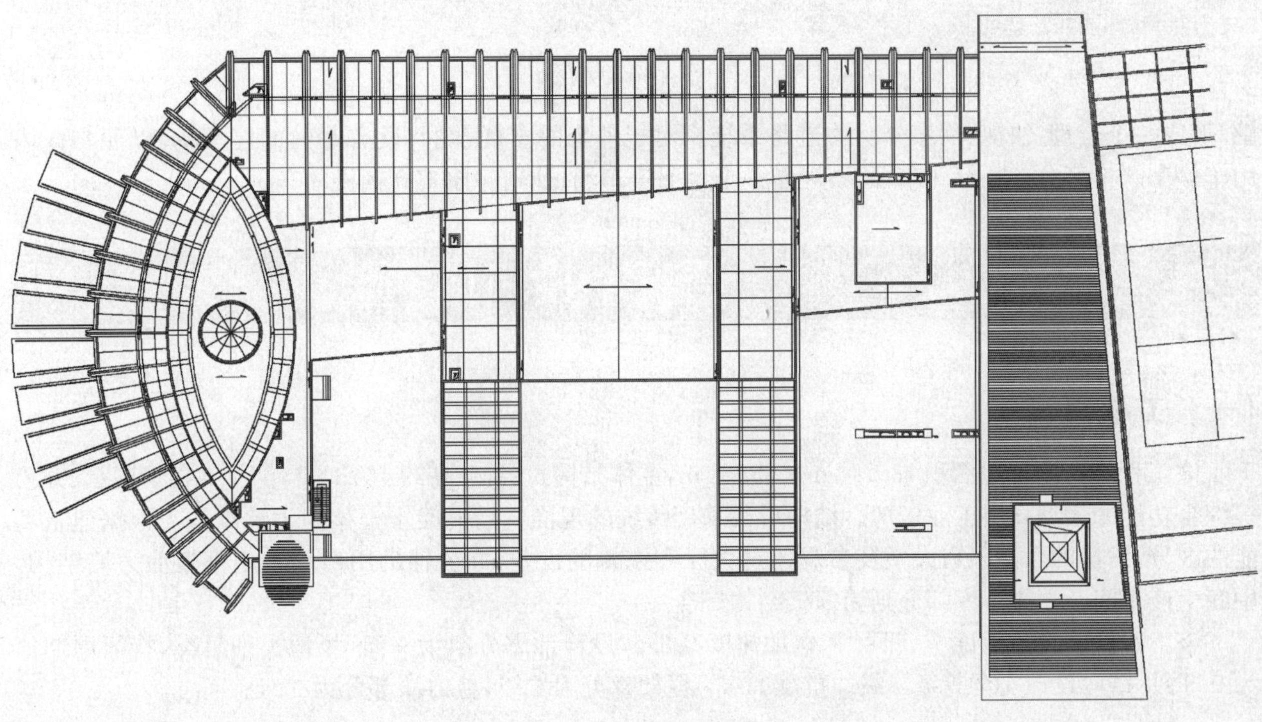

图5　屋顶平面

（七）环境设计

规划3个室外环境空间：入口广场、交通港、大型绿地广场，宗旨是为厂内外的人们提供一个舒适的环境，并对厂内的小气候有所改善，同时为城市提供一个宽敞的视觉走廊（见图6）。

（八）交通设计

做到内外有别，人车分流，便于快速疏散，对厂内的原有道路进行改造，强化道路的层次感和轴线

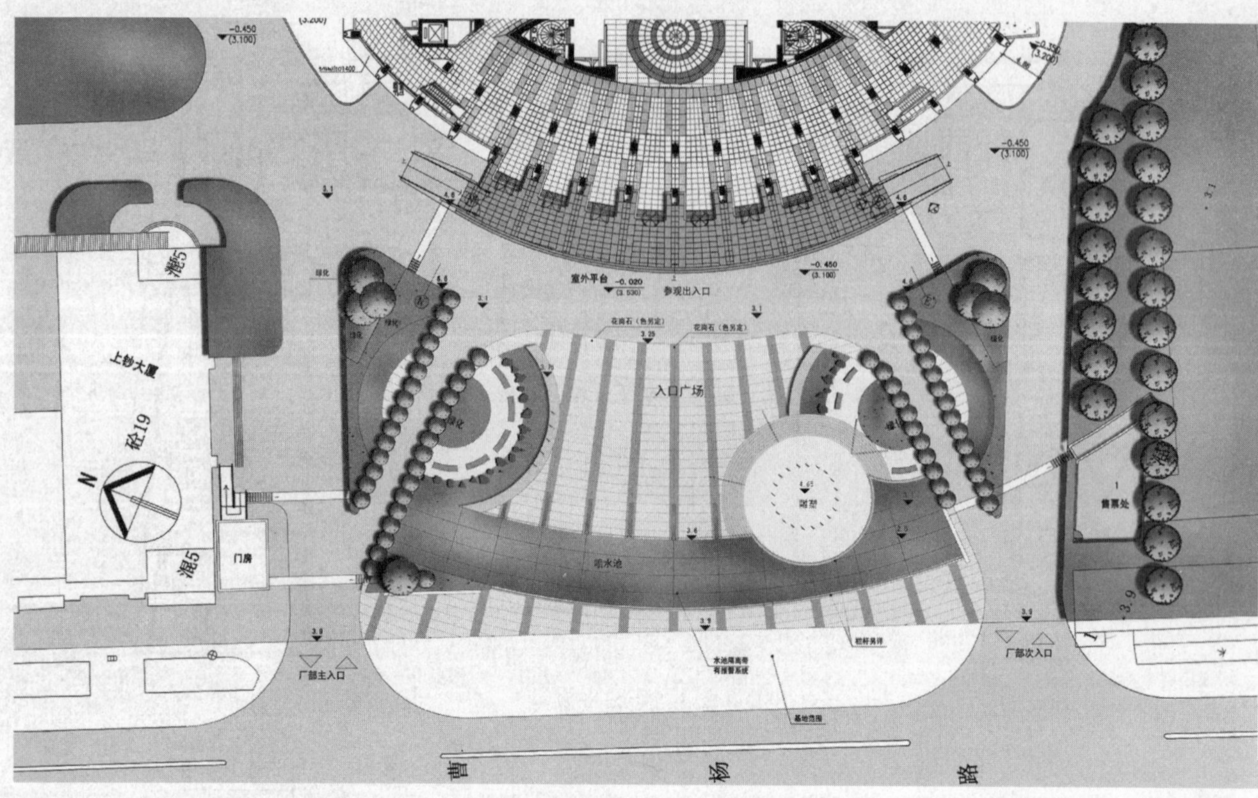

图6　上海印钞厂入口平面图

感，形成一个合理、快捷、秩序分明的道路系统。对于外来的参观车辆，设有专门的停车场，以便与厂内用车停车严格区分。在绿化草坪下，规划一个地下停车场，计划停放100辆机动车。

二、结构设计

(一) 工程概况

该工程是一座占地面积130.18 m×65.54 m，主体结构5层，总高约46 m，兼有生产，参观展示、办公等综合功能的大型高层工业厂房。结构形式采用传统的现浇钢筋混凝土框架剪力墙结构。根据建筑功能的区分，厂房的西侧入口大堂及参观休息大厅和东侧的设备、办公辅助用房均采用框架剪力墙结构，中间生产车间及立体车库部分则为框架结构。

该工程抗震设防烈度7°，设计基本加速度0.1 g，设计地震分组为一组，场地类别Ⅵ类，特征周期值为0.9 s。结构设计安全等级二级。抗震等级：框架部分为二级，剪力墙部分为二级。

(二) 地基基础设计

根据地质勘察报告，场地土层的分布见表1。

表1　建筑场地土层分布

土层层号	土层名称	平均层厚(m)	层底标高(m)
$①_1$	杂填土	1.2	1.92
$①_2$	素填土	0.89	0.97

续 表

土层层号	土层名称	平均层厚(m)	层底标高(m)
②$_1$	褐黄色砂质粉土	1.34	−0.31
②$_{3a}$	灰色砂质粉土	2.82	−3.46
②$_{3b}$	灰色砂质粉土	5.78	−9.24
④	灰色淤泥质粉土	3.39	−12.63
⑤$_{1a}$	灰色黏土	5.82	−18.45
⑤$_{1b}$	灰色粉质黏土	7.68	−26.12
⑥	暗绿色粉质黏土	3.24	−29.36
⑦$_1$	草黄色砂质粉土	2.07	−31.43
⑦$_2$	灰色粉砂	6.72	−38.15
⑧$_1$	灰色粉质黏土	14.82	−52.96
⑧$_2$	灰色粉质黏土与砂质粉土	7.01	−59.97
⑨$_1$	灰色粉砂	9.38	−68.99
⑨$_2$	灰色细砂	未　穿	未　穿

该工程不设地下室，由于生产工艺的要求，生产设备对沉降十分敏感，桩型及桩基持力层的选择，不但要满足工业建筑大荷重的强度要求，还必须满足沉降变形的要求(见表 2)。经多方案比较分析，设计中采用了 C30 的 ϕ700 的钻孔灌注桩，桩端持力层选在⑧$_2$层砂质粉土，有效桩长约 58 m，沉降计算值控制在 10 cm 左右。每一柱下设有桩基承台，并由地梁(或厚板带)相连(见图 7)，以协调可能产生的承台之间的不均匀沉降，地质报告显示，基地浅层 20 m 内的②$_1$为中等液化土层，②$_{3a}$为轻微液化土层，抗震验算中桩基承载力已作了相应的液化折减，并采取了加强桩基承台的连结平面上部结构刚度的构造措施，以确保基础的抗震性能。

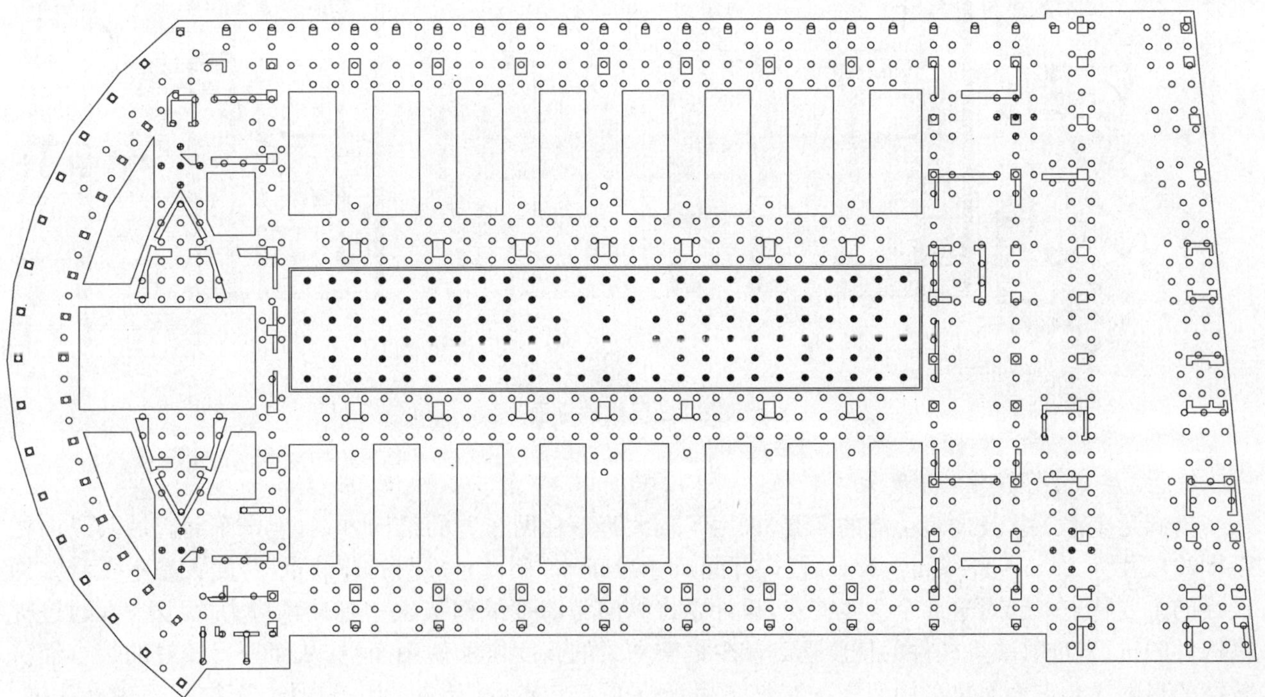

图 7　桩位及基础布置图

表 2 楼层活荷载 (kN/m²)

楼 层	生产区域	辅助用房	立体库
首 层	50	12	375
2 层	30	12	
3 层	25	12	
4 层	20	12	

(三) 上部结构设计

1. 变形缝与后浇带

该工程横向长度超过 130 m，由于建筑物体量超长，可能引起温差裂缝和混凝土本身的收缩裂缝，因此，在结构设计时需要重点考虑。为避免一般伸缩缝所带来的结构上的复杂，施工维护的困难及使用质量的下降等问题应业主要求，该工程将不设伸缩缝。工程设计中将采用设后浇带，通过详细的温度应力分析及配筋计算，并在构造上加大楼层板厚及配筋，加强抗侧力构件等措施以减少混凝土温差、收缩等不利因素的影响(见图 8)。

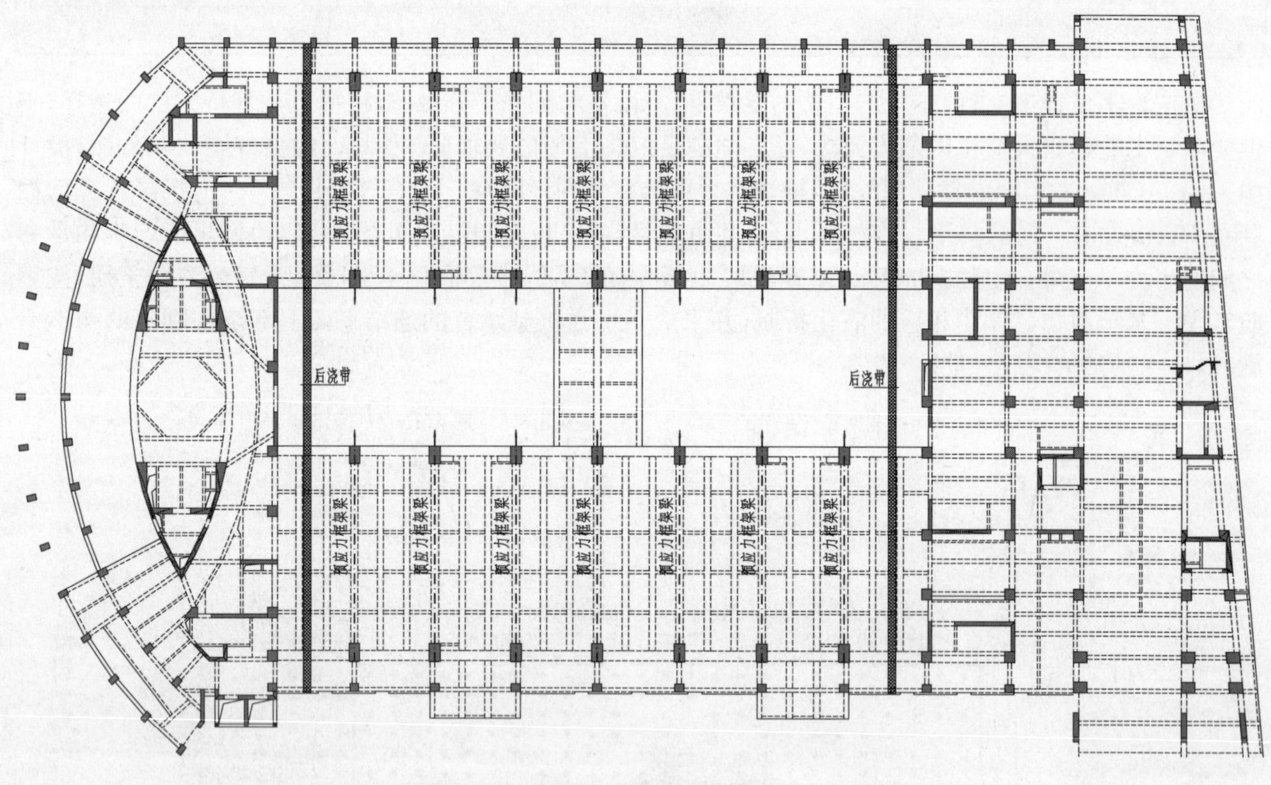

图8 3层结构平面

2. 楼层高，荷载重，跨度大

为满足生产工艺及建筑功能的需要，采用了较大跨距柱网布置的结构方案，生产车间区域其纵向柱距轴线尺寸为 20 m+17.8 m+20 m，横向开间尺寸为 9 m。因此，楼层高，荷载重，跨度大是本工程结构设计的主要特点。针对这 3 个主要特点，设计中将纵向大跨度的框架主梁施加预应力(见图 8)，通过提高构件的抗裂性能、减少构件的挠度达到减少框架主梁的高度增加使用净空，从而获得较好的综合经济效益的目的。预应力大梁采用后张法有黏结超张拉施工工艺，固定端采用挤压锚，张拉端采用夹片锚，锚具采用 QM15 系列，预应力钢筋采用 1860 级高强低松弛高强钢绞线，张拉控制应力取 1 302 N/mm²。

为减少风及地震作用所产生的扭矩，柱网与剪力墙的布置力求均匀对称，各竖向结构构件也力求规则均匀而无刚度突变，避免框肢转换，以减少局部应力及应变集中。

(四) 结构分析

结构分析采用中国建筑科学研究院 PKPM 系列的空间有限元分析与设计软件(SATWE)，分析建筑物在风、地震及垂直荷载作用下的位移、稳定性及应力分析。由于本工程结构体系较为复杂，车间部位为 4 层，两端辅助用房设有夹层，立体库部分楼板缺失，结构比较不规则，故结构分析时另采用 ETABS 程序进行补充分析以作校核。同时结合该工程生产工艺所需求的特殊动荷载、较大的集中荷载，做仔细的动力特性分析，考虑最不利的组合，以确保结构体系足够安全。

计算分析主要结果见表 3。

表 3　SATWE 计算结果

<table>
<tr><td rowspan="3">前三周期结构自振特性</td><td>振型号</td><td>一</td><td>二</td><td>三</td><td rowspan="2">扭转周期与第一平动周期之比</td></tr>
<tr><td>周期(s)</td><td>0.928 3</td><td>0.868 7</td><td>0.788 1</td></tr>
<tr><td>特　征</td><td>Y 向平动 40%</td><td>X 向平动 58%</td><td>扭转 44%</td><td>0.848</td></tr>
<tr><td rowspan="3">风荷载层间位移值</td><td>位　移</td><td>$\Delta u/h$</td><td colspan="3">最大层间位移与平均层间位移比</td></tr>
<tr><td>X 方向</td><td>1/8 642</td><td colspan="3">1.29</td></tr>
<tr><td>Y 方向</td><td>1/5 266</td><td colspan="3">1.33</td></tr>
<tr><td rowspan="3">地震作用层间位移值</td><td>位　移</td><td>$\Delta u/h$</td><td>最大层间位移与平均层间位移比</td><td colspan="2">有效质量系数(%)</td></tr>
<tr><td>X 方向</td><td>1/1 511</td><td>1.32</td><td>Cmass－x</td><td>95.67%</td></tr>
<tr><td>Y 方向</td><td>1/1 361</td><td>1.38</td><td>Cmass－y</td><td>95.70%</td></tr>
<tr><td rowspan="2">地震作用与总质量之比</td><td colspan="2">结构计算总重 W(kN)</td><td colspan="2">Q_{Ex}/W</td><td>Q_{Ey}/W</td></tr>
<tr><td colspan="2">170 181</td><td colspan="2">3.89%</td><td>3.81%</td></tr>
</table>

三、给排水设计

上海印钞厂 3 号厂房是 1 幢集印钞生产、参观展示和办公等多功能于一体的现代化工业建筑，是 2002 年度上海市重大工业建设项目和上海市工业旅游重点工程之一。车间为 4 层，每层高度为 8 m，立体仓库为单层，高度为 32 m，辅助用房为 10 层，总高度为 40 m，总建筑面积为 45 000 m^2。该工程给排水专业设计特点如下：

(1) 工业建筑民用化设计。3 号厂房给排水和消防管道设计一改往日工业建筑粗线条设计的传统，根据工业建筑管线繁多(给排水、消防、空调、电气、工艺等管道)的特点，该专业各系统管道精心设计和布置，与其他专业的管道精心协调，特别是屋面雨水管道的设计，错落有致，井井有条，其实际效果可与民用建筑媲美。

(2) 针对纸张立体仓库储物量大、工程造价高、火灾蔓延迅速、不易被扑救、容易造成重大财产损失等特点，合理地选用自动喷水灭火系统类型和喷头种类是确保纸张高架立体仓库安全的重要保证。经过比较和分析，立体仓库采用预作用自动喷水灭火系统，顶棚和货架内采用快速响应早期抑制洒水喷头(ESFR)。

(3) 由于上海印钞厂建造于 20 世纪 40 年代，厂区内原有的总体给排水管道布置无系统性，杂乱无章，给设计带来很多困难。经过几轮现场踏勘，新建 3 号厂房周边的总体综合管道在狭小的场地内布置得十分紧凑和合理。

总之，上海印钞厂3号厂房无论单体设计和总体设计都是先进、安全、实用的，通过近半年的试运行，各系统运行正常，业主反映良好，并获得2005年度鲁班奖。

四、电 气 设 计

(一) 配电电源

上海印钞厂属于集工业及对公众开放参观为一体的特殊的公共建筑，如果在参观期间发生停电事故，可能会导致严重安全事故，故该工程的消防设备、安保设备、参观廊的照明负荷为一级负荷。

原厂区内由电业提供独立2路35 kV电源，并已建有35 kV降压站1座。在调整部分35 kV降压站分线开关(调3台1 600/10 K开关，增加2台KYN-10柜及模拟屏)后，能满足新建厂房用电。新建厂房供电由降压站提供2路独立的10 kV电源，以电缆形式进户。

新建厂房二楼内设1座变电所，2路10 kV电源分别供给4台2 000 kVA变压器，高压侧为单母线分段，不设联络开关，低压侧为单母线分段，设置联络开关。

上海印钞厂3号厂房总装机容量为8 000 kVA。其中照明用电1 250 kW，动力用电4 498 kW(其中电梯263 kW，立体库515 kW，热水器120 kW，车间设备3 600 kW)，空调用电1 943 kW，消防动力387 kW。

(二) 防雷接地及安全措施

该工程按二类防雷建筑设计。

该工程保安接地采用TN-S制，并采用共用接地系统，接地电阻不大于1 Ω。

该工程采用共用接地系统，设置总等电位联结，在各弱电机房设置局部等电位联结，各类接地系统(包括防雷、电力、弱电等)共用一组接地极，接地极利用大楼基础钢筋网及桩基钢筋，各接地点处预埋100×6钢板，钢板和主钢筋焊接连通直至基础钢筋网。

该工程考虑防雷击电磁脉冲。在变压器低压侧设置浪涌过电压保护器(SPD)，在电子设备供电处装设多级SPD，各弱电承包商应负责做好各弱电系统的浪涌过电压保护。

(三) 照明及控制

上海印钞厂3号厂房设有车间工作照明、办公照明、展馆照明、泛光照明、广场照明及智能照明控制系统。

在高大空间(车间部分)的工作照明采用高效荧光灯，照度值约600 lx。走廊采用节能荧光筒灯，照度值约200 lx。景观照明采用各种光源和灯具以及泛光投射。

(四) 火灾自动报警与消防联动控制系统

该项目为一级保护对象，采用中央集中控制中心式自动报警及消防联动控制系统。其中立体库等特殊部位采用空气采样分析装置，以确保火灾报警的灵敏度和准确性。

(五) 安全防范系统

该项目安全防范系统与原厂区安全防范系统组合为一个综合系统。包括入侵报警系统、视频监控系统、出入口控制系统、对讲系统、巡更系统等子系统。监控系统共800个监控点，在所有工作场合监控达到无盲区的水平。

(六) 通信及综合布线系统

该项目2层设通信机房，内设程控交换设备。原厂区设总信息中心，该大楼内设分中心。综合布线系统的垂直干线采用6芯多模光缆(数据)和三类大对数UTP(语音),水平配线采用5类8芯非屏蔽双绞线。所有系统主干线缆均敷设在专用ERP线槽内。

(七) 大楼自动化管理系统(BAS)

大楼自动化管理系统是一个以微处理器为基础的直接数字式自动控制系统。BA主机设于消防监控中心，自动化管理系统内容主要包括：

(1) 变配电主要设备运行状态显示和各模拟量的记录。

(2) 整个空调系统的自动控制和状态显示。

(3) 部分给排水系统的自动控制及状态显示。

(4) 部分照明系统的自动控制。

(八) 有线广播系统

该系统兼具服务性广播和火灾应急广播功能,火灾发生时自动将服务性广播系统的扩音设备切换至火灾应急广播状态,两套设备共用末端播音设备。

五、暖 通 设 计

(一) 室内设计参数

室内设计参数见表4。

表4 室内设计参数

房间名称	季　节	室内温度(℃)	相对湿度(%)	新风量(m^3/hp)
印刷车间	夏　季	25±1	58±5	25
	冬　季	23±1	58±5	
立体库	夏　季	25±1	58±5	25
	冬　季	23±1	58±5	
办公室	夏　季	24～26	自　然	30
	冬　季	19～21	自　然	
控制室	夏　季	24～26	自　然	50
	冬　季	19～21	自　然	
会议室	夏　季	24～26	自　然	50
	冬　季	19～21	自　然	
展　厅	夏　季	24～26	自　然	20
	冬　季	19～21	自　然	
门　厅	夏　季	26～28	自　然	20
	冬　季	17～19	自　然	
影视厅	夏　季	24～26	自　然	12
	冬　季	19～21	自　然	

(二) 冷热源设置

热源根据工厂情况：原有锅炉房已有燃油锅炉 3 台，额定蒸发量分别为 2 台 6 t/时，1 台 4 t/时；锅炉房改建时已留有余量，可满足迁建厂房的使用需求。因此设计新厂房采用蒸汽为热源，经板式汽水热交换器提供空调热水。设计供水温度为 60℃，回水温度为 50℃。蒸汽凝水进行凝水热回收。

冷源根据工程情况，设计采用螺杆式冷水机组，空调冷冻水供水温度为 7℃，回水温度为 12℃。

根据印刷车间的恒温恒湿要求，该工程采用非标热回收水冷冷水机组及创新的系统技术，在提供空调冷冻水的同时提供再加热热水，确保生产车间的恒温恒湿控制，实现最大限度的节能。同时满足其他各功能场所的舒适空调要求。设计用于再加热的热回收热水最高供水温度为 45℃，回水温度为 40℃。

在秋冬过渡时期，采用冷却塔提供冷却水作为自然冷源，充分节省空调电耗。为减少冷却水水质差对空调设备传热效率的影响，冷冻机房设冷却水旁路过滤加药处理装置。

计算该工程夏季空调冷负荷为 5 940 kW，装机容量为 6 640 kW。冬季空调热负荷为 2 775 kW，设 2 台热交换器，热交换量为 3 330 kW。

(三) 空调系统

1. 空调水系统

该工程空调水系统包括：冷冻水系统、冷却水系统、热回收再加热水系统及冬季热水系统。设计冷冻水系统和自然冷却水系统合用 1 套用户管路，冬季热水系统和再加热热水系统合用 1 套用户管路，两套水系统均采用上供下回形式，干管水平异程，立管自然同程。

2. 水系统

根据空调场所的使用要求、使用性质，不同用户分别采用以下水系统形式：对生产车间及立体库要求恒温恒湿空调的场所，设计设置冷热双盘管，水系统为四管制；春夏秋季冷冻水制冷除湿，热回收再加热水用于再热；秋冬过渡时期及冬季以自然冷却水制冷，代替冷冻水；冬季由热水加热，蒸汽加湿。

对其他要求舒适性空调的场所，设计采用单盘管，冷热两用。两套水系统管路，在两套水系统管路的供回水立管中设切换阀，夏季冷冻水制冷除湿，冬季热水加热。

3. 空调风系统

根据各功能场所的特点，设计采用相应的风系统和气流组织方式：大空间功能场所，设计采用全空气系统，如生产车间、立体库、中庭、展厅、参观廊等。

对较小面积的房间，设计采用空气-水系统，分别适应不同房间的使用独立性和控制调节的便利性，同时节省运行费用。

4. 气流组织

根据各功能场所的特点，设计对车间和立体库等较重要且较特殊的场所采用不同的气流组织形式：

(1) 除凹印车间外，各生产车间，根据平面特点同时为适应其高度，采用单面均匀上侧送、同侧适当集中下回的气流组织方式。

(2) 凹印车间因负荷大，风量大，采用送风管偏置的两侧送风方式，一侧与其他车间为相同的侧送气流，另一侧送风沿隔墙贴附向下至车间，端部集中回风。

(3) 各生产车间均设两台空调箱，均位于车间两端，送风管在末端设电动风阀连通，必要时备用。

(4) 各车间上侧送风口均带温感控制元件，在冬季自动调节送风方向。

(5) 立体库因高度达 32 m，且库内工艺对管路布置有很大的限制，设计空调采用两侧分层均匀向下送风，结合中间平台顶送，端部下侧集中回风；为消除管路布置受限制的影响，设计在顶部设射流风机，由两端往中间推送气流，并在中间沿高度方向设置四级射流风机接力诱导下推，确保立体库温度场均匀一致。

(6) 1～5 层中庭高 24 m，设计采用分层空调方式，在 1 层及夹层设空调送风，三夹层设排风，排除余热。

5. 通风系统

对于不同空调场所，采取不同的通风方式：各生产车间及立体库，采用正压排风方式，保持车间正压，平衡新风，同时排除车间微量的油墨气味，确保车间的通风换气。

(1) 1～3层中庭设排风系统。

(2) 5、6层中庭设排风系统。

(3) 其他的展厅、会议室、报告厅等人员较多的空调场所，设通风器或排风机进行排风。

(4) 变电间设送排风系统通风降温。

(5) 各卫生间设吊顶通风器经排风竖井及排风机至屋顶排风。

(四) 空调自控设计与节能

1. 空调自控

(1) 为节省运行费用，同时提高空调的舒适度，所有的舒适性空调系统均设置温度自控系统：

① 各空调系统的空调器水路均设电动两通调节阀，调节水量控制室温。

② 各风机盘管水路均设电动两通阀，由带季节转换和三挡风速调节开关的恒温控制器进行开关控制，调节室温。

③ 供回水立管设切换阀，进行冷热水切换。

(2) 根据要求，生产车间及立体库的空调系统均设置恒温恒湿自动控制系统：

① 冷却盘管设电动两通调节阀，调节水量控制制冷、除湿。

② 加热盘管均设电动两通调节阀，调节水量控制室内温度。

③ 另设蒸汽加湿器调节加湿量，控制室内湿度。蒸汽加湿器设初始凝水防止控制。

(3) 部分全空气空调系统设置变频器调节风量，适应室内负荷变化，从而达到节能运行。

(4) 各相关水系统设压差旁通阀适应系统水量变化。

(5) 水系统设供回水温度检测及流量计，控制冷水机组及相关设备或水泵的运行台数。

(6) 冷却水系统设冷却水旁通控制，控制热回收水出水温度。

(7) 冷却水系统设根据冷却水温控制冷却塔风机台数。

2. 空调节能措施

(1) 冷水机组采用热回收技术用于恒温恒湿空调再加热，省却了再加热能耗。

(2) 过渡季合理利用免费冷却系统，充分利用自然能。减少了冷水机组运行时间，节省了空调能耗。

(3) 部分大空间功能场所，设置了空调风机变频器，适应负荷的变化，从而实现了部分负荷时的节能运行。

(4) 冷却水系统设冷却塔风机台数控制，节省风机耗电。

(五) 消防排烟

(1) 各车间均设2套消防排烟系统，排烟时同时启动，并设2套消防补风系统，同时补风。

(2) 立体库兼用两边车间的4套排烟系统及消防送风系统，因立体库高度高，为加强消防补风，另设1套消防补风系统。

(3) 各夹层参观廊及车间层相关走廊设合用消防排烟系统，自然补风。夹层参观廊按长度分为6个防烟分区，各分区设独立的排烟系统，其中F2、F3和F6防烟分区各设两套排烟系统，同时启动。

(4) 影视厅设机械排烟系统。

(5) 各疏散楼梯间均设正压送风系统。

(6) 各消防电梯前室均设正压送风系统。

(7) 风管穿越机房，楼板及防火分隔处，均设防火阀。

(8) 各层支管与合用竖井连接时，均设防火阀。

(9) 4～5 层展厅合用 F2 区的排烟系统 SEF－R－2A。

(10) 连廊部分的相关功能用房、走廊、中庭等，在装修配合时，又自然排烟方式改为机械排烟方式，合用增加的 SEF－R－11A/B 及 SEF－R－12 系统。

(11) 所有消防系统的控制均按相关规范和规程的要求实施。

(六) 设计特点

(1) 设计创新采用冷水机组热回收系统，进行冷凝热回收，用于恒温恒湿系统的再热，改变了原采用蒸汽作再加热热源的历史，节省了再热能耗，节能效益显著。

(2) 设计秋冬过渡时期及冬季利用冷却水自然冷却供冷，实现"免费"供冷，节能效益显著。

(3) 立体库高 32 m、宽 16 m、长 72 m，要求恒温恒湿且温湿度必须库内全范围一致，设计要求高，难度较大。此外，气流组织受库内满布的货架及物品的限制，使设计难上加难。设计空调送回风因地制宜，"见缝插针"组织气流，在顶部和中间各层增加射流风机加强室内空气的循环扰动，从而在气流组织严重受限的情况下，设计达到了工艺要求。

(4) 各恒温恒湿车间宽 24 m、长 72 m，设计在两端各设一空调机房，送风管在车间中部相连并设阀控制，当 1 台空调故障时打开备用机组，从而增加了系统的可靠性。部分全空气系统风机设变频控制，适应负荷变化，节省能耗。冷却水系统设冷却塔风机台数控制，节省风机耗电。

上 海

烟草(集团)公司科教中心技术改造

建设单位：上海烟草（集团）公司

设计单位：同济大学建筑设计研究院

上海泛太建筑设计有限公司

施工单位：宏润建设集团股份有限公司

撰 稿 人：陈佩文　张晓光　姜文辉

邵晓健　巢　斯　孙　海

易发安　张　颖　鞠永健

邵　喆

一、建 筑 设 计

(一) 场地概述

烟草科教中心位于上海市杨浦区长阳路、昆明路,处于规划中的上海烟草城的西南角,其东南侧为烟草博物馆,为一多功能的综合科研办公中心。基地面积 35 710. 6 m^2,总建筑面积 52 996. 67 m^2,主要包括行政办公楼、会议中心、技术中心、服务中心、计算中心、食堂浴室、地下机动车库和地下自行车库等。烟草科教中心外观形体组合简洁明晰,空间层次变化有序,高科技材质统一而有对比,细部处理精致严谨,充分体现出生态高科技的建筑风格。

图1 烟草科教中心

(二) 项目特点

烟草科教中心作为上海烟草集团的研发、管理中心,采用了生态节能的新型建筑来体现烟草这一传统行业的新形象。双层呼吸式幕墙、太阳能系统、中水系统、自洁净的景观水循环系统、智能化控制等新型技术的运用,实现了技术与建筑艺术的有机结合,体现了时代的高科技特征,同时注重建筑与外部环境和谐共处,注重内部办公空间的舒适与自然,使得建筑达到高科技与人性化的统一。

(三) 功能布局

烟草科教中心各部分功能布局如下:中间为 6 层高的行政办公楼,其由西至北侧围绕有 800 座会议中心、5 层高的技术中心以及 4 层高的服务中心和计算中心,行政办公楼下设 1 层地下车库,计算中心下设 1 层地下自行车库。除行政办公楼外,各中心之间采用通透的交通联结体相互连通,行政办公楼则通过轻巧的玻璃通廊与上述区域连通,使得各功能分区分工明确、互不干扰而又联系便捷。行政办公楼为规整的长方形建筑,采用办公室围绕中庭的布局设计:办公空间沿建筑外侧布置,沿中庭侧作为灵活分隔的会议区。行政办公楼的外围护结构采用新型的呼吸式双层幕墙体系,它同内部中庭空间一起构成了室内空气循环,使办公楼内空气舒适度提高,同时大大降低能耗,营造出更为舒适、人性化的办公空间(见图 2)。

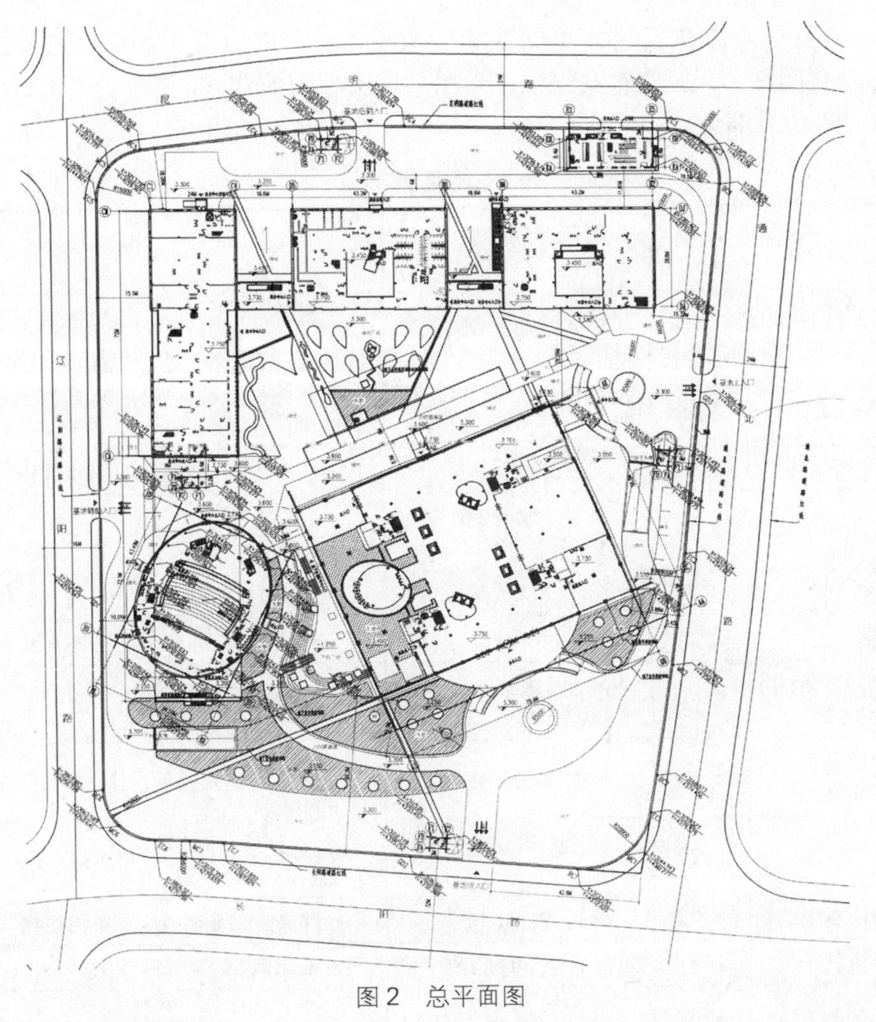

图2　总平面图

二、结构设计

(一) 工程概况

上海烟草(集团)公司科教中心是1座多功能的综合科研办公中心，总体建筑高度为27.9 m，室内±0.000 m，相当于黄海高程绝对标高3.75 m，室内外高差0.45 m。行政办公楼为6层框架剪力墙结构，地下设1层地下室，桩基础；技术中心为5层框架结构，桩基础；服务中心及计算中心为4层框架结构，计算中心设1层地下室，桩基础，会议中心为大跨框架结构，桩基础，会议中心、技术中心、服务中心、计算中心采用钢结构连接为一体。附楼采用较为简单的钢筋混凝土框架结构，因此不再叙述，仅对其钢结构部分作简单介绍。

(二) 主楼基础设计

1. 地基土层分布及地基土层物理力学综合指标

工程场地地貌单元属滨海平原，75.0 m深度范围内地层为第四系全新世和上更新世滨海沉积土层，主要由黏性土和砂土组成，地基土层分布见表1，地基土层物理力学综合指标见表2，地基土层剖面图与静力触探见图3。

场地浅部地下水属潜水类型，受大气降水及地表水补给，潜水水位随季节变化，设计时地下水埋深可按年平均高水位0.5 m计，场地地下水和地基土对混凝土不具腐蚀性。

场地在20.0 m范围内存在连续分布的饱和砂质粉土③夹和⑤$_{2-1a}$层，其中⑤$_{2-1a}$层平均厚度小于1.0 m，不考虑其液化问题。在地震烈度7°时，③夹层会发生轻微液化，综合判定该场地地基会发生轻微液化。场地内无明暗浜分布。

表1 地层特性表

层序	地层名称	层厚(m)	颜色、湿度、状态、密实度、压缩性	土层描述
①	填土	1.53	杂色、松散	顶部0.2 m为混凝土地坪，其下为杂填土，夹较多碎石、碳渣；底部为素填土
②	黏土	1.44	褐黄—灰黄、可—软塑、中—高等	含氧化铁及铁锰质结核，局部为粉质黏土，夹少量粉性土
③	淤泥质粉质黏土	3.56	灰色、流塑、高等	土质不均匀，夹薄层及团状的粉性土
③夹	砂质粉土	2.09	灰色、饱和、稍密—中密、中等	夹黏质粉土及黏性土，含云母
④	淤泥质黏土	7.03	灰色、流塑、高等	土质均匀，局部夹少量粉性土及贝壳碎屑
⑤$_1$	黏土	2.24	灰色、软塑、高等	土质均匀，局部夹少量粉性土及贝壳碎屑
⑤$_{2-1a}$	砂质粉土	7.07	灰色、饱和、稍密—中密、中等	夹少量黏性土，含云母
⑤$_{2-1b}$	粉质黏土夹粉性土	8.54	灰色、软塑、中等	夹薄层及团状的粉性土，偶夹贝壳碎屑，含云母
⑤$_{2-2}$	砂质粉土	5.29	灰色、饱和、中密、中等	夹少量粉性土，含云母
⑤$_3$	粉质黏土	8.03	灰色、软塑、中等	局部夹少量粉性土，偶夹腐殖物
⑤$_4$	粉质黏土	1.71	灰绿色、可塑、中等	含氧化铁，夹少量粉性土
⑦	砂质粉土	3.39	灰绿—灰色、饱和、中密—密实、中等	含氧化铁，夹少量黏性土，含云母
⑧$_1$	粉质黏土	6.94	灰色、软塑、中等	局部夹少量粉性土
⑧$_2$	粉质黏土夹粉性土	未钻穿	灰色、软塑、中等	局部夹薄层及团状的粉性土

表2 土层物理力学性质参数表

层序	地层名称	含水量 W_0(%)	重度 γ (kN/m^3)	孔隙比 e_0	直剪固块(峰值)		压缩系数 $a_{0.1\sim0.2}$ (MPa^{-1})	压缩模量 $Es_{0.1\sim0.2}$ (MPa)	标准贯入 $N_{63.5}$ (击)	比贯入阻力 p_s(MPa)
					黏聚力 C(kPa)	内摩擦角 ϕ(°)				
①	填土									
②	黏土	34.4	18.3	0.98	25	15.5	0.47	4.43		0.65
③	淤泥质粉质黏土	41.5	17.4	1.17	13	18.5	0.67	3.37	3.0	0.49
③夹	砂质粉土	31.3	18.6	0.87	4	35.0	0.22	8.89	5.9	1.35
④	淤泥质黏土	50.3	16.7	1.43	13	10.0	0.15	2.14		0.54
⑤$_1$	黏土	41.6	17.4	1.19	17	11.5	0.70	3.20		0.74
⑤$_{2-1a}$	砂质粉土	31.0	18.2	0.92	3	33.5	0.19	10.49	20.0	4.64
⑤$_{2-1b}$	粉质黏土夹粉性土	33.5	18.1	0.97	13	24.5	0.43	4.77	11.2	2.38

续 表

层序	地层名称	含水量 W_0(%)	重度 γ (kN/m^3)	孔隙比 e_0	直剪固块(峰值)		压缩系数 $a_{0.1\sim0.2}$ (MPa^{-1})	压缩模量 $Es_{0.1\sim0.2}$ (MPa)	标准贯入 $N_{63.5}$ (击)	比贯入阻力 p_s(MPa)
					黏聚力 C(kPa)	内摩擦角 ϕ(°)				
⑤$_{2-2}$	砂质粉土	33.1	17.9	0.97	5	28.5	0.25	8.23	19.9	4.57
⑤$_3$	粉质黏土	31.6	18.3	0.92	19	19.5	0.38	5.24	8.5	1.42
⑤$_4$	粉质黏土	22.2	19.8	0.65	40	21.5	0.24	7.28	17.0	2.16
⑦	砂质粉土	25.0	19.2	0.73	4	34.0	0.17	10.33	26.3	6.33
⑧$_1$	粉质粉土	36.0	18.0	1.03	22	20.0	0.39	5.31	12.5	2.29
⑧$_2$	粉质黏土夹粉性土	27.3	18.9	0.80	20	22.0	0.28	7.27	39.5	4.78

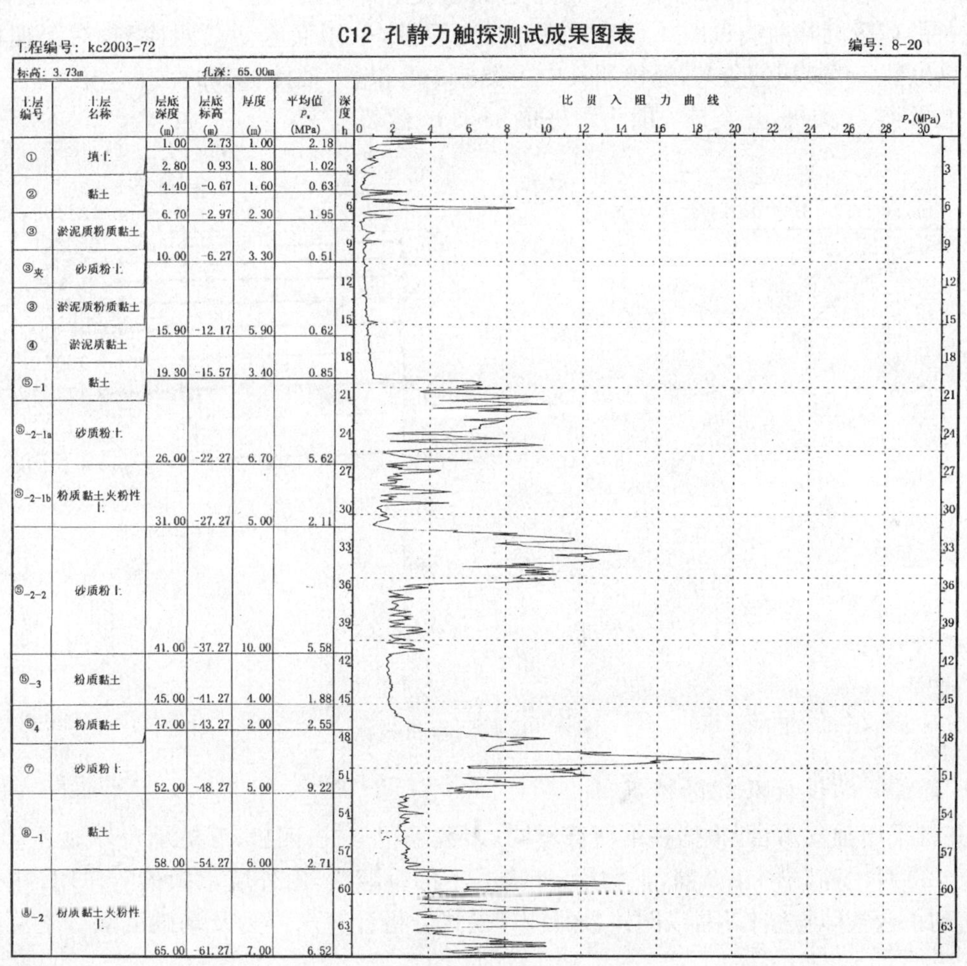

图 3　地基土层剖面图与静力触探

2. 桩持力层的确定及桩的选择

从地基层分布可以看到，桩的持力层可以从第⑦、⑧$_1$、⑧$_2$层做选择，第⑦层较薄，但其分布均匀，同时其力学性能较第⑧层好，因此选择第⑦层作为桩的持力层。

关于桩型的选择，其设计方案在钻孔灌注桩与预应力管桩两种方案进行比较选择。

方案一：钻孔灌注桩，桩径 ϕ650，持力层第 7 层砂质粉土，桩长 43 m，单桩承载力设计值 2 500 kN，桩数约 295 根，如按 900 元/m^3 计算，其造价为 378 万元；

方案二：预应力管桩持力层为第 7 层砂质粉土，桩长 43 m，桩径 ϕ550，单桩承载力设计值 2 900 kN，桩数 280 根，按 150 元/m 计算其工程造价为 180 万元。

经过对桩的经济性、施工情况比较最终选用预应力管桩作为工程桩。

管桩在该工程中的优势在于：

(1) 管桩直径小，混凝土方量少，但单桩承载力较非挤土的灌注桩高，因而桩数和桩总方量少，通过经济比较，节约桩基造价约 198 万元，同时桩径减少，桩承台混凝土量大大降低，工程造价降低。

(2) 静压管桩施工简便，对周边环境无噪声污染。

(3) 灌注桩施工期需排放大量浆泥，形成环境污染对环境有较大影响。

(4) 管桩施工周期快，节约了灌注桩的养护周期。

施工预制管桩时，其挤土效应对邻近建筑物、道路及地下管网有一定影响，施工期间采用了砂井及防挤沟等防挤土措施。施工方法为静力压入法，压机采用 JNB800 型，自重 200 t，平均每一个半小时压完 1 根。第⑤层粉土没对压桩产生障碍影响，全部桩压入设计标高后，对桩基进行静载荷试验及低应变动测，静载荷试验当加载至 4 640 kN 时，沉降达到稳定，最终沉降量为 15. 67 mm，残余变形量为 7. 15 mm。试桩的荷载沉降曲线见图 4。对于桩身的完整性，采用低应变动测检测，对工程桩随机抽测 117 根桩(占总桩数 30%)均匀分布，经检测其中Ⅰ类桩 108 根，占抽检桩数的 92%，Ⅱ类桩 9 根，占抽查桩数的 8%，无Ⅲ类、Ⅳ类桩，Ⅱ类桩一般为距桩顶 1～3 m 微裂。

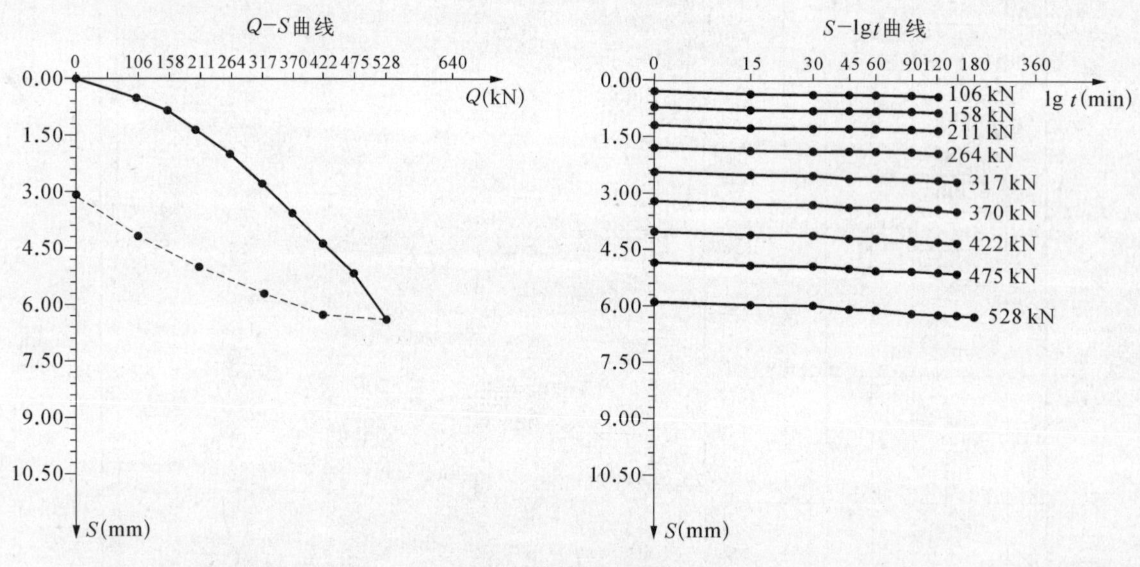

图 4　荷载沉降曲线

3. 地下室底板的设计及沉降情况

主楼桩基础采用独立承台，根据柱下荷载不同，多数采用三桩、四桩、五桩承台。地下室底板采用梁板形式，底板 400 厚，基础梁 1 100 高，下翻梁，外墙下不再设翻梁，由外墙承担梁的作用，减少基桩开挖深度，梁兼起到承台整体拉结作用，以倒楼盖的计算模式分析计算水浮力及基础沉降后土对底板的向上反力。

沉降计算采用中国建研院软件计算，计算最大沉降量为 40 mm，2004 年 12 月份结构封顶，实测沉降为 8 mm，2005 年 8 月外双层幕墙开始安装，实测沉降值为 9 mm。

4. 围护设计

主楼设 1 层地下室，基坑深度为 6. 05 m，开挖主要在第①、②、③、③$_{夹}$层土中进行，基底位于第③$_{夹}$层土中，由于第③$_{夹}$层为砂质粉土，在一定的水动力作用下，会产生流砂、灌涌现象，因此基坑开挖时采取轻型井点降水措施降低地下水位，且采取支护措施。

基坑围护采用 4. 2 m 宽，12. 8 m 深的混凝土搅拌桩形成重力式挡墙兼作止水帷幕的围护形式，同时为控制基坑位移和增强围护墙体变形能力，在搅拌桩内套打一排间距 2 m，直径 $\phi600$，深 15.4 m 的钻孔灌注桩。经过施工实测，基坑变形为 50 mm，效果较好。

(三) 主楼上部结构设计与计算

1. 结构体系的选择与受力分析

行政办公楼长 78 m，宽 59 m，建筑中间设 36.8 m×27 m 内庭，结构高度为 27.9 m，采用钢筋混凝土框架剪力墙结构。根据建筑平面平置利用靠内庭处四个交通核，布置剪力墙，大空间办公处为框架结构(见图 5)。

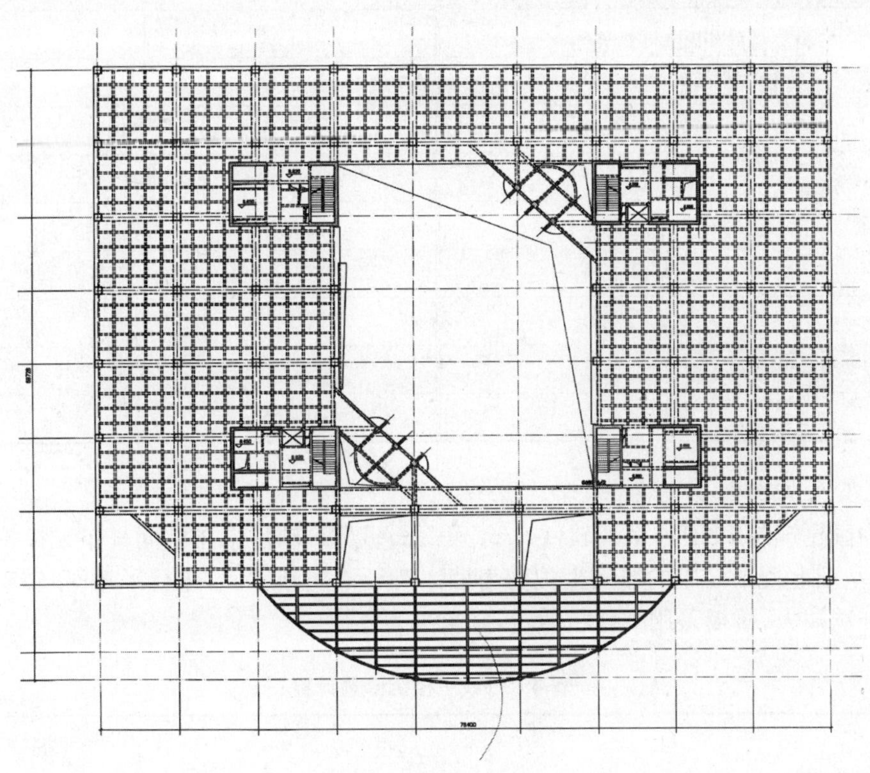

图 5 结构平面布置图

建筑中间设置中庭，楼板开洞，在结构计算时采用弹性楼板假定，为控制结构整体扭转变形发生在第一振型，建筑外围的结构框架梁刚度适当加强，并调整四个剪力墙核体，剪力墙的布置位数，减少靠内墙的墙体数量，加强另一侧墙体，以保证第一振型为平动振型。

建筑的南北连接较弱，形成薄弱处，因此适当增加楼板厚度和加强板配筋，钢筋拉通，并在薄弱处范围内的柱子增加芯柱，提高柱子的延性和增强柱的抗剪能力。

为在层高不变的情况增加建筑净高，行政办公楼采用有黏结预应力框架主梁，有黏结预应力密肋梁，跨中梁高 350，极大减少了结构高度，在预应力设计中采用扁锚，充分保证双向预应力筋的矢高，达到控制预应力梁的挠度和裂缝宽度，满足使用要求。

行政办公楼结构长 78 m，考虑到建筑的平面布置及立面形式要求，没有采用温度缝断开，但采取下列措施加强：

(1) 楼板板面钢筋拉通。

(2) 在地下室顶板侧墙板及楼板内掺加 HEA 混凝土膨胀剂。

(3) 预应力对混凝土产生的压应力将对温度和混凝土收缩应力产生抵抗作用。

(4) 加强屋顶保温措施，在屋顶建成花园可避免阳光直射造成屋面温度升高。

2. 荷载的确定

(1) 基本风压按 50 年一遇，$W_0=0.55\ \mathrm{kN/m^2}$，地面粗糙度按 C 类考虑。

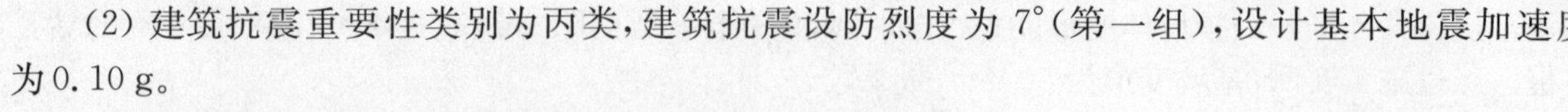
(2) 建筑抗震重要性类别为丙类，建筑抗震设防烈度为7°（第一组），设计基本地震加速度值为0.10 g。

(3) 楼面活荷载标准值根据规范选取（见表3）。

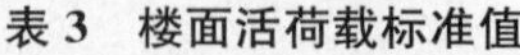
表3　楼面活荷载标准值

建筑功能	标注值（kN/m^2）	建筑功能	标注值（kN/m^2）
办　公	2.0	餐　厅	2.5
会　议	2.0	厨　房	4.0
计算机中心	3.0	更衣室	2.0
剧　场	3.0	车　库	4.0
实验室	2.5	舞　台	4.0
库房、储藏	5.0	面光桥	2.5
配电室	3.0	灯　架	1.0
空调机房	7.0	后天桥	1.5
走廊、楼梯、卫生间	2.5	上人屋面	3.0
浴　室	4.0	屋　面	0.5

3. 计算模型及主要计算结果

计算采用中国建筑院PKPM系列软件SATWE，SATWE软件采用空间杆单元模拟梁、柱及支撑等杆件，用在壳元基础上凝聚而成的墙元模拟剪力墙。对于不规则平面，进行平动-扭转耦联计算分析，考虑到中庭楼板开洞缺失，楼板采用弹性板假定，结果见表4：

表4　行政主楼沉降量计算

<table>
<tr><th colspan="3">项　目</th><th>数　据</th></tr>
<tr><td colspan="3">自振周期</td><td>T1=1.112 0(0.00)
T2=1.044 9(0.26)
T3=0.979 5(0.74)
T4=0.257 4　T5=0.253 5
T6=0.241 0　T7=0.129 3
T8=0.127 8　T9=0.124 8</td></tr>
<tr><td rowspan="2">剪压比</td><td colspan="2">Q_{ox}/Ge</td><td>4.71%</td></tr>
<tr><td colspan="2">Q_{oy}/Ge</td><td>5.72%</td></tr>
<tr><td rowspan="4">地震作用</td><td rowspan="2">最大层间弹性位移角</td><td>dx/h</td><td>1/901</td></tr>
<tr><td>dy/h</td><td>1/967</td></tr>
<tr><td rowspan="2">最大弹性位移/平均层间弹性位移</td><td>dx_{max}/dx_{ave}</td><td>1.03</td></tr>
<tr><td>dy_{max}/dy_{ave}</td><td>1.12</td></tr>
<tr><td rowspan="4">风荷载</td><td rowspan="2">最大层间弹性位移角</td><td>dx/h</td><td>1/9 999</td></tr>
<tr><td>dy/h</td><td>1/9 999</td></tr>
<tr><td rowspan="2">最大弹性位移/平均层间弹性位移</td><td>dx_{max}/dx_{ave}</td><td>1.02</td></tr>
<tr><td>dy_{max}/dy_{ave}</td><td>1.13</td></tr>
<tr><td colspan="3">沉降初步计算结果</td><td>40 mm</td></tr>
</table>

4. 梁柱墙断面尺寸

柱断面一般采用 800 mm×800 mm，抗震墙厚 300 mm，框架梁外围采用 500 mm×750 mm，内侧为 800 mm×300 mm，加腋 550 mm 高，密肋梁采用 200 mm×350 mm。

（四）钢结构节点设计

该工程在主楼中庭屋顶、主楼屋顶花园、附楼会议中心大跨结构、附楼间连廊、附楼屋顶大量采用钢结构，采用不同形式与节点连接。

主楼中庭采光顶桁架受力较小，杆件断面尽可能小，做到通透性好，上桁杆采用型钢，下弦杆采用钢棒拉索，竖腹杆采用圆钢，见图 6(a)。

会议中心屋顶钢结构荷载大，承担钢筋混凝土屋面荷载下挂马道、灯具等，采用钢桁架，上、下弦采用型钢，腹杆采用双角钢，见图 6(b)。

连接天桥采用型钢桁架，由于楼板置于下弦杆上，上弦杆采用了支撑桁架起到稳定作用，见图 6(c)。

辅楼间的钢结构连接走廊采用圆柱-型钢梁形成框架，自成独立的体系，见图 6(d)。

辅楼间连接雨篷，采用稳定的三角结构体系，斜杆与基础与梁均为铰接，见图 6(e)。

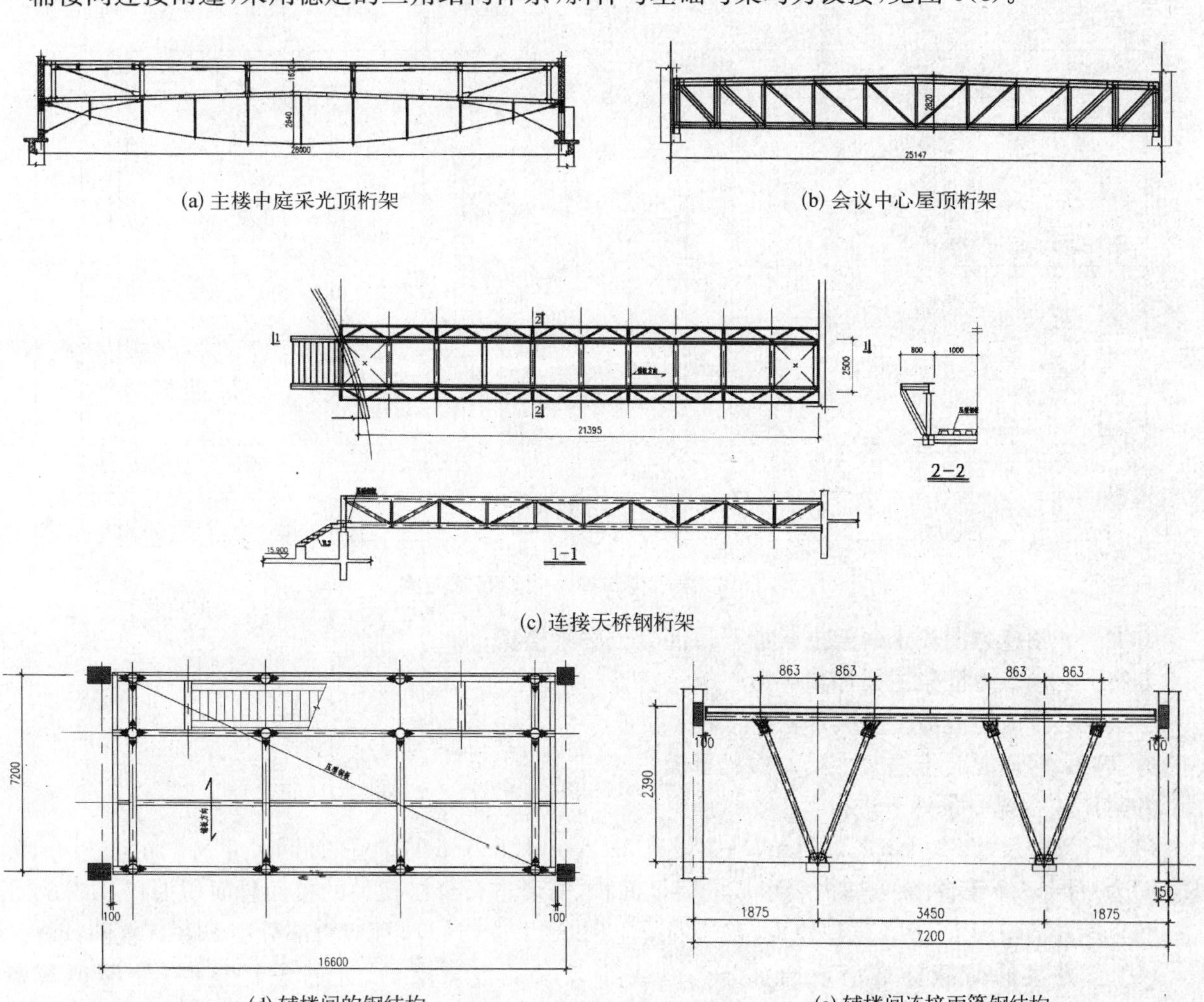

(a) 主楼中庭采光顶桁架

(b) 会议中心屋顶桁架

(c) 连接天桥钢桁架

(d) 辅楼间的钢结构

(e) 辅楼间连接雨篷钢结构

图 6　钢结构节点设计

（五）预应力井格梁在行政楼的应用

1. 楼盖结构布置多方案比较

为使行政楼更加经济合理，提高建筑的使用舒适性，对主楼楼盖根据结构布置形式的不同可能有四种不同方案，并对其进行经济适用性比较，见图 7。

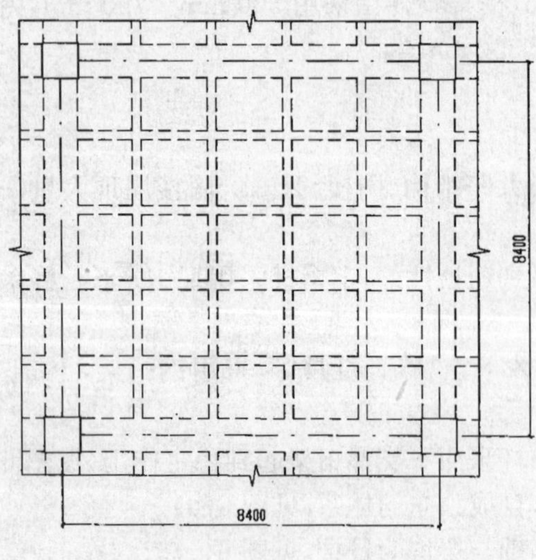

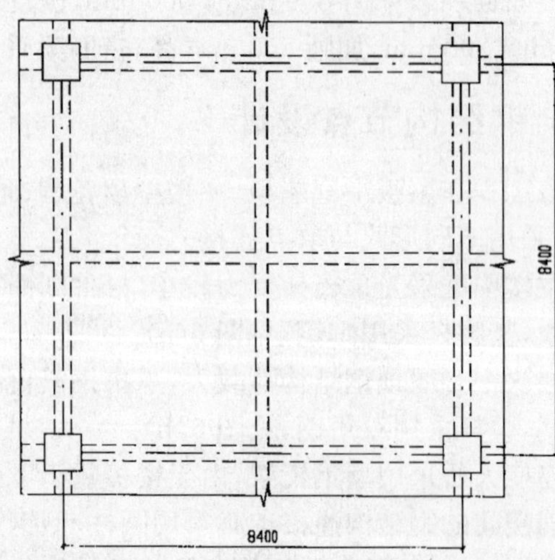

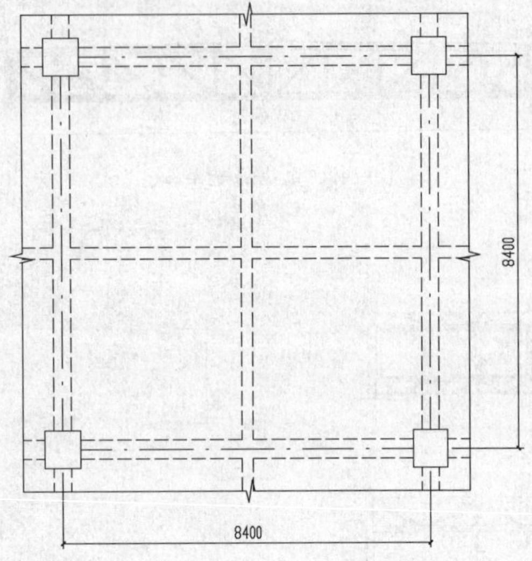

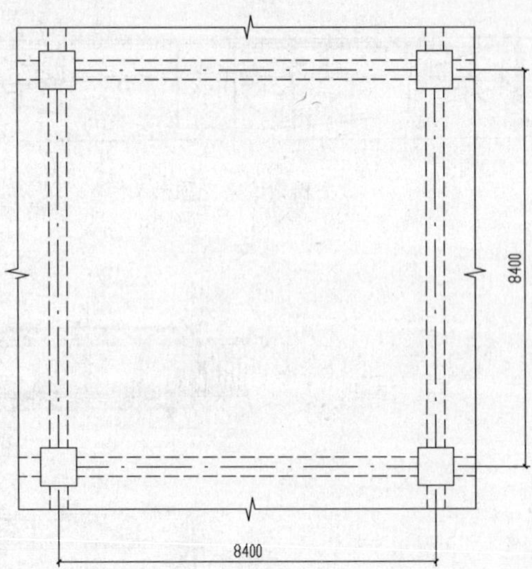

图 7　楼盖结构四种不同的布置方案

方案一：预应力混凝土框架主梁加普通混凝土次梁楼板；

方案二：预应力框架主梁加预应力平板；

方案三：预应力混凝土扁梁加密肋楼板；

方案四：普通混凝土框架主梁加次梁平板。

方案比较在统一条件下进行：

(1) 行政楼尺寸 78.4 m×58.8 m，当中设有 33.6 m×28.0 m 的中庭，柱网尺寸 8.4 m×8.4 m，建筑外立面为双层玻璃幕墙，除去剪力墙形成的筒体面积，需要进行经济比较的楼面总面积为17 216.64 m^2。

(2) 各方案均用 PKPM 软件建模，普通混凝土用 SAT－8 计算，预应力部分用 PRCS 软件计算。

(3) 各方案的荷载标准值取值如下：恒载除考虑梁板自重外，还考虑建筑面层、吊顶等荷载 1.65 kN/m^2，活荷载标准值取 2.5 kN/m^2。

(4) 单块模型为 8.4 m×8.4 m 的柱网，单块模型经济指标不包括柱的材料用量。

(5) 考虑到各种方案的可比性，总体建模只包括与预应力相关的部分。总体模型的层高在保证各种方案净高相等的前提下，通过不同的梁高进行换算。总体模型的混凝土、钢筋、预应力筋的用量均不包括柱和抗震墙。

(6) 各方案只对土建及外立面幕墙方面的经济指标进行了计算比较，对于由于使用了预应力提高了房屋装修及空调等方面的经济效益未进行计算比较。

2. 不同楼盖结构方案计算结构(见表5)

表5　不同楼盖结构方案计算结构

	梁断面		板厚	梁配筋		板配筋	图例
	框架梁	次梁		主梁	次梁		
方案一	400×550	250×550	120	8ϕ^S15.24 上下各 4ϕ25 箍筋 ϕ10@100/200(4)	支座 3ϕ20 跨中 4ϕ20 箍筋 ϕ8@200(2)	支座 ϕ10@180 跨中 ϕ10@200	(一)
方案二	440×550	—	190	8ϕ^S15.24 上下各 4ϕ25 箍筋 ϕ10@100/200(4)	—	双向 17ϕ15.24 双层双向 ϕ10@200	(二)
方案三	750×350	200×350	80	10ϕ^S15.24 上下通长 6ϕ22 箍筋 ϕ10@100/200(6)	2ϕ^S15.24 支座 4ϕ18 跨中 4ϕ20 箍筋 ϕ8@150(2)	双层双向 ϕ8@200	(三)
方案四	350×750	250×550	120	支座 5ϕ25 跨中 5ϕ25 箍筋 ϕ8@100/200(4)	箍筋 ϕ8@150(2) 支座 2ϕ20 箍筋 ϕ8@200(2)	支座 ϕ10@180 跨中 ϕ10@200	(四)

3. 不同楼盖结构方案比较

(1) 结构层高进行比较：

保证建筑净高1层、6层3 600 mm，标准层2 800 mm，架空地板200 mm，设备层(主管线除外)500 mm，吊顶100 mm，建筑找平50 mm，即保证1层、6层4.45 m，标准层3.65 m不变的情况下，根据各种方案的梁高对应于4种方案层高依次为1层、6层5 m，5 m，4.8 m，5.2 m，标准层4.2 m，4.2 m，4.0 m，4.4 m。房屋总高对应于4种方案依次为28.8 m，28.8 m，27.6 m，30 m。

(2) 幕墙经济比较：

幕墙周长为274.4 m，单位面积7 000元/m^2，与方案四比较方案一和方案二减少建筑总高1.2 m，节约幕墙329.28 m^2，节省幕墙造价230.5万元；方案三减少建筑总高2.4 m，节约幕墙658.56 m^2，节省幕墙造价461.0万元。

(3) 桩基经济比较：

上部荷载每300 kN需要桩基混凝土的体积约为2 m^3，方案一节约混凝土用量74 m^3，节省造价7.4万元；方案三节约混凝土用量162 m^3，节省造价16.2万元。

(4) 由于结构高度降低所产生的经济优势比较：

建筑总高在28 m以下为多层建筑，28 m以上为高层建筑，多层与高层在抗震设防要求及构造设计方面不一致，由此产生的造价差估算为土建造价的5%，即32.5万元。

(5) 方案三经济优势：

仅从单位面积造价来说，预应力方案比普通混凝土楼板造价要高，但从综合经济效益来说，预应力方案在经济上具有一定的优势，主要表现在以下几个方面：

① 由于结构自重减轻，该工程上部结构混凝土用量减少了516.5 m^3，桩基混凝土用量减少162 m^3，造价在混凝土用量方面节省67.85万元。

② 由于预应力梁高度降低，本房屋高度相应降低，幕墙面积可减少658.56 m^2，按照7 000元/m^2，加上由于依据规范差异节省的32.5万元，由以上两者原因造成的造价可节省493.5万元。

③ 预应力按照1.5万元/t计算：

预应力总造价为8.08 kg/m^2×17 216.64 m^2×15元/kg=208.7万元。

综合考虑以上两方面以及预应力的造价，该工程运用方案三，即预应力混凝土扁梁加密肋板，可在土建及建筑外立面幕墙方面至少节省造价 67.85＋493.5－208.7＝352.65 万元。

④ 其他可以节约的费用：

由于预应力混凝土扁梁加密肋板的独特造型，用户在进行房屋装修时基本可以利用结构本身的形状作为装修后的形式，因此可以将房间的装修费用降低。

由于梁高度减少，因此在安装空调时减少了板底浪费的空间，也间接减少了需要吊顶装修的费用。

(6) 技术上的优势：

① 预应力的施工需要多专业穿插、配合，在总体施工顺序以及工序间的流水作业方面与总承包单位及水电专业做好协调配合工作的前提下，可以保证不影响整个工程的总体施工进度。

② 预应力的使用对楼板的抗混凝土收缩、抗温度变形产生附加荷载的能力具有极大的改善。

综上所述，预应力的使用在降低结构层高度、减轻结构的自重、降低结构造价等方面具有明显的优势，就整个建筑物的综合经济指标和使用功能来看，该工程楼盖设计采用方案三。

方案综合指标比较见表 6。

表 6　不同方案综合指标比较

比较项目	方案一	方案二	方案三	方案四
结构布置形式	预应力混凝土框架主梁加普通混凝土次梁楼板	预应力框架主梁加预应力平板	预应力混凝土扁梁加密肋板	普通混凝土框架主梁加次梁平板
单位面积混凝土用量(m^3/m^2)	0.24	0.29	0.23	0.26
总混凝土用量(m^3)	4 132.0	4 992.83	3 959.83	4 476.33
单位面积普通钢筋用量(kg/m^2)	35.04	33.05	51.40	19.12
普通钢筋总用量(kg)	603 271.07	569 009.95	884 935.30	329 182.16
单位面积预应力筋用量(kg/m^2)	4.78	9.68	8.08	
预应力筋总用量(kg)	82 295.54	166 657.08	139 110.45	
单位面积造价(元/m^2)(混凝土按照 1 000 元/m^3)	311.7	435.2	351.2	260.0
幕墙减少的面积(m^2)	329.28	329.28	658.56	
幕墙节省的造价(万元)	230.5	230.5	461.0	
桩基减少百分比	－3.64%	0.19%	－8.02%	
桩基减少造价(万元)	－7.4	0.4	－16.2	
总节约的建筑高度(m)	1.2	1.2	2.4	
传到基础上的荷载比较 D＋L(kN)	291 820.1	303 441.9	278 562.8	302 857.8

(六) 预应力测试

1. 测试的目的

行政楼采用了扁梁-密肋楼盖体系，该体系中框架扁梁跨中高度和肋梁高度相等，框架梁对肋梁起不到固定支座的效用，也就是说楼盖是一个空间受力的结构体系，受力比较复杂；对于多层预应力框架结构，不同的预应力施工方案对预应力效应建立也会不同，工程中实际的预应力效果是否满足设计的要求是值得关注的；此外，结构中的框架柱和剪力墙可视为预应力框架梁的侧向约束，这些侧向约束对预应力效应建立可能会产生不利的影响，也是值得注意的问题。为此委托同济大学预应力研究所对在上海烟草(集团)公司科教中心的主体结构施工中受力和变形进行测试和分析。

同济大学预应力研究所在该结构 3 层东侧施工段，及检修层西侧施工段的预应力张拉期间，对结构的应变、变形进行了实时监测，以及对部分预应力筋张拉伸长值和张拉控制应力进行了校核。

2. 测试内容和测试方法

(1) 张拉阶段预应力筋有效预应力检测：为检测施工中多波段曲预应力筋的有效预应力建立是否满足设计要求。通过预应力筋张拉伸长值和张拉控制应力测试结果可以推断摩擦引起的预应力损失和锚固回缩引起的预应力损失，张拉控制应力减去预应力损失即为有效预应力。

(2) 预应力混凝土梁混凝土应变测试：通过混凝上应变的测试，可以分析得到混凝土的受力状况，可与计算分析结果和设计控制指标比较。采用振弦式混凝土应变计量测式。

(3) 预应力张拉阶段变形测试：预应力张拉阶段变形包括梁、板跨中反拱。张拉阶段的反拱综合地反映了梁、板预应力建立的效果，采用百分表测读梁、板反拱值。

3. 第三层测试测点及测试工况(检修层不再叙述)

测点主要布置在 A9 和 AG 轴线的框架梁上(见图 8)。针对 A9 和 AG 轴线框架梁内的预应力筋的有效预应力进行检测和校核。

预应力混凝土梁混凝土应变测试测点：

(1) A9 轴线上的框架梁设置 6 个侧面，分别为：AK－AJ 跨的跨中和两端柱边；AH－AF 跨的跨中和近 AF 端的柱边；AG－AF 跨的跨中。测点设置在侧面受拉区(预压区)钢筋位置，此外在 S2 和 S6 两个侧面的受压区(预拉区)钢筋位置处增加 2 个测点；底层和顶层测点相同，该轴线上的测点有 8 个。埋设测点时应准确记录测点的实际位置。测点位置见图 9。

AG 轴线上的框架梁设置 4 个侧面，分别为：A7－A8 跨的跨中和两端柱边；A8－A9 跨的跨中。测点设置在侧面受拉区(预压区)钢筋位置，此外在 S8 和 S10 两个侧面的受压区(预拉区)钢筋位置处增加 2 个测点；底层和顶层测点相同，该轴线上的测点有 6 个。埋设测点时应准确记录测点的实际位置。测点见图 10。

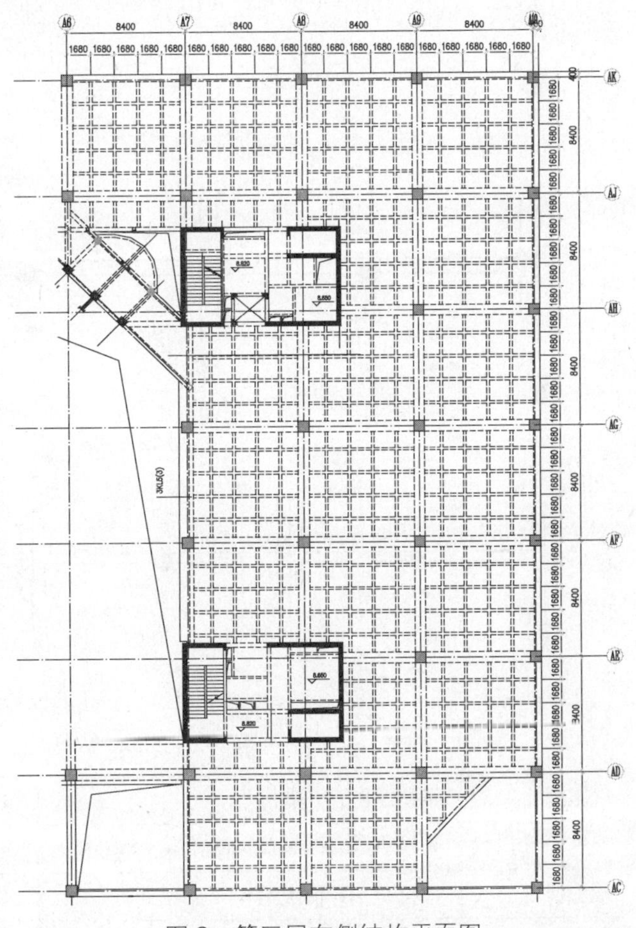

图 8　第三层东侧结构平面图

(2) 预应力张拉阶段变形测试：

① A9 轴线上的框架梁的反拱测点共 4 个，分别布置在 AF－AK 轴 4 跨梁的跨中。测点位置见图 11。

② AG 轴线上的框架梁的反拱测点共 2 个，分别布置在 A1－A3 轴 2 跨梁的跨中。测点位置见图 12。

③ 另外，在 A7－A9 和 AF－AG 所为的两个区格的中心各设置 1 个测点。测点位置见图 13。

(3) 根据张拉施工方案，确定第三层张拉测试的测读工况(见表 7)：

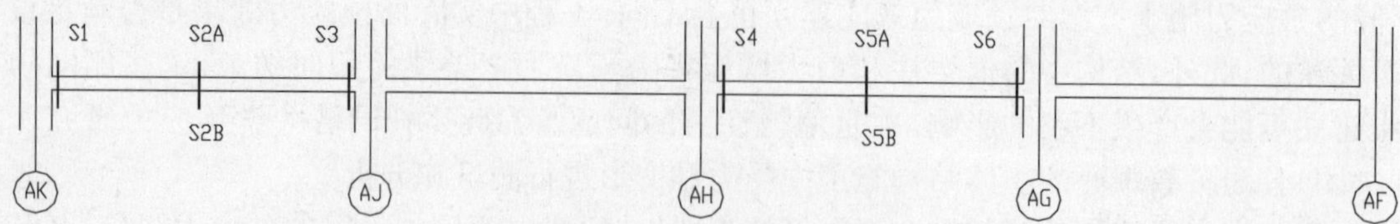

图9　A9轴框架梁混凝土应变测点

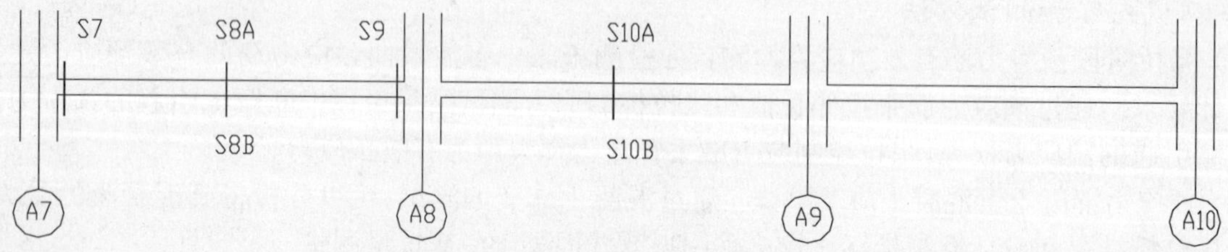

图10　AG轴框架梁混凝土应变测点

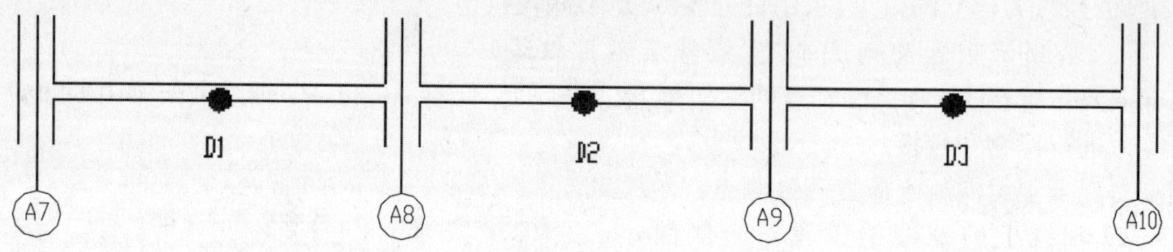

图11　AF—AG轴板中位移测点布置图

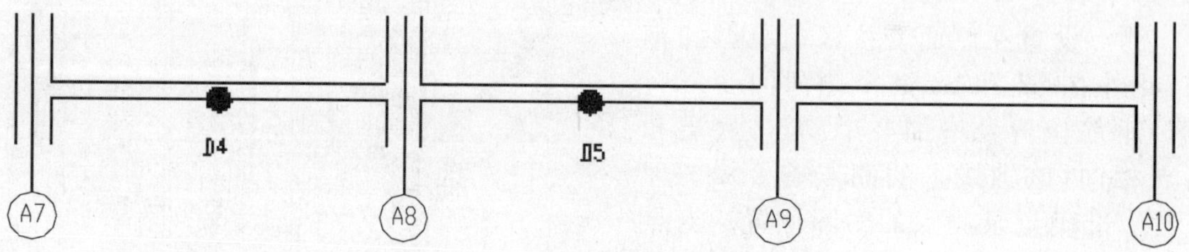

图12　AG轴位移测点布置图

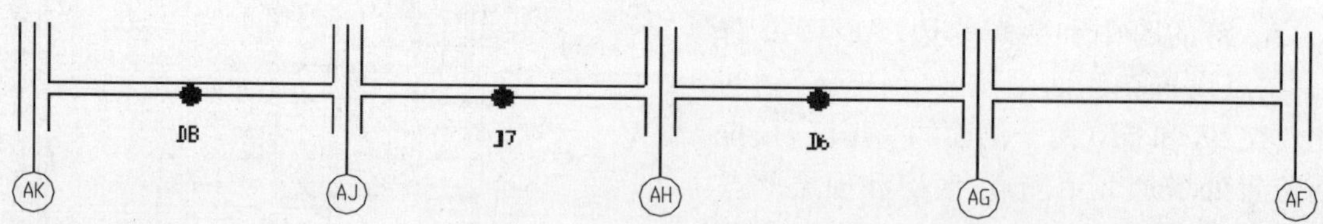

图13　A9轴位移测点布置图

表7　测读工况

工况1	张拉A8轴主梁	工况8	张拉A9－A10次梁
工况2	张拉A8－A9轴间4根次梁	工况9	张拉A8－A9次梁
工况3	张拉至AF轴次梁	工况10	张拉AE东端
工况4	张拉至AG轴次梁	工况11	张拉A6－A8次梁及框架主梁AG
工况5	张拉至AH轴次梁	工况12	张拉A6－A7次梁及框架主梁AH
工况6	张拉A9南端4束及AJ－AH次梁	工况13	张拉框架主梁A8、AJ
工况7	张拉A9南端8束AK－AJ次梁	工况14	框架主梁A9北端补拉

4. 测试结果和分析

(1) 张拉伸长值校核：

该工程所采用的预应力钢筋为 ϕ^{S}15.2 无黏结钢绞线，单根钢绞线面积 140 mm^2，强度标准值为 1 860 MPa，张拉控制应力为 1 302 MPa，根据《混凝土结构设计规范》(GB 50010—2002)，取钢绞线的弹性模量为 1.95×105 MPa。采用 YCQ-20 千斤顶张拉预应力筋。

根据现场张拉记录结果，针对 A9 和 AG 轴线框架梁内的预应力筋的有效预应力进行检测和校核。检测结果表明，对所检查的预应力筋，其实际伸长值与设计计算理论伸长的相对偏差不大于 ±6%；预应力筋张拉锚固后实际建立的预应力值与工程设计规定检验值的相对允许偏差不大于 ±5%。

(2) 变形测试结果和分析：

将 D1～D8 测点的反拱值按照对应的工况进行测试，将测试结果绘于图 14 中。

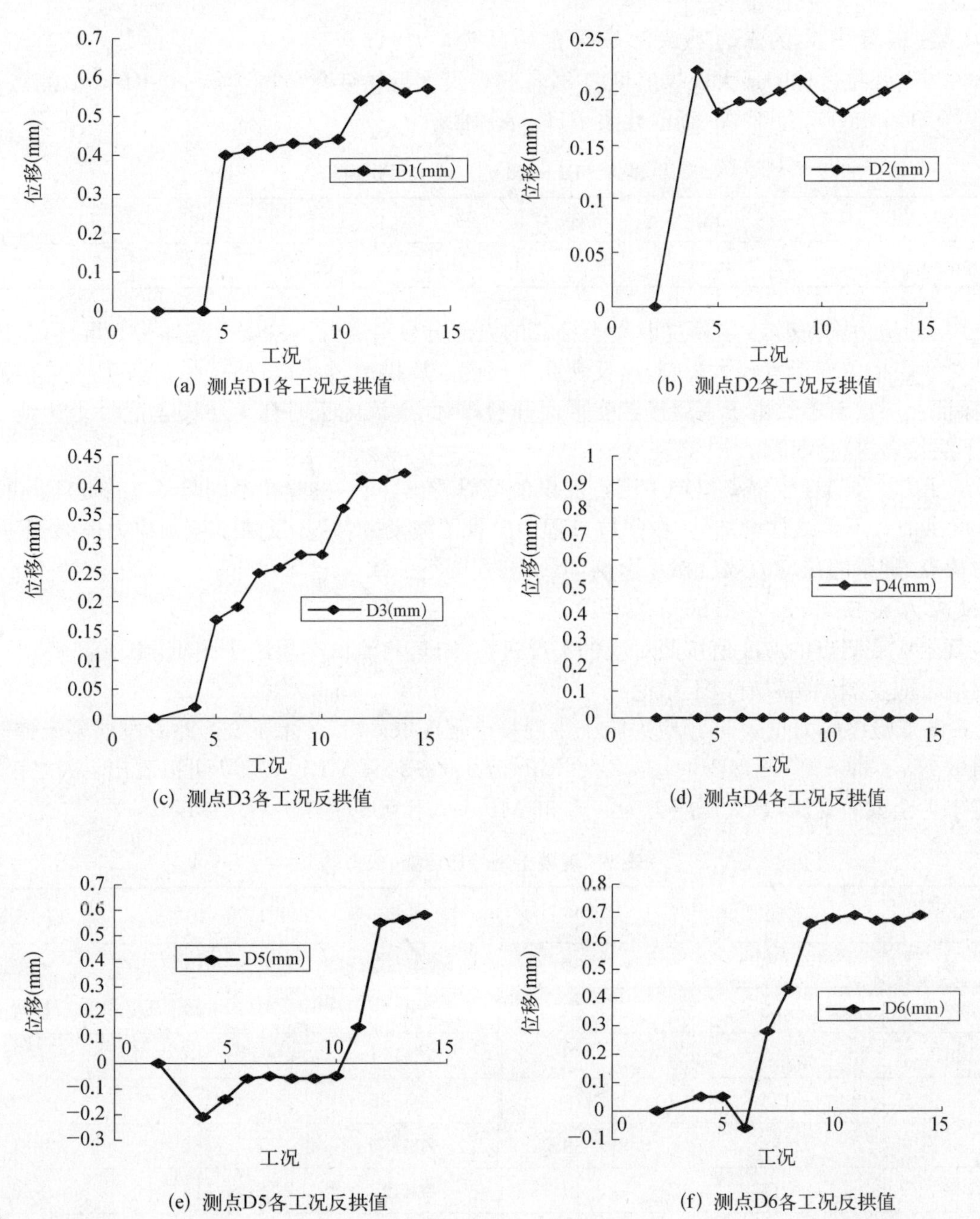

(a) 测点D1各工况反拱值

(b) 测点D2各工况反拱值

(c) 测点D3各工况反拱值

(d) 测点D4各工况反拱值

(e) 测点D5各工况反拱值

(f) 测点D6各工况反拱值

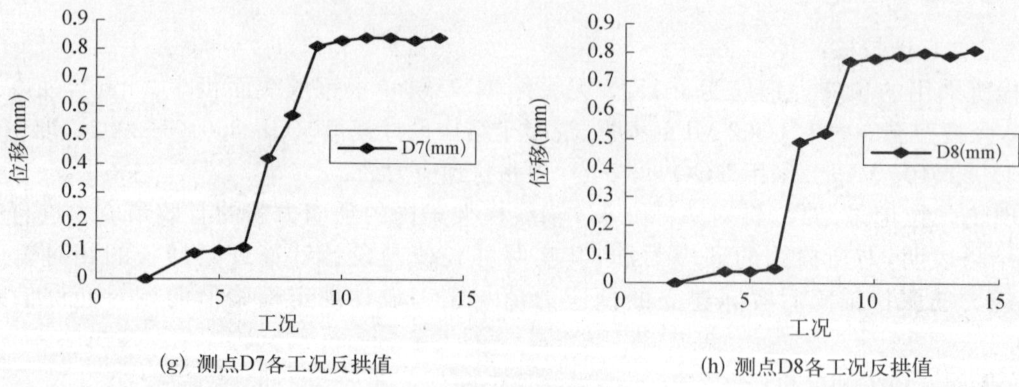

(g) 测点D7各工况反拱值

(h) 测点D8各工况反拱值

图14 各测点工况反拱值

5. 从梁、板跨中反拱值的测试结果得出的结论

(1) 各测点张拉过程中最大反拱值见表8，各测点最大反拱变化范围为0～0.84 mm，测点D7反拱值最大，为0.84 mm，D7位于A9轴框架梁AH—AJ轴跨中。

表8 D1～D8测点最大反拱值

测　点	D1	D2	D3	D4	D5	D6	D7	D8
反拱(mm)	0.59	0.22	0.42	0	0.58	0.69	0.84	0.81

(2) 3层预应力张拉时，4层新浇混凝土楼盖的大部分自重通过钢管支撑施加于3层楼盖，因此上层楼盖自重对3层楼盖变形有较大影响，这反映在3层测点反拱值较小；虽然张拉过程中3层楼盖变形较小，但为保证上层楼盖不致由于下层楼盖变形而开裂，因此建议施工时在上层楼盖混凝土达到一定强度后，再对下层楼盖进行张拉。

(3) 从A9轴及AG轴框架梁跨中测点反拱值可以看出，同一根梁在不同跨的变形是不同的。

(4) 反拱值并不是线性增加的，在张拉过程中出现了波动的情况，反映了该预应力扁梁-密肋楼盖的空间受力特点，即梁的预应力效应相互影响，但影响程度不一致。

6. 预应力梁应变、应力测试结果和分析

将混凝土应变测点的应变值按照对应的工况进行测试，将测试结果绘于图15中。

从混凝土应变测试结果有以下结论：

(1) 各测点最终应力见表9，预应力施工中混凝土强度取80%设计强度。此阶段混凝土弹性模量由线性插值取$E'_c=3.06\times10^4$ MPa，$f'_{tk}=2.09$ MPa，$f'_{ck}=-21.4$ MPa。从表7可以看出，张拉完成阶段各截面混凝土为全截面受压，最大压应力为-5.36 MPa，小于$0.8f'_{ck}=-17.1$ MPa。

表9 混凝土最终压应变、应力

测点编号	应变(10^{-6})	应力(MPa)	测点编号	应变(10^{-6})	应力(MPa)
240526	−175	−5.36	249692	−166	−5.08
204122	−55	−1.68	204133	−52	−1.59
204120	−162	−4.96	204121	−131	−4.01
204124	−124	−3.79	204135	−105	−3.21
204131	−94	−2.88	204130	−65	−1.99
204127	−16	−0.49	204125	−127	3.80
204123	−94	−2.88			

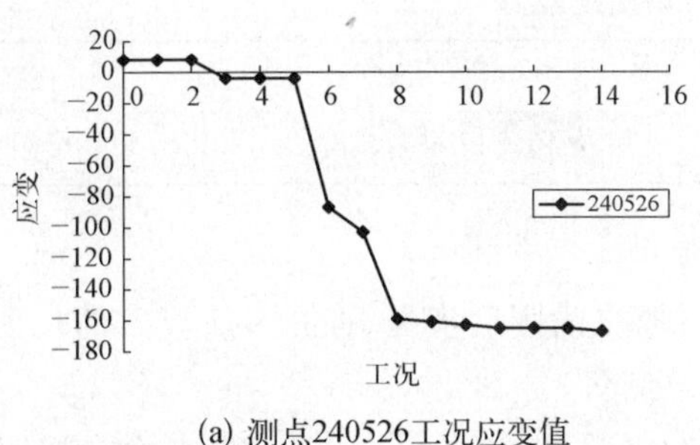

(a) 测点240526工况应变值

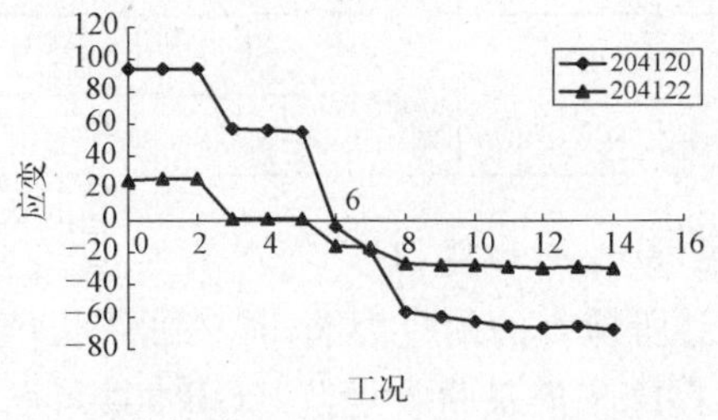

(b) 测点204120、204122工况应变值

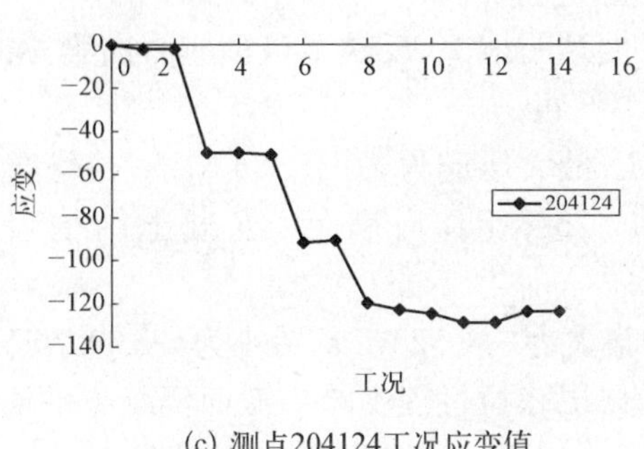

(c) 测点204124工况应变值

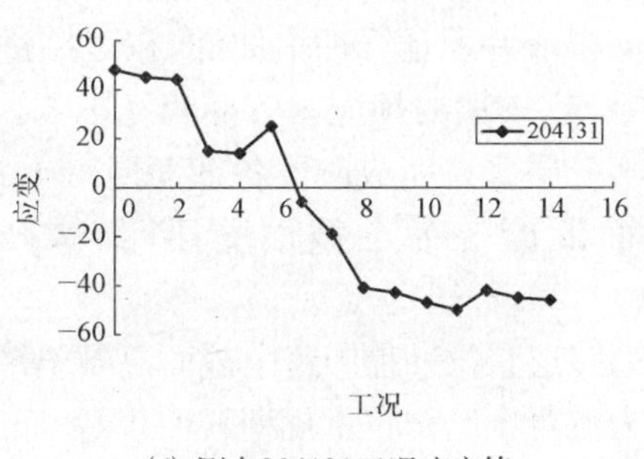

(d) 测点204131工况应变值

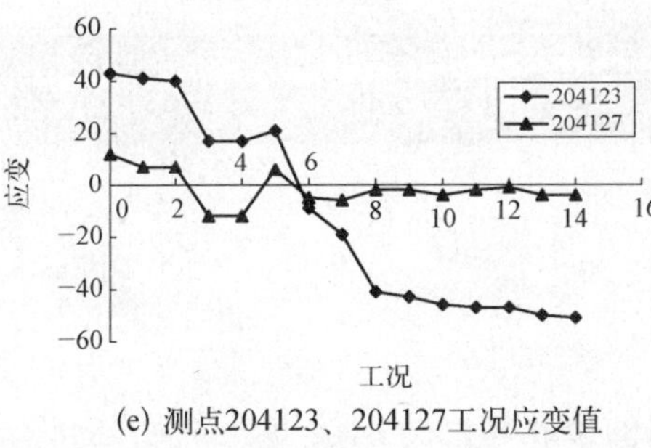

(e) 测点204123、204127工况应变值

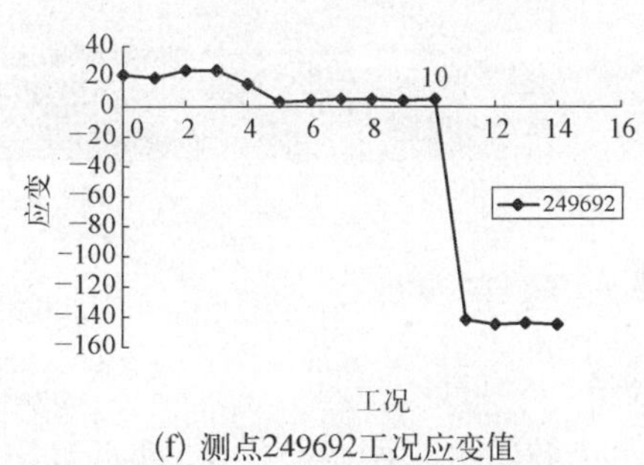

(f) 测点249692工况应变值

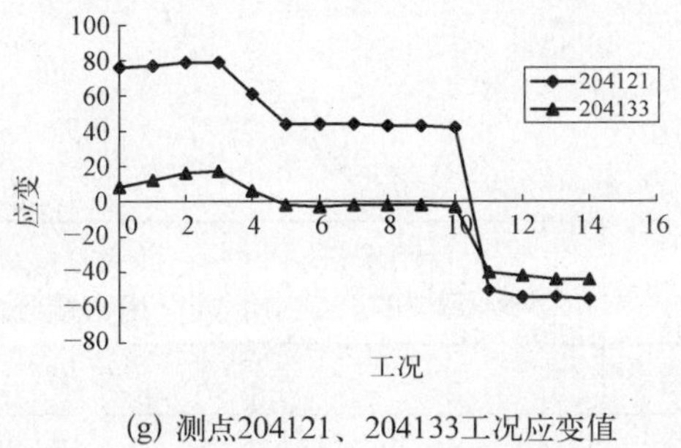

(g) 测点204121、204133工况应变值

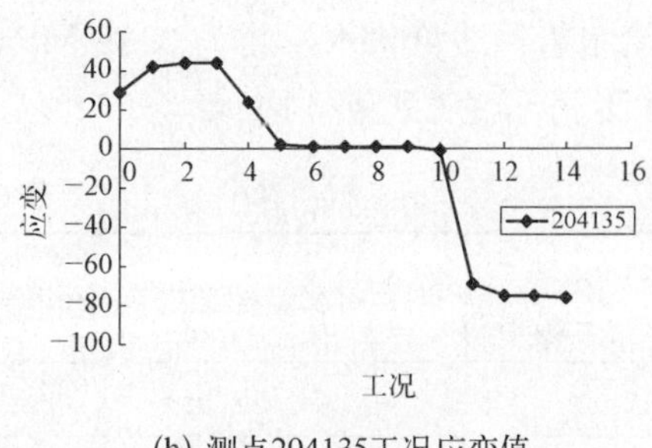

(h) 测点204135工况应变值

图15　各应变测点工况应变值

(2) 张拉过程中 4 个跨中截面混凝土平均预压应力见表 10，可见张拉完成阶段混凝土平均预压应力大于 1.0 N/mm^2 且小于 3.5 N/mm^2。

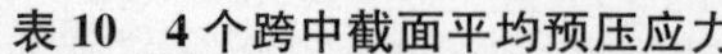

表10　4个跨中截面平均预压应力

截面编号	S2	S5	S8	S10
平均预压应力(MPa)	−3.32	−1.98	−2.80	−2.94

7. 主要结论和建议

(1) 对所检查的预应力筋，其实际伸长值和预应力筋张拉锚固后实际建立的预应力值均满足《混凝土结构工程施工质量验收规范》(GB 50204—2002)的有关要求。

(2) 第三层各测点张拉过程中最大反拱值变化范围为0～0.84 mm，测点D7反拱值最大，为0.84 mm；检修层各测点张拉过程中最大反拱值变化范围为0.36～0.97 mm，测点D6反拱值最大，为0.97 mm。

(3) 张拉过程中楼盖变形较小，但为保证上层楼盖不致由于下层楼盖变形而开裂，因此合理的措施是施工时在上层楼盖混凝土达到一定强度后，再对下层楼盖进行张拉。

(4) 反拱值并不是线性增加的，在张拉过程中出现了波动的情况，反映了该预应力扁梁-密肋楼盖的空间受力特点，即梁的预应力效应相互影响，但影响程度不一致。

(5) 第三层张拉完成阶段各截面混凝土为全截面受压，最大压应力为−5.36 MPa；检修层张拉完成阶段各截面混凝土为全截面受压，最大压应力为−5.75 MPa，均满足《混凝土结构设计规范》(GB 50010—2002)规定。

(6) 第三层张拉过程中跨中截面混凝土平均预压应力最大为−3.32 MPa，最小为−1.98 MPa，满足《无黏结预应力混凝土结构技术规程》(JGJ/T 92—93)规定；检修层张拉过程中跨中截面混凝土平均预压应力最大为−3.40 MPa，最小为−2.03 MPa，亦满足《无黏结预应力混凝土结构技术规程》(JGJ/T 92—93)规定。

(7) 张拉过程截面应力增长呈非线性，反映了该预应力扁梁-密肋楼盖的空间受力特点，即梁的预应力效应相互影响，但影响程度不一致。

三、给排水设计

(一) 给水系统

1. 水源

消防由市政给水管网两路供水，即从辽阳路与通北路的市政管网分别接出管径为DN250的管道至该基地，并在基地内形成管径为DN250的环状管网，供消火栓及喷淋泵取水。市政给水管网最低供水压力为0.15 MPa。

生活用水水源由辽阳路的市政管网接出管径为DN100的管道至本基地，供基地内各单体低区供水。市政给水管网最低供水压力为0.15 MPa。

2. 生活用水量(见表11)

表11　生活用水量

用途	用水量标准	时变化系数	最大日用水量(m^3/d)	最大日最大小时用水量(m^3/h)
办公	60 L/(人·班)	1.5	72	18
职工食堂	10 L/(人·次)	1.5	12	2
空调补水	水量的1%		60	6
未预见用水量	按10%计		14.4	2.6
合计			158.4	28.6

3. 直饮水处理

先经过 30 μm 粗过滤器，把自来水中较大的灰尘和杂质隔除；活性炭过滤器把水中的氯、机代合物、微生物和水中氟味除掉；再经过 5 μm 保安过滤器把余下颗粒去掉，保证反渗透膜的运作寿命。利用高压水泵、反渗透膜和不锈针型调节阀组成反渗透装置，细致地把水中余留的病毒、各类毒素、有害重金属完全清除。为了达到最精密准确的动作，选用德国最先进的可编程序控制系统（PLC）发出运作指令和监控，完全不经人手。为了使纯水更适合人体健康，矿物质处理调节器把饮用纯水矿化，调节成人体所需的微量元素；在进入用户使用前再经过紫外线杀菌，保证卫生且安全；0.45 μm 精细过滤器把杀菌后细菌的尸体滤掉，保证饮用水纯净透明；使用供水食用级不锈钢水箱及专门的呼吸器与水封装置，保证水中食用水隔绝空气不再污染，新鲜卫生；避免食用水管道中水流不动，形成“死水”及污染，供水管道内食用水不断循环杀菌过滤，达到管道食用水卫生安全、健康有益的目的。在每个楼层设 4 个取水点，直接饮用或各办公室备电开水器煮水。

4. 室内给水系统

室内给水系统主要供应厨房、浴室及各单体建筑的卫生间、技术中心实验用水。生活给水采用竖向分二区，地下室和 1 层采用市政管网直接供水；其余各处采用水池-变频调速水泵联合供水方式，水泵房设于行政办公楼地下室水泵房内。地下室生活水箱采用不锈钢装配式水箱，其有效容积为 40 m^3（见图 16）。水泵的开启停止由压力开关自动控制。室内供水管道均为暗敷。

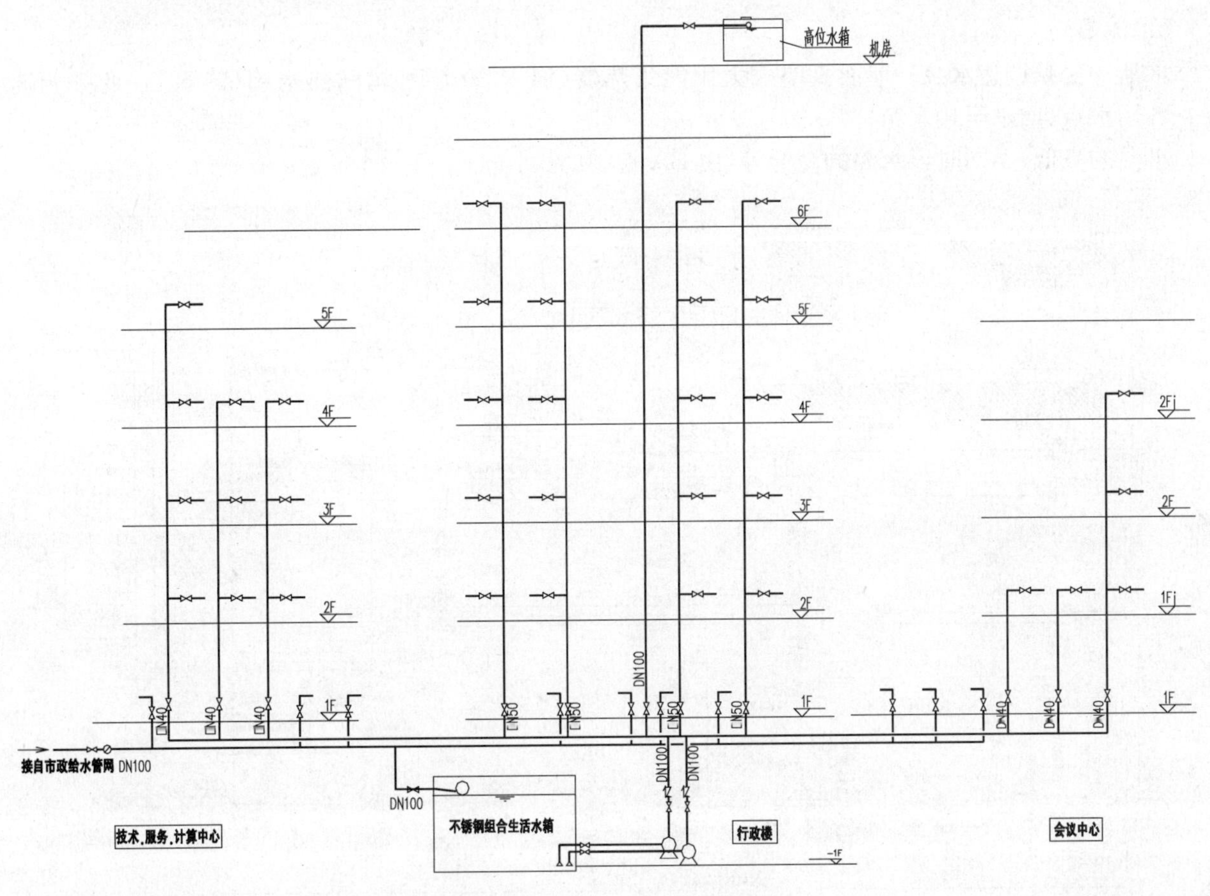

图 16 生活给水系统示意图

（二）热水系统

1. 供水范围

各层公共卫生间、带卫生间的办公室、食堂、浴室。

2. 热水用水量(见表 12)

表 12　热 水 用 水 量

用　　途	用水量标准	时变化系数	最大日用水量(m^3/d)	最大日最大小时用水量(m^3/h)
办　　公	10 L/(人·班)	1.5	12	3
职工食堂	10 L/(人·次)	1.5	12	2
职工淋浴	50 L/(人·次)	2.0	60	10
未预见用水量	按 10%计		8.4	1.5
合　　计			92.4	16.5

3. 供水方式

采用下行上回全机械循环系统。

4. 热源

以太阳能为主要热源,阴雨天辅以电为次要热源。以热水箱为蓄水容器。在不设绿化的屋面安装太阳能真空吸热板共 500 m^2,配合热水箱的有效容积共为 54 m^3。由热水箱加变频调速水泵供应沐浴、食堂、卫生间洗手用热水。

5. 流程

水池→变频调速水泵→屋面真空式太阳能集热器(温水)→层水箱间热水箱(热水)→变频调速水泵→各用水点(回水至热水箱)。

水温的高低、不同时段水温的高低等,由 BA 控制(见图 17)。

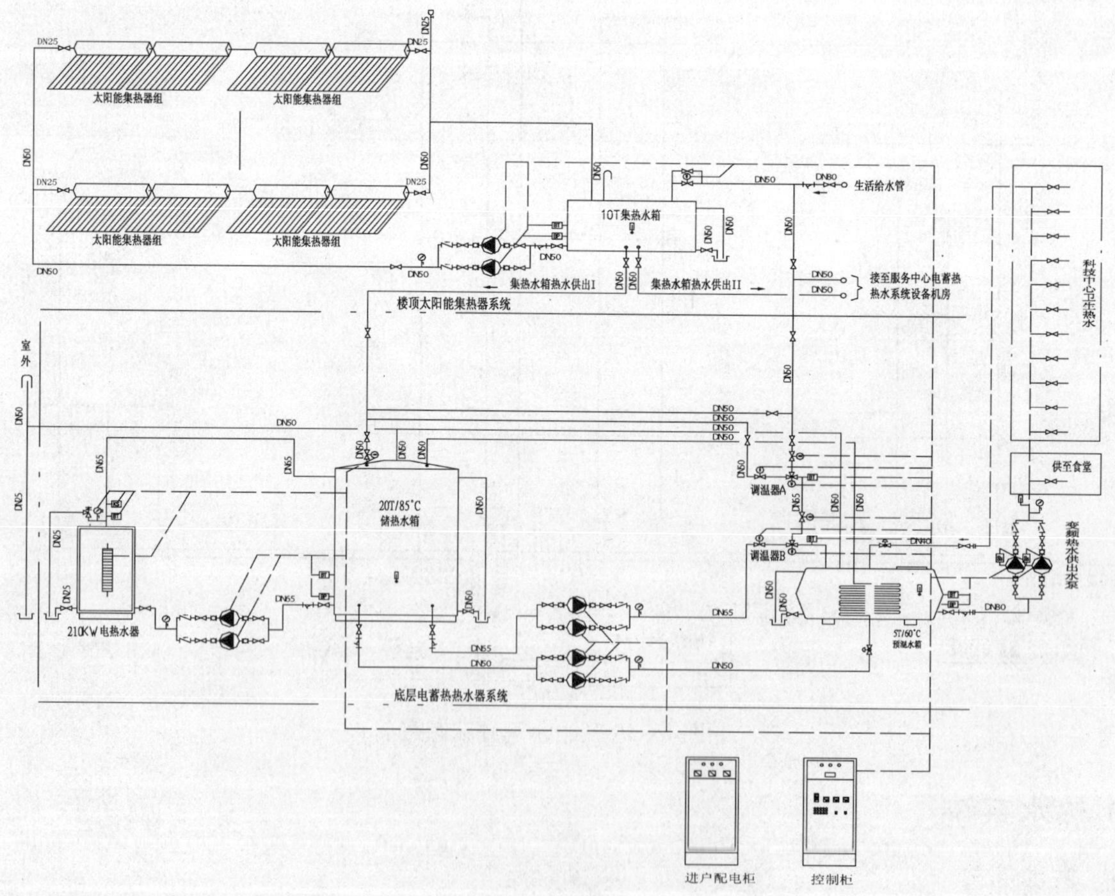

图 17　生活热水系统示意图

(三) 排水系统

1. 生活污水系统

该基地内各单体室内排水为污废水合流系统,设置专用通气管。厨房废水经隔油池处理后接入基地内排水管道,统一经化粪池处理后进入基地地下式污水处理站进行二级生化处理。实验室有毒污水集中回收,处理后另行排放。

生活污水处理量为 77 m^3/d。

2. 雨水排放系统

根据上海暴雨强度公式计算考虑其重要性,重现期为 10 年,其雨水量为 1 085 L/s。考虑建筑物的具体情况,屋面雨水采用虹吸雨水排放系统。管道采用进口高密度聚乙烯(HDPE)塑料管道。屋面雨水经雨水管道系统排至室外窨井,再汇集基地雨水,一起纳入通北路市政雨水管道系统。基地内室外埋设的雨水管为 FRPP 增强聚丙烯。

(四) 污水处理与利用

1. 污水综合利用

室内生活污水量为 77 m^3/d,绿化用水和水景补充水量为 79 m^3/d,与污水量基本持平(见表 13)。污水零排放。因水量少,且夜间没有水,故生物处理的核心工艺采用 A/O 法。

表 13 用水量计算

用　途	用水量标准	数　量	用水时间	最大日用水量(m^3/d)	最大日最大小时用水量(m^3/h)
大便器用水	160 L/(h·个)	104 个	10 h	16.6	3.30
小便器用水	100 L/(h·个)	68 个	10 h	6.8	1.36
浇洒道路和场地用水	1.5 L/(m^2·次)	10 000 m^2	3 次	15.0	2.50
绿化用水	2 L/(m^2·次)	14 340 m^2	2 次	28.7	7.17
景观水补水	按 5%计			3.4	
未预见用水量	按 10%计			6.7	
合　计				77.2	14.30

2. 污水处理流程

污水管道→化粪池→集水井→机械格栅→电动阀门→调节池(带穿孔曝气管)→A/O 生化反应器(安装微孔曝气管)→进入高效沉淀器→高效固液分离器(经加药)上清液→中间水箱→反冲洗水泵→自动反冲洗高效过滤器→中水杀菌器→中水储存池→变频泵机组将处理后的中水泵送入中水供水管网→景观水池。

3. 污泥处理流程

稀污泥→污泥池→加药浓缩→卧螺离心机→泥饼待运。

出水应符合《生活杂用水水质标准》和《再生水回用景观水体的水质标准》CJ/T95—2000(见表 14)。

表 14 进水、出水的水质对比

	进　水	出　水	杂用水水质标准及景观用水水质标准高者
BOD_5(mg/L)	150	8	8
NH_3-N(mg/L)	30	2	0.5
色　度		30	无明显异色

续 表

	进 水	出 水	杂用水水质标准及景观用水水质标准高者
浊 度		≤5 度	≤5 度
臭		无	无
总大肠杆菌(个/L)		3	3

设备运行时段及机器运转状况等，由 BA 控制。

(五) 管道及设备

1. 室内部分管材

冷水给水、热水供回水管道、净水供回水管道采用聚丁烯(PB)管，热熔连接；消防管，喷淋管 DN≤100 采用热镀锌钢管，DN>100 采用热镀锌无缝钢管，DN≤100 丝扣连接，DN>100 卡箍沟槽式连接；排水管采用优质 UPVC 排水管；屋面雨水管采用高密度聚乙烯(HDPE)，热熔连接。

2. 室外部分管材

给水管 DN<100，采用聚丁烯(PB)管，粘接；给水管管径 DN≥100，采用球墨铸铁给水管及管件；排水管采用 FRPP 增强聚丙烯管，O 形橡胶圈承插连接；热水埋地管道采用直埋式预制保温管，芯管采用铜管，外套管采用高密度聚乙烯管，保温层为氰腐剂作底层防腐，聚氨酯硬质泡沫塑料保温；室外雨水、排水管采用增强聚丙烯(FRRP)管，承插式接口 O 形橡胶密封。

3. 其他

水泵采用低噪声节能型产品，所有水泵均设隔振装置。卫生洁具均选用节水型产品。小便器冲洗阀选用感应式冲洗。

(六) 消防给水系统

1. 消防水量

基地内行政楼为一类建筑，其室外消防用水量为 30 L/s，室内消防用水量为 30 L/s，自动喷水灭火系统用水量为 28 L/s，其他建筑为多层建筑，消防及喷淋用水量小于上述流量。因此，基地内消防流量取值按行政楼的消防流量取值。

2. 消防水源

市政给水管网两路供水，在基地内形成 DN250 消防环路，并引入消防泵房，供消火栓泵与喷淋泵抽取。

3. 室内消火栓系统(见图 18)

该基地内消火栓系统竖向不分区，各个单体消火栓系统分别从行政楼泵房出来的环状管网接出，自身成环。为了保证消防系统初期供水压力，屋顶水箱间设有自动控制稳压泵。除不宜用水消防的地方，在建筑内各处均设消火栓箱，保证两股水柱可以达到室内任何地点，间距在 25 m 左右，箱内配有 ϕ19 水枪及 ϕ65×25 m 水龙带。消火栓出口压力控制在 0.5 MPa 以下，超压部分，在栓口处设减压孔板。考虑到此建筑物的重要性，为服务人员初期火灾灭火的使用，在消火箱内配置 ϕ4.5 水枪及 ϕ20×25 m 软管卷盘，并在消火栓箱内配置手动按钮，可直接开启消防泵，消防泵设在地下室，从市政环状管网的引入管上抽取。

4. 室外消防部分

在基地内沿建筑物四周，设置室外地上式三出水消火栓、消火栓系统水泵接合器、喷淋系统水泵接合器，能满足室外消防和室内消火栓系统、加压供水要求。室外消火栓布置最大间距为 120 m，消防水泵接合器 15～40 m 范围内设置室外消火栓。

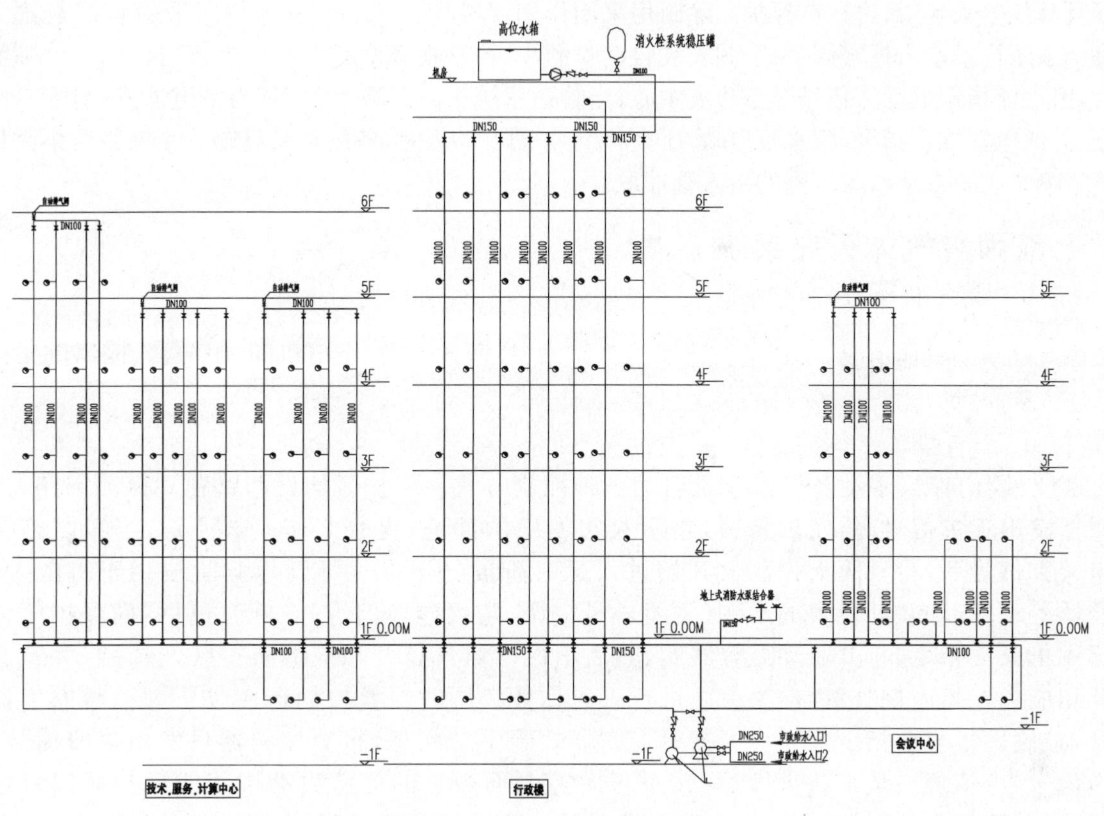

图 18　消火栓系统示意图

5. 自动喷水灭火系统

科教中心自动喷水灭火系统为湿式系统(见图 19)。自动喷洒头安装于办公室、走廊、餐厅、厨房、停

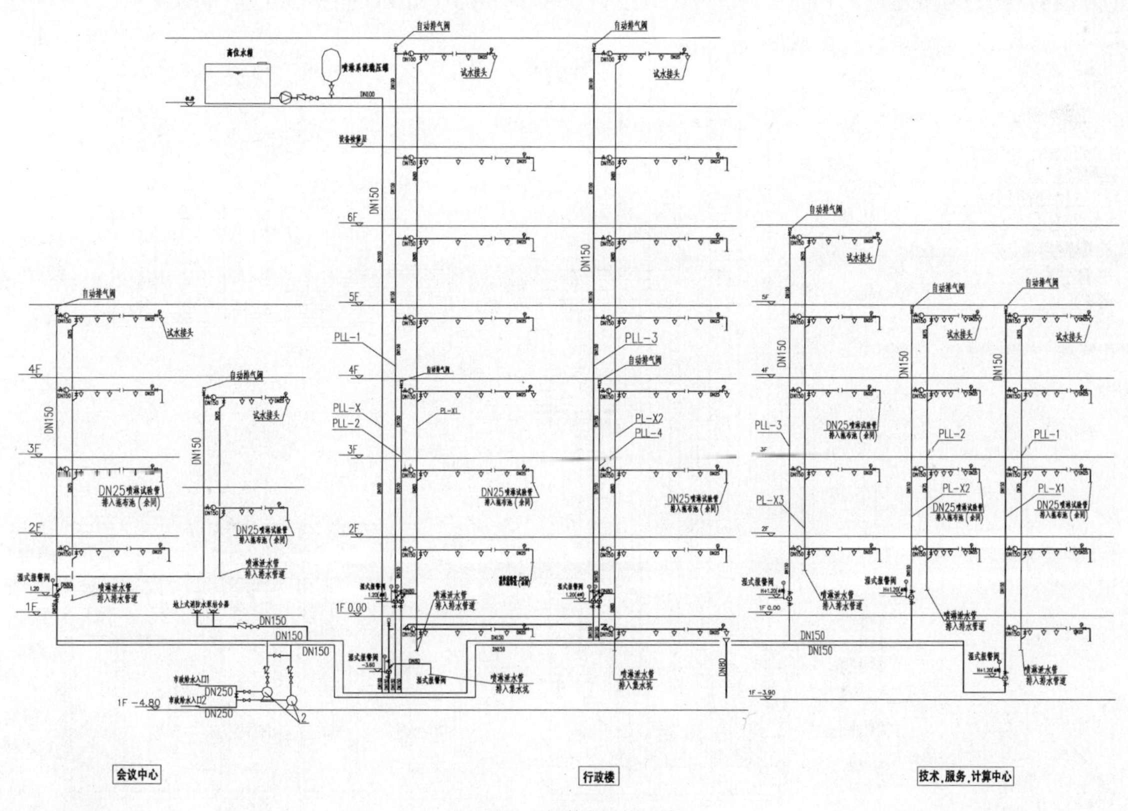

图 19　喷淋系统示意

车库以及其他公共场所，进行全保护。除厨房采用作用温度为 93℃ 外，其他场所采用 68℃标准式喷洒头。每个系统均设水力报警阀，每个阀安装自动喷洒头，控制在 800 只左右。当每层任何一个喷洒开始动作时，由水流指示器动作信号送至防灾中心；当管道系统压力下降 20%，压力继电器发出指令，喷水泵启动，压力继电器发出指令，喷水泵启动，压力再继续下降 10%时，备用泵又启动。系统稳压泵采用自控稳压泵。喷水泵水源从市政环网的引入管抽取。

(七) 七氟丙烷气体灭火系统

1. 设置位置

考虑此建筑的具体情况，UPS 间、计算机工作站、数据备份间、小型机间、服务器、网络间采用七氟丙烷气体灭火系统。

2. 特点

此系统具有自动、手动及机械应急启动三种控制方式。保护区均设两路独立探测回路，当第一路探测器发出火灾信号时，发出警报，指示火灾发生的部位，提醒工作人员注意；当第二路探测器亦发出火灾信号后，自动灭火控制器开始进入延时阶段(0～30 s 可调)，此阶段用于疏散人员(声光报警器等动作)和联动设备的动作(关闭通风空调、防火卷帘门等)。延时过后，向保护区的电磁驱动器发出灭火指令，打开驱动瓶容器阀，然后由瓶内氮气打开相应的防护区选择阀，并经过选择阀打开相应的七氟丙烷气瓶，向失火区进行灭火作业。同时报警控制器接收压力信号发生器的反馈信号，控制面板喷放指示灯亮。当报警控制器处于手动状态，报警控制器只发出报警信号，不输出动作信号，由值班人员确认火警后，按下报警控制面板上的应急启动按钮或保护区门口处的紧急启停按钮，即可启动系统喷放七氟丙烷灭火剂。该设计为全淹设有管网组合分配系统，充装压力为 4.2 MPa(表压)。

3. 参数

气体设计浓度为 8%，设计喷射时间 10 s，设计抑制时间 10 min(见图 20)。

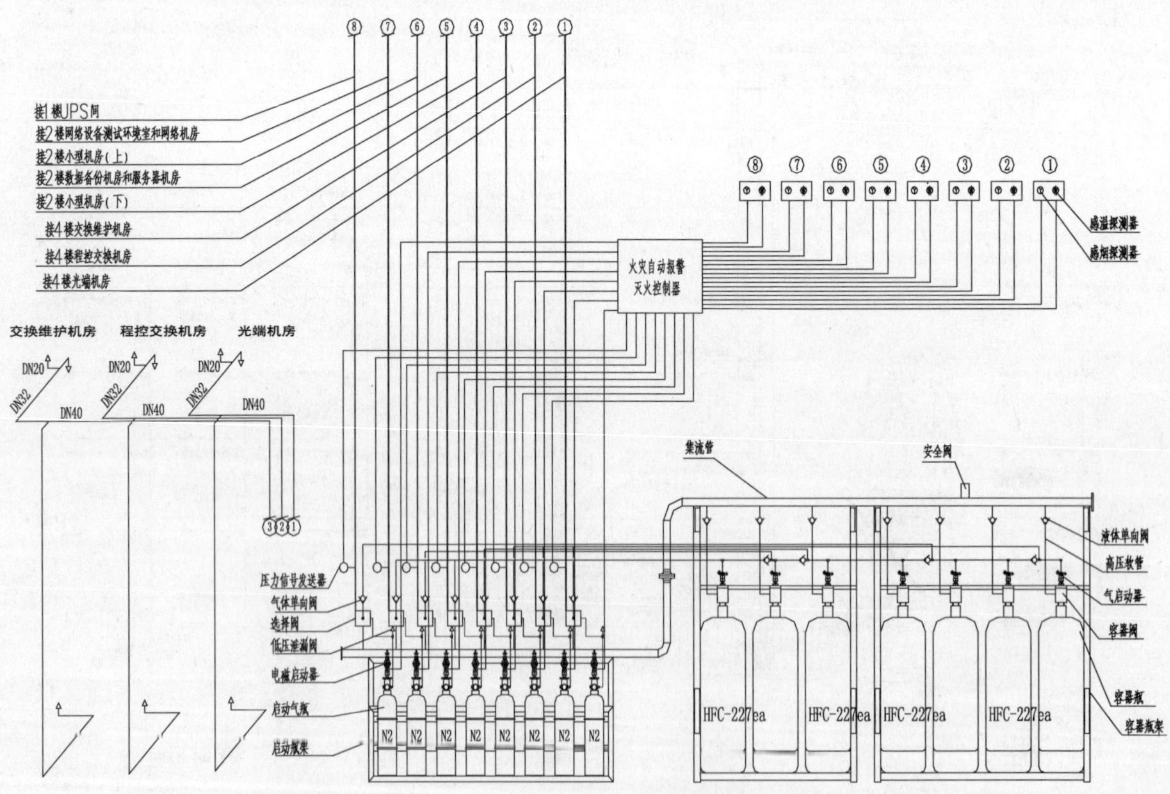

图 20　七氟丙烷气体灭火系统示意图

四、电气设计

（一）强电部分

1. 供用电情况

该工程由行政楼、会议中心、技术中心、服务中心、计算中心等组成，其中行政楼为甲级智能化办公楼，技术中心、服务中心、计算中心为联体L形综合楼。技术中心和服务中心的一部分为检验室。

行政楼为二类高层，由于其为甲级智能化办公楼，供电按一级负荷考虑，由两路互为备用的10 kV电源同时供电至高压配电站，经高压配电后，至行政楼地下层5 000 kVA的变电站，高压主接线采用单母线分段中间不加联路的方式，整个工程用电量见表15，一级负荷中的特别重要负荷用电量见表16。

表15 工程用电量

建筑名称	设备容量(kW)	计算容量(kW)	建筑面积(m^2)	单位面积平均负荷量(W/m^2)
行政楼	2 573	1 993	31 316.4	82.16
会议中心	363	251	2 755.0	131.76
技术中心	1 815	1 003	8 356.8	217.88
服务中心/计算中心	1 070	815	9 642.6	110.97
合　计	5 821	4 066	52 070.6	111.79
变压器容量10/0.4 kV－1 250 kVA			4台	

注：技术中心、服务中心的部分为检验室，其K_x取0.4。

表16 一级负荷中的特别重要负荷用电量

建筑名称	用途	UPS容量(kVA)
行政楼	消防控制室	80
计算中心	计算机房	80
技术中心	工艺检测设备	200
合　计		360

2. 电气设备

(1) 变压器SCRZ9－1 250 kVA(有载调压)，10 kV±2×2.5%/0.4－0.23 kV Dyn－11 U_d=6%，共4台。

(2) 高低压开关柜均采用法国施耐德产品，10 kV中置式高压开关柜为Mvnex－12型12台和SM6型4台，低压柜采用施耐德固定式接线配插拔式开关的PRISMAP型，共26台。

(3) 变电所设“PowerLogic电力监控系统”(见图21)。

（二）弱电部分

1. 通信自动化系统

(1) 该工程采用荷兰飞利浦IS3090全数字程控交换机(1024模拟端口、256数字端口)，其中：模拟分机线800条，数字双向中继线90条，话务台2台，此交换机还具备飞利浦DECT无绳通讯的功能。

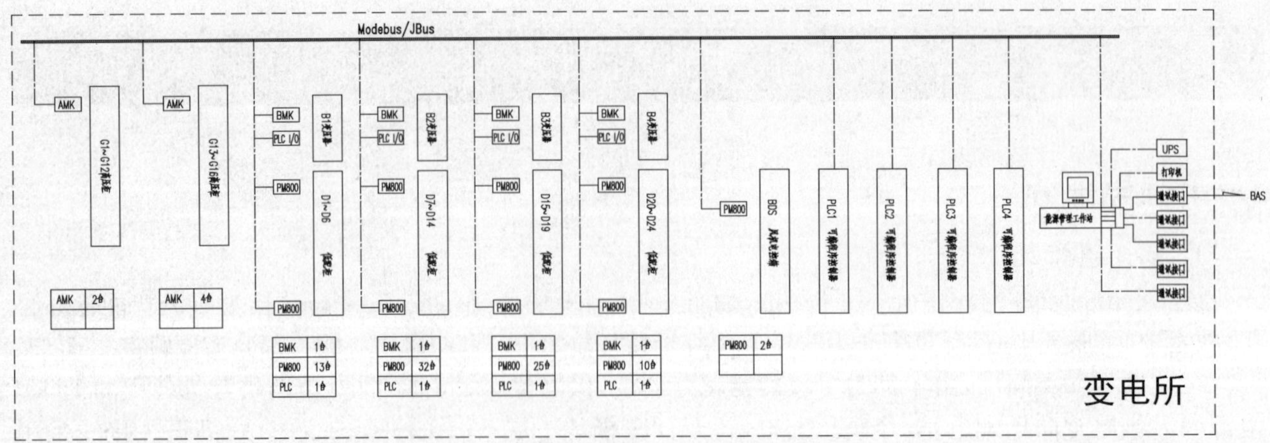

图21 电力监控系统

(2) 信号传输方式采用结构化综合布线系统，主干部分为6芯多模光纤加大对数双绞铜缆，配线柜至平面端部分采用4对无屏蔽双绞铜缆或单芯光缆，可满足主干为1 000 M，至桌面为100 M的传输要求。整个工程的信息点为2 908。

2. 有线电视与卫星电视接收系统

根据建设方的要求，有线电视与卫星电视分别设置传输线路，每个终端均带有有线电视和卫星电视的接口，有线电视接收装置设在行政楼弱电控制中心内，卫星电视接收则利用建设方原有的系统。

3. 多媒体会议系统

(1) 组成：1个大型会议中心(可容纳800人)和10个中小型多功能会议室。

(2) 大型会议中心以会议功能为主，兼容综合性的文艺演出和5.1声道镭射电影的播放，其配置扩声系统、视频系统包括远程视频会议系统、数字会议系统、舞台灯光系统，且通过智能控制系统的集成控制。

(3) 10个中小型多功能会议室分别设置数字会议系统和视频会议系统包括液晶升降系统和辅助系统(JVC AC-P950含计算机接口的数字展示台、PANASONIC KX-B728电子白板)。

4. 电子公告发布系统

在行政楼的门厅和大堂分别设置全彩色(1 830 mm×2 440 mm $=4.46\ m^2$)和双基色LED显示屏(2 860 mm×3 760 mm$=10.75\ m^2$)各一块，可高保真转播闭路电视，播放录像、影碟机的视频图像，LED显示屏还可播放不同格式的计算机文字信息和图像。

5. 公共及紧急广播系统

背景音乐系统(TOA VX-2000)可对楼内的底层大堂、展示厅以及餐厅和休息场所播放背景音乐和广播信息，发生火灾时能够通过强切进行紧急广播。系统还设置1台40区呼叫遥控话筒和40区消防指挥话筒，可通过选择单个或多个区域进行呼叫和紧急广播。

6. 保安监控与控制系统

该工程设置Honeywell公司的全数字化电视监控系统(DVM)，在地下车库、主要出入口和通道、电梯、药品库、重要机房、室外等处共设置了116台彩色摄像机。DVM系统替代了传统的模拟CCTV矩阵切换器、硬盘录像机、监视器、画面分割器等模拟设备，摄像机通过模数转换将模拟量的图像转换并压缩为数字量信息传输到图像服务器中的硬盘里。图像可随时调出，亦可实时显示在DVM系统的工作站上或任意1台连接在局域网上经授权的工作站上，也可在监控机房的DLP大屏显示(见图22)。

该工程设置了巡更系统、周界报警系统、入侵监测系统、出入口控制系统，这些系统可与电视监控系统联动(见图23)。

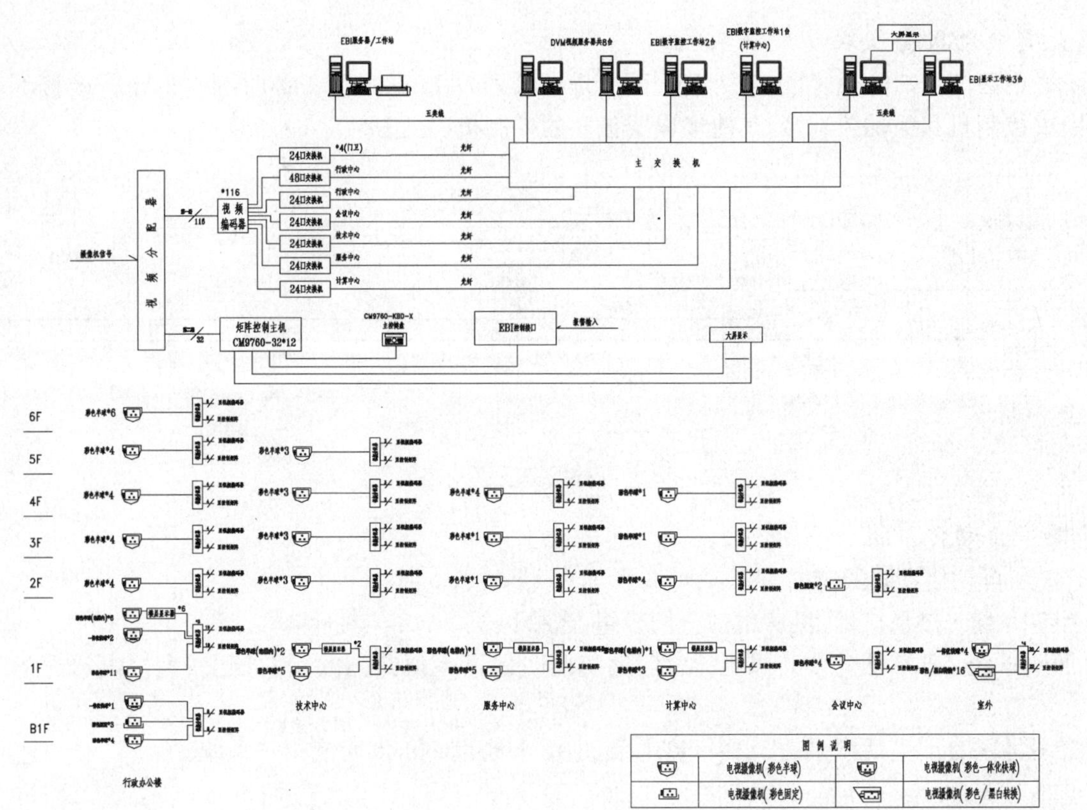

图 22　保安监控与控制系统

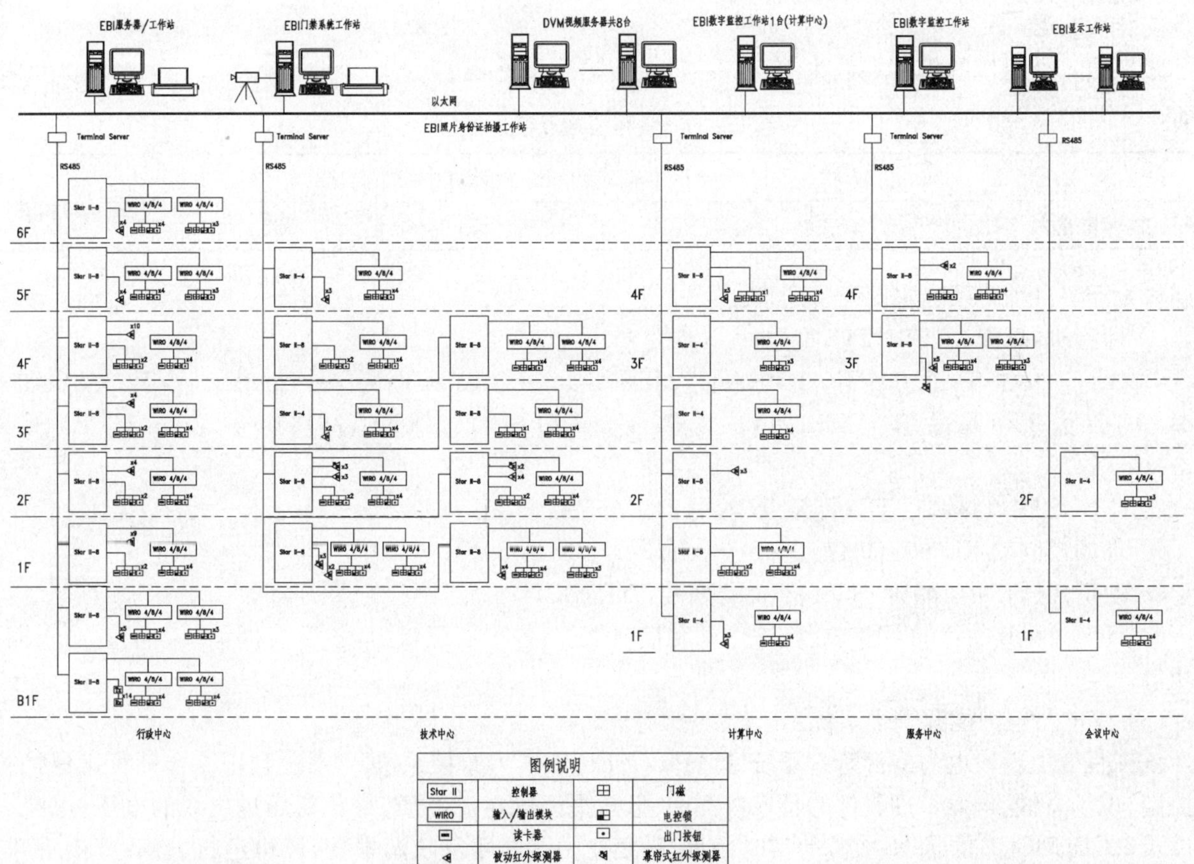

图 23　巡更系统、周界报警系统、入侵监测系统和出入口控制系统

7. 火灾自动报警及联动控制系统

系统采用西门子消防系统(前身为瑞士西伯乐斯公司)AlgoRex Fs1120 控制机，在行政楼弱电控制中心设中央控制机和手动控制台，其他楼设置独立的控制机(见图 24)。

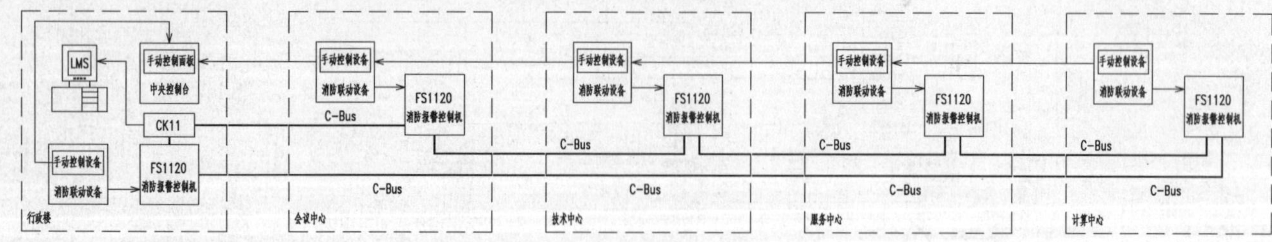

图 24　火灾自动报警及联动控制系统

8. 楼宇自动化系统(BA 系统)

(1) 楼宇自动化系统的监控对象：

① 空调系统：热泵机组、机房精密空调机组、送排风机。

② 照明系统：各幢楼的公共照明、路灯、庭院照明包括屋顶花园的园艺照明、大楼内透光的泛光照明等。

③ 给排水系统：生活水泵、排水泵、热水泵、生活水池、水箱，太阳能供热系统。

④ 电梯系统。

另外，该工程的 VRV 空调系统、污水及中水处理系统、变电所电力能源管理系统、幕墙智能控制系统、太阳能热水管理系统，利用其自带的智能控制系统进行监测和实时控制，并通过其通讯接口与 BA 系统提交相关参数。

楼宇自动化系统的控制点数为 1 487，各楼点数的分布见表 17。

表 17　各楼控制点数分布

建筑名称	行政楼	会议中心	服务/计算中心	技术中心	小计
模拟/数字量输入/输出	799	101	251	336	1 487

(2) 楼宇自动化系统主要设备选型：

① 计算机，品牌：DELL PC，型号：GX270；

② BA 工作站(P4 2.8 GHz, 1G RAM, HD80G Intel Gigabit Ethernet Controller, Windows 2000 Prof, 17 英寸 TFT)，品牌：DELL PC，型号：AS - PESC420 Dell(TM) Power Edge (TM) SC420 Server；

③ C BUS 接口，品牌：Honeywell，型号：Q7055A1007；

④ 现场控制器 XL500，品牌：Honeywell，型号：XCL 5010；

⑤ 便携式操作站，品牌：Honeywell，型号：XI582CH；

⑥ Honeywell 品牌的 EBI 软件、工作站和接口软件，各种通讯接口，各种模拟量数字量的输入输出模块等。

(3) 变电所电力能源管理系统：

该工程变电所设电力能源管理系统，即"PowerLogic 电力监控系统"，系统利用综合计算机保护、远程控制、现场总线、电力管理软件等技术监测中、低压进线的电源品质，采集低压进出线的电压、电流、功率以及 ACB、MCCB 的状态、故障等实时信息，采集变压器温度及超温报警、风机运行、有载分接头开关位置等信息，同时可远程分、合每台低压柜内的断路器。通过相关软件的运行，可对独特的波形捕捉分析，如谐波、负荷、故障等，以降低电气运行成本，提高供电质量。

(4) 幕墙智能控制系统(i-bus 智能控制系统):

行政楼的外墙采用的是双层玻璃幕墙,双层幕墙又称会呼吸的幕墙,是当今世界上最先进的幕墙之一,它具有采光好、通透性佳的特点,它的构成主要有:

① 外平推窗;

② 内开内倒窗;

③ 夹在外平推窗和内开内倒窗之间的遮阳百叶帘;

④ 通风百叶口。

该工程行政楼的外平推窗有 298 扇,内开内倒窗有 298 扇,遮阳百叶帘有 988 扇,通风百叶口 1 096。行政楼的幕墙控制采用 i-bus 智能控制系统(下称 i-bus 系统),其可完成幕墙如下的各种控制:

① 就地控制:可通过面板手动或遥控器完成外平推窗开闭、内开内倒窗开闭、遮阳百叶帘升降停和叶片角度调整。

② 集中控制:在中央控制室通过编程按楼层、不同朝向、日照等实现上述功能。

③ 自动(环境)控制:通过编程可定时开闭平推窗、内倒窗和通风口以及升降遮阳百叶帘等;亦可根据行政楼所处的经度、纬度以及季节、太阳光线对百叶帘进行自动控制;亦可根据射入室内光线的强弱自动调节百叶帘叶片的角度以满足室内光照度的需求,起到节能增效的目的。

④ 强制控制:火灾发生时可强行打开平推窗和内倒窗,百叶帘收起且开启通风等。如遇风雨雪等恶劣天气时,可自动将平推窗收回。

上述功能可通过计算机的图形化界面进行方便地操作,亦可通过数据库方便地使用和查阅。系统的 OPC(数据访问控制标准) Server 可实现与 BA 的完全集成。该系统除对幕墙控制外,还对办公室内的灯光、空调、泛光照明进行控制。控制原理见图 25。

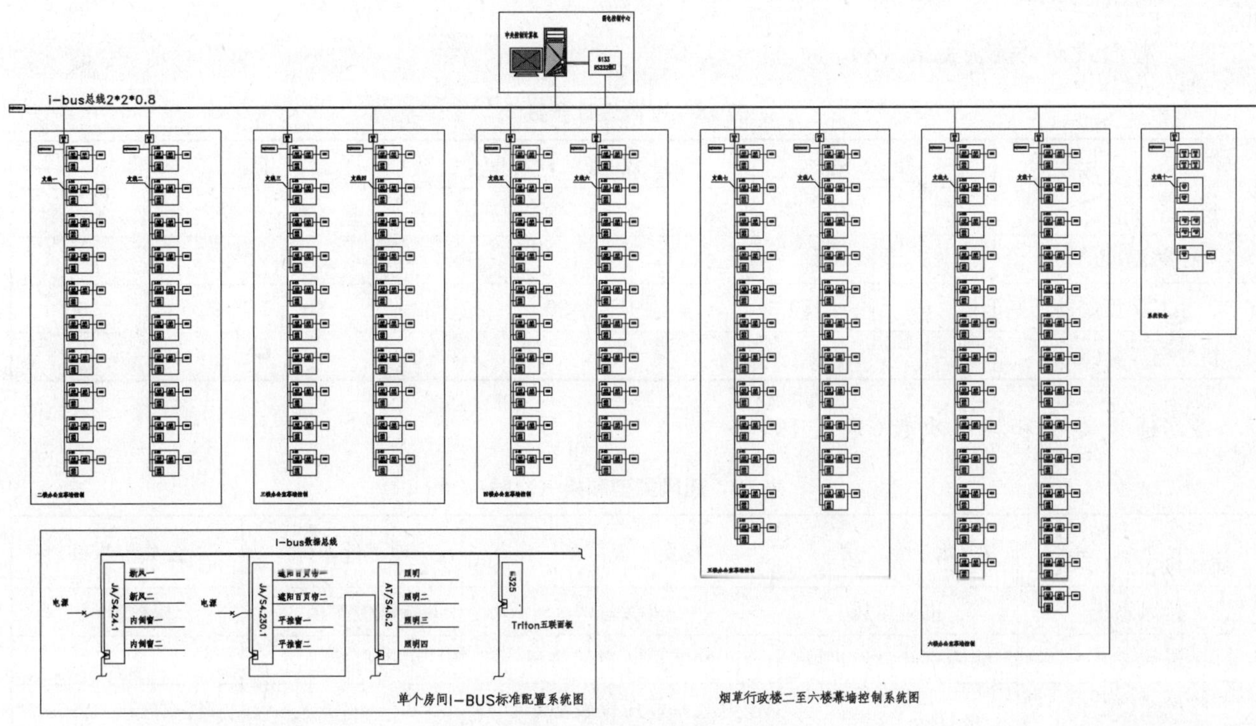

图 25　幕墙智能控制系统

9. 集成管理系统

该工程对通讯系统、广播系统、安保系统、楼宇自动化系统(包括 VRV 空调系统、污水及中水处理系统、变电所电力能源管理系统、幕墙智能控制系统、太阳能热水管理系统)等各个智能化系统进行集成,对各级电子系统进行统一的监控、控制和管理,以实现各个子系统的联动,提高整个工程整体的智能化水平，提供开放的数据库，共享各系统的信息资源，最终达到节能、提高工效并降低成本的目的。

(1) 系统集成的内容：

① 监控楼宇控制中的变配电、各种照明、电梯和水泵、空调、幕墙、太阳能或热电偶加热热水等设备的运行状态，安防监控系统中所有探头和电视监控器的状态，非法侵入报警信号，门禁和巡更系统中的各种控制状态。

② 各种空调、水泵、照明、热电偶加热热水等设备的启停，各种空调阀门和调节器的参数修改等。

③ 安保系统中报警探头和门禁的布防和撤防。

(2) 平台建设：

① 网络平台：千兆以太网；

② 服务器：P4 2.8G，1GRAM，250G，1台；

③ 工作站：P4 2.8G，1GRAM，80G以上配置，3台；

④ 操作系统：Windows2000Server，一套；

⑤ 数据库：SQLServer2000，一套；

⑥ Web服务器：IIS5.0；

⑦ 集成软件：256个读卡器/10 000点冗余系统，在以上平台基础上，系统响应时间5 s。

五、采暖、通风、空调

(一) 设计标准

1. 室内设计参数(见表18)

表18 室内设计参数

场所 参数	办公室		会议室		展厅		实验室	
	夏季	冬季	夏季	冬季	夏季	冬季	夏季	冬季
干球温度(℃)	25	20	25	18	26	20	25	25
相对湿度(%)	＜65	＞30	＜65	＞30	＜65	＞30	50	50
新鲜空气量(m^3/h)	30		20		20		30	

2. 通风类型和换气次数(见表19)

表19 通风类型和换气次数

场所 通风	水泵房	变电所	地下停车库	公共卫生间
排风系统	机械排风	机械排风	机械排风	机械排风
进风方式	侧墙百叶自然进风	侧墙百叶自然进风	车道自然进风	
排风量(次/h)	4	按电气专业所提发热量计算	6	10

(二) 中央空调系统

根据业主要求，该项目中分别设计有三种相互独立的中央空调系统，分别为8 h运行的半集中式冷暖中央空调系统、不固定时间运行的集中式冷暖空调系统和24 h运行的独立机房专用空调系统，以满足各部门的使用要求。

1. 8 h运行的冷暖中央空调系统

每个楼内小开间办公室、会议室空调系统选用变冷媒流量热泵型(变频多联机)小型中央空调系统形式,均采用日本大金公司产品。整个系统按楼层划分成1～2个小区域,分别设计为一个个单独的小型中央空调系统,室外机集中设置在各个楼的屋顶,整个项目冷负荷指标约148 W/m²。

每个楼层的新风采用新风空调箱单独处理,向各房间送入新风。各个房间内设置室内机,单独处理各房间室内负荷。办公室、展厅均采用风管暗藏型室内机,其中展厅采用侧送风形式,办公室采用散流器顶送风形式,部分实验室采用了双向或多向气流卡式嵌入型室内机,满足不同形式装修要求。

新风空调箱的冷热源由置于屋顶的风冷热泵机组提供,考虑到每个系统末端数量少,因此水系统采用两管制异程式水系统,每个末端的回水管上设置比例式电动两通阀调节水量,主机侧设置压差旁通系统,系统定压采用设在顶层新风机房内的闭式膨胀水箱定压。

各个楼的室外主机配置见表20。

表20　各楼室外主机配置

楼　　号	变频多联室外机数量	变频多联室外机总容量(kW)	风冷热泵机组制冷量(TON)
技术中心	8	148	80
服务中心	8	138	40
计算中心	10	131	40
行政主楼	39	696	100×2台

该系统实现了集中处理和送入新风、各房间可分别处理室内负荷的半集中式的空调形式。变冷媒流量空调系统的控制方式,使各个房间之间相互影响较小,各台室内末端机组均设有温控装置以调节机组的运行,室外主机可根据室内负荷变化的要求,采用变频方式调节主机的出力,可以实现对每个房间空调要求的精确控制,达到根据使用要求最大限度地调节冷量、节约能源的目的(见图26)。

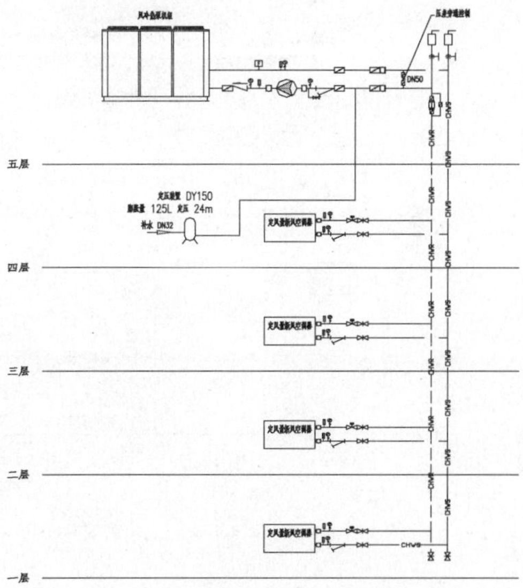

图26　新风系统水系统图

2. 不固定时间运行的集中式冷暖空调系统

在800人的会议中心,采用低风速全空气单风道空调系统,冷暖送风由置于屋顶的屋顶式热泵型空调机组直接提供。2台制冷量110 kW、制热量112 kW的机组负担观众厅负荷,1台制冷量88.4 kW、制热量89.3 kW的机组负担舞台负荷。

观众厅的气流组织为上送侧下回,顶送风口采用自动感温到达距离调整型喷口送风,回风采用侧墙百叶下回风。舞台气流组织为侧送侧回,送风口采用喷口侧送,回风也采用侧墙百叶下回风。

3. 机房专用空调系统

该部分主要是一些实验室、计算机机房和网络机房,"机房专用空调"由恒温恒湿机房专用空调机、送(回)风管、新(排)风管和散布的各种风口配件等组成;空调气流形式采用地板网格散流器下送风口,回风口为均匀布置在顶棚上的回风百叶,恒温恒湿机采用风冷型,室外冷凝器机组均置于屋面通风处。

4. 空调自动控制

变冷媒流量空调系统由厂家配套提供空调监控系统,可以对空调耗能进行系统化控制,智能化管理空调的容量及间歇性运转控制,给室内带来更多的舒适感。系统可以监测室外温度,并且自动调节室内温度,最大程度地避免了室内温度与室外温度的悬殊差别。系统允许用户对最高温度和最低温度进行设定，然后以自动控制的方式保证适宜的室内温度，进而防止了过冷或者过热所造成的不必要的运转。

新风冷热水系统设压差控制器和旁通阀，根据负荷变化引起的供水管与回水管压差变化来控制旁通阀的大小。当空调负荷减小，部分的冷热水供水经过旁通阀流回冷热水回水管，保持供回水总管间一定的压差值。

热泵机组的出力由回水管上的温度计来控制。

(三) 通风系统

1. 机械通风系统(见图 27)

(1) 地下车库、变电所和水泵房均设置机械排风系统，补风均采用自然进风。

(2) 会议室、公共卫生间等均设置机械排风系统。

(3) 技术中心实验室设置机械排风系统。

(4) 实验室内每 1～3 个通风柜设置一个排风机，所有排风机均置于屋顶。通风柜采用自然补偿型通风柜，排风补风采用变风量系统。每个排风系统和相应的补风分支风管上的常闭电动阀门联动开启，并且各个补风分支风管上的电动阀门后设置定风量阀门，控制各个补风支管的补风量。补风机变频控制。这样补风和排风联锁控制，并且直接送到通风柜前，无须加热或者冷却，节省了一次投资和运行费用。

(5) 其余库房、药品柜等的 24 h 值班通风采用独立的排风系统，各个楼层的排风汇集到竖井后由专用的排风机排出。

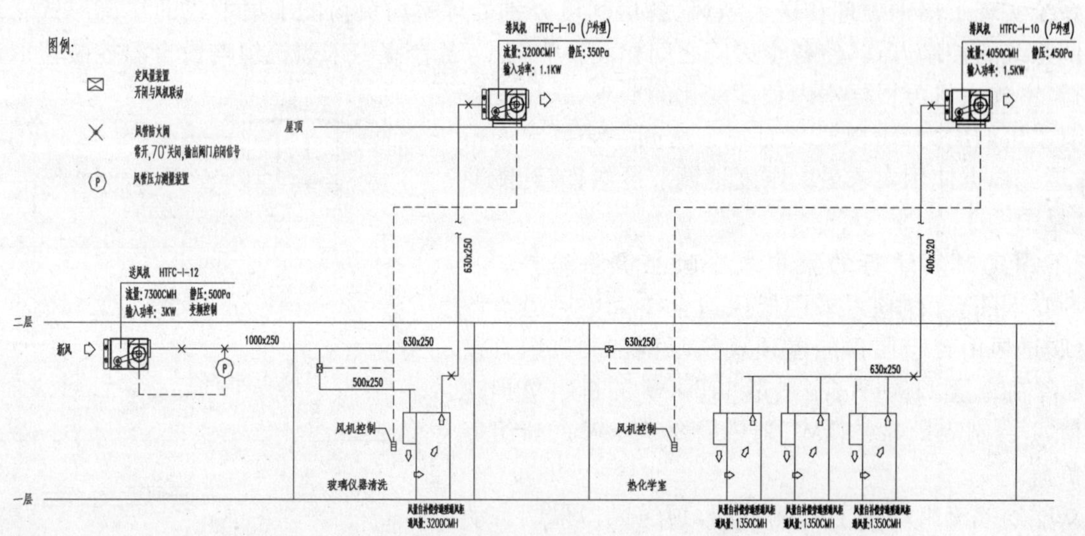

图 27 技术中心典型通风柜排风系统图

2. 自然通风系统

主楼的幕墙采用双层单元呼吸式通风幕墙，内幕墙采用双层中空玻璃，外幕墙为单层玻璃，外幕墙上下有排风口和进风口(见图 28)。

在空调季节，内幕墙关闭，室外新风从外幕墙的下进风口进入，经过内外幕墙间的热通道从上部排风口流出，带走热量，减少太阳辐射热对室内的影响。

在过渡季节，内幕墙开启，室外新风进入室内，经过室内和走廊间的连通风管进入走廊，然后进入 30 m 高的中庭。中庭上部设置自动温感开启窗，被室内负荷加热后的气流由于烟囱效应排出室外，整个大楼形成一个完整的自然通风气流组织形式，在改善室内空气品质的同时，无须专用机械设备，全面降低机械设备初投资和运行费用。

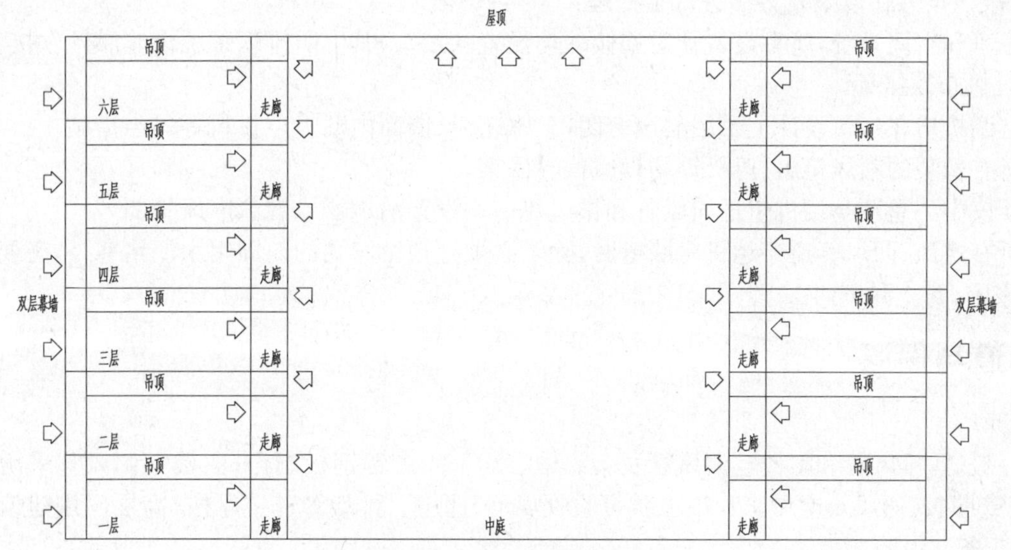

图 28　主楼自然通风示意图

(四) 防排烟系统

1. 防烟系统

主楼防烟楼梯间和合用前室分别设置独立的正压送风系统，在火灾时保证合用前室有 25 Pa、防烟楼梯间有 50 Pa 的正压值。前室每层设置一个常闭送风口，火灾时打开着火层前室送风口；楼梯间每隔 2～3 层设置一个自垂式百叶送风口。正压送风机均设置于屋顶设备层。

会议中心疏散楼梯间采用屋顶自动开启天窗的自然防烟方式。

2. 排烟系统

(1) 主楼内大中庭采用自动开启排烟窗的自然排烟方式，排烟窗面积不小于中庭建筑面积的 2%。

(2) 会议中心观众厅和舞台设置机械排烟、机械补风系统，排烟量按轴对称火灾模型计算，排烟风机和补风风机均设置在屋顶，烟气直接排至室外。

(3) 补风风管与观众厅空调回风风管合用，补风风管和回风风管上均设置电动防火阀，回风风管上的电动防火阀常开，火灾时由消防控制中心在 15 s 内远程关闭；补风风管上的电动防火阀常闭，火灾时由消防控制中心在 15 s 内远程打开，并与补风风机联锁。

(4) 排烟风管和平时排风管合用，排烟风管和平时排风管上分别设置电动排烟防火阀和电动防火阀，排风风管上的电动防火阀常开，火灾时由消防控制中心在 15 s 内远程关闭；排烟风管上的电动排烟防火阀常闭，火灾时由消防控制中心在 15 s 内远程打开，并与排烟风机联锁。

(5) 各个楼内所有周边区办公室等房间利用不小于房间面积 2%的可开启外窗进行自然排烟。

(6) 主楼内与核心筒相邻的部分会议室设置机械排烟系统，排烟按 $60\ m^3/(h \cdot m^2)$ 计算。

(7) 主楼内走道设置机械排烟系统，排烟量按 $60\ m^3/(h \cdot m^2)$ 计算，但排烟量不小于 $13\,000\ m^3/(h \cdot m^2)$。

(8) 地下汽车库设置机械排烟、车道自然补风系统，排烟量按 6 次/h 换气次数计算，排烟系统与平时排风系统合用。

(9) 地下室内超过 20 m 的内走道设置机械排烟系统，排烟量按 $60\ m^3/(h \cdot m^2)$ 计算，但排烟量不小于 $13\,000\ m^3/(h \cdot m^2)$。

(五) 消声隔振

由于该建筑为办公综合楼，加上空调系统空调处理机组安装于各层设备机房内，对噪声和振动控制要求较高，故该设计在以下几方面进行了处理：

(1) 通风和空调系统，所有设备管道连接处均设置软接头，其中防排烟系统设非燃性软接头，通风和空调系统设帆布软接头。

(2) 空调机房在建筑设计上采用隔声密闭门、密闭窗、墙面内贴吸声材料等隔声措施。

(3) 所有吊装的新风机组、风机等均设减振支吊架。

(4) 会议中心屋顶空调机组送回风管和排风机前均设置消声器或者消声风管。

(5) 所有送风、回风管道穿越机房墙壁时，除了必须把预留洞孔的四周用水泥堵塞外，必要时还须用沥青麻丝嵌密，防止漏声。

(六) 管道与保温

1. 风管

(1) 一般送、排风管和附楼空调风管及会议中心均采用镀锌钢板制作；主楼空调风管采用聚氨酯直接风管，其壁厚按《通风与空调工程施工质量验收规范》选用。排烟管道壁厚按《高层民用建筑设计防火规范》8.1.5条文说明选用。

(2) 有保温要求的空调风管保温采用离心玻璃棉板材，厚度取 30 mm，密度为 48 kg/m^3，防潮层采用复合铝箔。

2. 水管

(1) 空调供回水管＞DN100 mm 采用无缝钢管，≤DN100 mm 采用镀锌钢管，补给水管、排水管、溢流管等采用镀锌钢管。冷凝水管采用聚氯乙烯芯层发泡管及其管配件连接。无缝钢管和镀锌钢管均采用法兰或焊接连接。

(2) 冷热水供回水管、冷凝水管、集管、阀门等，均采用橡塑保温材料保温。冷热水管，＜DN50 保温厚度 25 mm，DN50～DN80 保温厚度 30 mm，DN100～DN200 保温厚度 35 mm，＞DN200 保温厚度 40 mm，冷凝水管保温厚度 15 mm。

(3) 水管路系统中的最低点处，配置 DN25 泄水管，并配置相同管径的闸阀或蝶阀，在最高点处配置 DN15 ZP-Ⅱ型自动排气阀。新风空调机排水口处设置水封，并将凝结水排至机房内地漏。

(4) 管道穿越墙壁和楼板，设置钢制套管，套管内径应大于保温层管道外径 30 mm，安装套管，其顶部应高出地面 80 mm，底部应与楼板底面相平，安装在墙壁内的套管与管道之间用非燃性保温材料填实。

德 隆 大 厦

建设单位：德隆国际战略投资有限公司

设计单位：上海泛太建筑设计有限公司

中船第九设计研究院

撰 稿 人：王熙远　瞿　革　吴彩涛

陈立新　林惠纯　孙　斌

石伟良

一、建筑设计

(一) 建设项目的目标和要求、建设规模

该项目为德隆国际战略投资有限公司总部办公楼,要求具备综合办公楼的功能、现代化的设施配置、体现新技术、新材料的特征,其总体布置和建筑外观要服从所在区域的规划要求,即低覆盖率、低容积率、高绿化率要求,与周边环境及建筑相协调的造型,打造新颖、独特、具有时代感的形象(见图1)。

图1　德隆大厦

该项目总建筑面积为21 664 m^2,内容包括办公、活动、会议、餐厅、地下车库等。建筑由5层办公楼、6层办公楼、中庭、多功能厅等组成,建筑高度27.6 m。

(二) 总体安排

基地位于世纪大道、杨高路东北角。在设计中首要问题是协调办公楼与公共开放绿地之间的关系。为此在总平面规划设计中以世纪大道日晷雕塑中心为圆心,划出地块内的公共绿地与办公楼的界面,以该弧线和一反弧线形成办公楼主楼的形态,由反弧线限定东北角办公楼入口广场,两条弧线之间的间隙形成大楼中庭,建筑形态布局是在考虑环境的前提下由外至内自然形成(见图2)。

该项目主要内容有地下停车库,职工餐厅,娱乐、健身设施,展厅,多功能厅,计算机中心,资料室,一般通用型办公室,总经理及副总办公室,会议室及与上述内容相配的设备用房。

面积分配情况是地下2层停车库、净水机房等约5 100 m^2,地下1层餐厅,娱乐、健身设施,资料室,变电所等约2 900 m^2。地上部分办公、会议、展厅、多功能厅等约13 000 m^2。

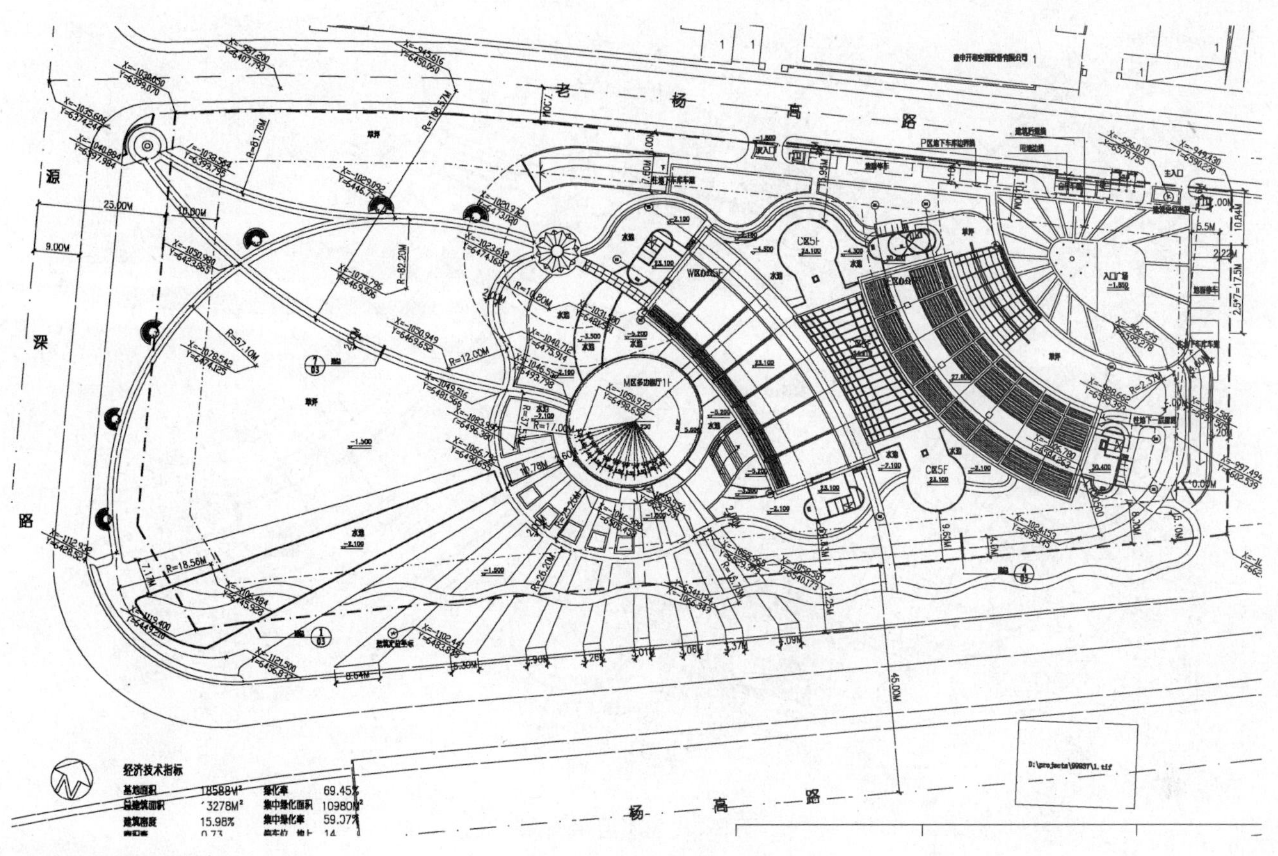

图2 总平面图

(三) 平面设计

该工程为多功能综合办公楼,地下 2 层、地上 6 层。地上部分采用围绕中庭进行平面布局的做法,使整个平面布局有机、紧凑、合理。

1 层以中庭为中心设有门厅、展厅、会议室、接待办公等。多功能厅结合跌落式水池布置(见图 3)。

2~6 层办公室、会议室围绕中庭布置,大部分办公室采用大空间,便于灵活分隔(见图 4)。第 5 层设有领导办公室,地下 1 层设有职工餐厅、娱乐、健身等设施,充分利用景观水池,使地下 1 层与室外直接连通,具有独特的景观效果。地下 2 层为停车库、壁球房和部分设备用房。停车库处于两个不同标高上,通过坡道相连,电梯下到地下 2 层,员工停完车后可直接上办公层。地下 1 层有餐厅、厨房、娱乐中心、健身房、档案室和部分设备用房。厨房设专用坡道与室外相通,与其他部分完全分开,厨房内流程合理,满足卫生防疫要求,为防止餐厅气味对上面的影响,餐厅通向 1 层处均设有两道门,以满足高标准的使用要求。

在平面设计中室内空间组织是非常重要的。该设计利用不同标高、大小空间的有机组合和相互渗透,创造出令人神往的视觉效果,给人以明亮、开敞的感觉,有良好的通透性和层次感,与周围不同标高的水池、铺地、台阶等组成高低错落的空间形态,其景观效果别具一格。

(四) 内部空间组织和环境设计

该工程以中庭为中心,围绕它布置各种用房,从主入口往里,经过门厅后进入中庭,给人以明亮、开敞的感觉,展览区与中庭连成一体,也可根据需要灵活划分,创造出可以自由变换的空间,2~6 层围绕中

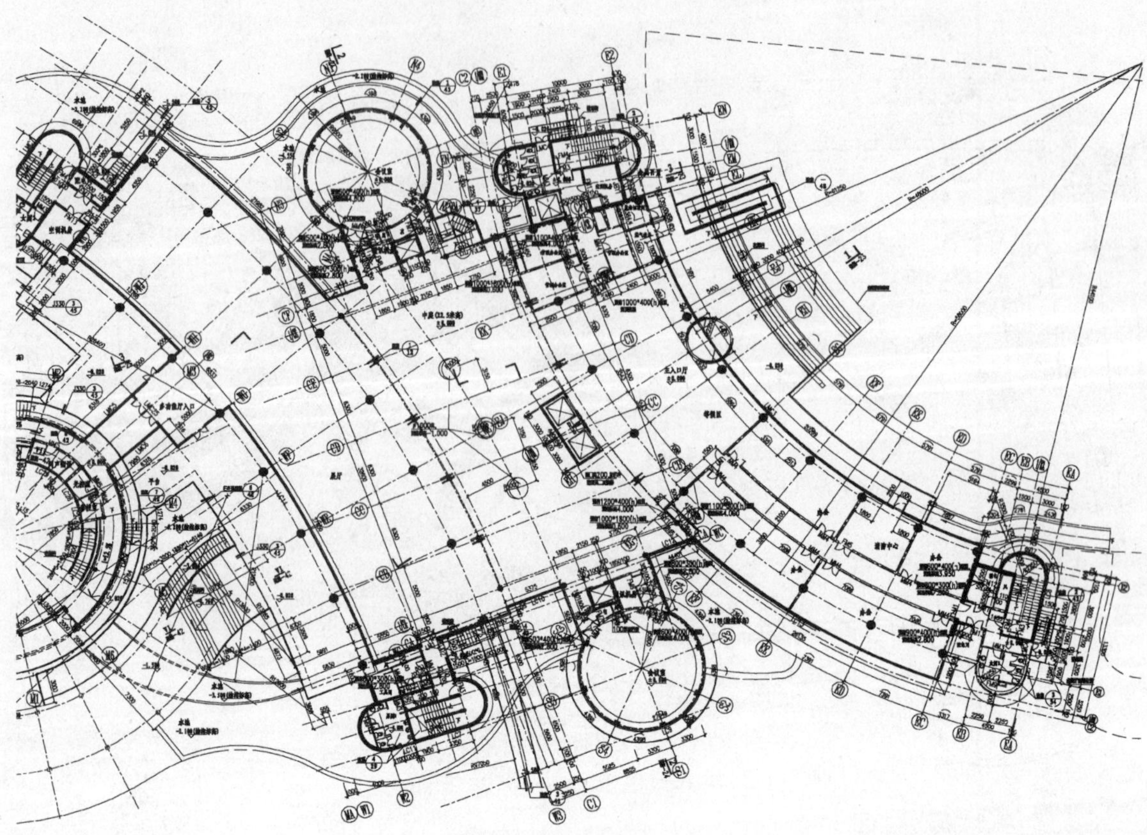

图3 E区1层平面图

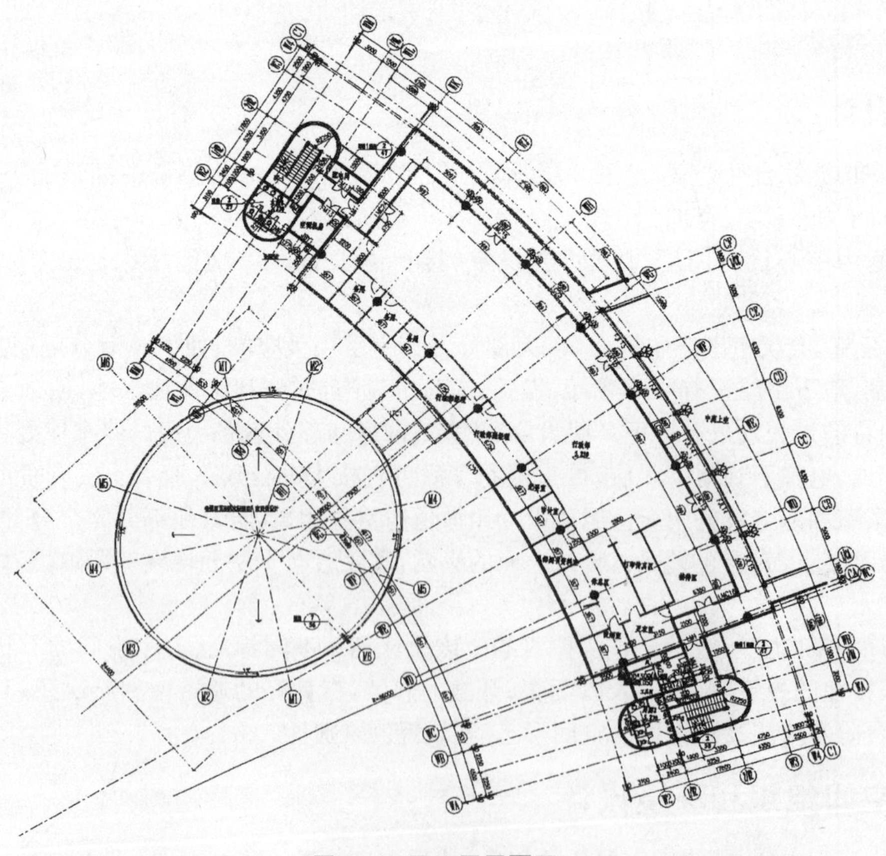

图4 W区2层平面图

庭设置办公和会议区域，通过大面积的玻璃使办公室和中庭空间相互渗透，增加了通透感和层次感。多功能厅的标高低于室内 1 m，与周围不同标高的水池、铺地、台阶等组成高低错落的空间层次。利用景观水池，在地下 1 层的某些部分开窗、门并设置平台，从室内向外可以看到跌落的水池，其景观效果别具一格。

水平与竖向交通组织，大楼设有一个主要出入口，进入建筑后直对着中庭的 2 部观光电梯，人员主要通过观光电梯到达上部各层和地下餐厅、车库等。在 2 个圆形会议室的前部各设有 1 部客梯，作为观光梯的补充，另外还设有 1 部专用货梯，并设有单独出入口，疏散楼梯设在 2 条办公楼的端头，共有 4 个。根据整个楼内 200 人办公的情况，电梯和楼梯的设置完全满足疏散要求。

在水平交通方面，环绕中庭设走道，走道是环通的，通过它可以非常方便地到达该层的任何部位。多功能厅有通道和主楼相连，使用方便，地下车库流线明确，布置合理。

由于该工程特殊的地理位置，其景观设计除考虑地块自身因素外还必须重视周围环境，只有做到这一点，景观设计才算完美。

根据规划要求，基地两侧为绿地，以便与世纪广场等周边环境一致，因此设计中充分体现这一点。为了与周边道路有适当的区分，设计中在西边靠用地边线处做了水池、构架等，形成适度分隔的空间；另外由于建筑体形较为复杂以及功能上的要求，在设计中沿建筑周边的某些部位做了落差式景观水池，一方面使建筑与周围环境更加有机地结合起来；另一方面为部分地下室提供了开窗的机会，得到了享受层次丰富的室外空间的可能。

结合建筑和景观水池及绿化，设有各种形式的铺地，并有联系不同标高的平台和踏步。所有这些处理结合在一起，使室外空间具有强烈的动态、优美的形态、丰富的层次和典雅的造型，体现了其高品位的艺术风格和时代气息，创造了一种与城市大环境协调的气氛(见图 5)。

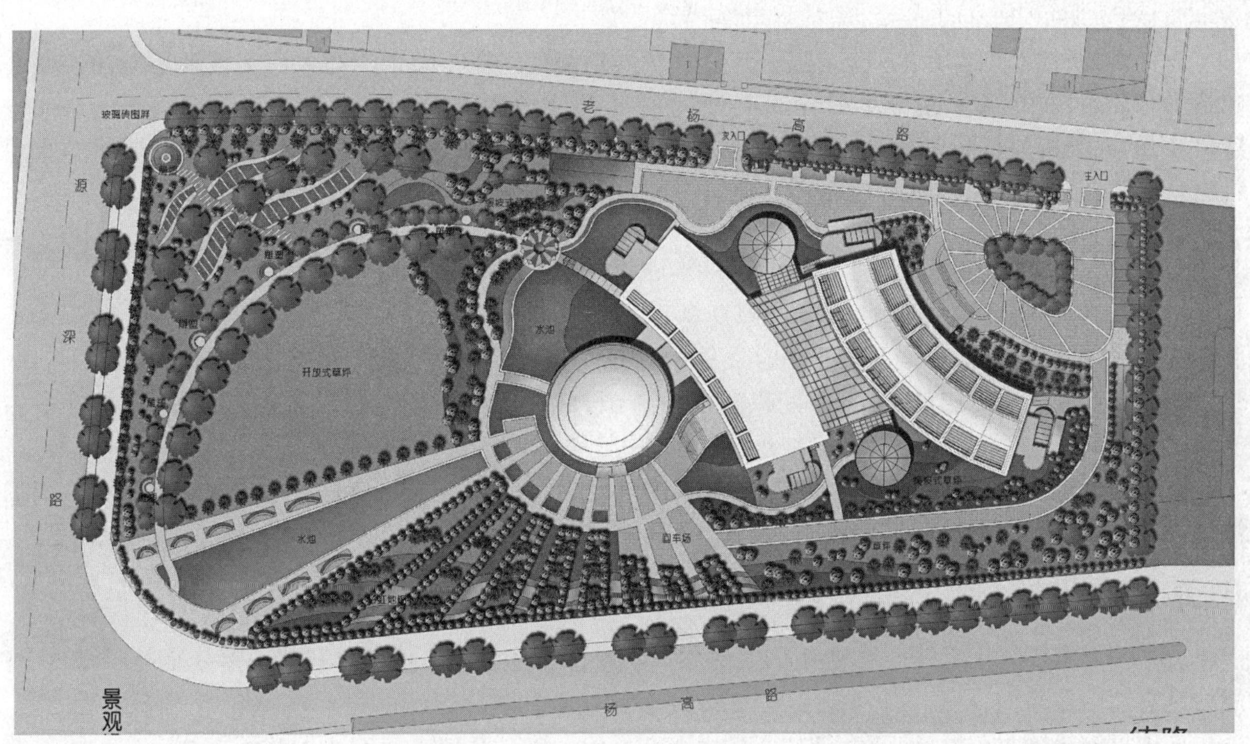

图 5　景观设计方案

(五) 立面设计

大厦体型设计活泼、新颖，高低错落、多层次、多变化和生动的造型，犹如一个大型雕塑。人们从不同视点所看到的建筑形象各不相同，但又极富连续性。整个建筑与环境的良好结合，使它成为区域中一个明显的亮点，从杨高路世纪广场的一侧看效果最好(见图6)。

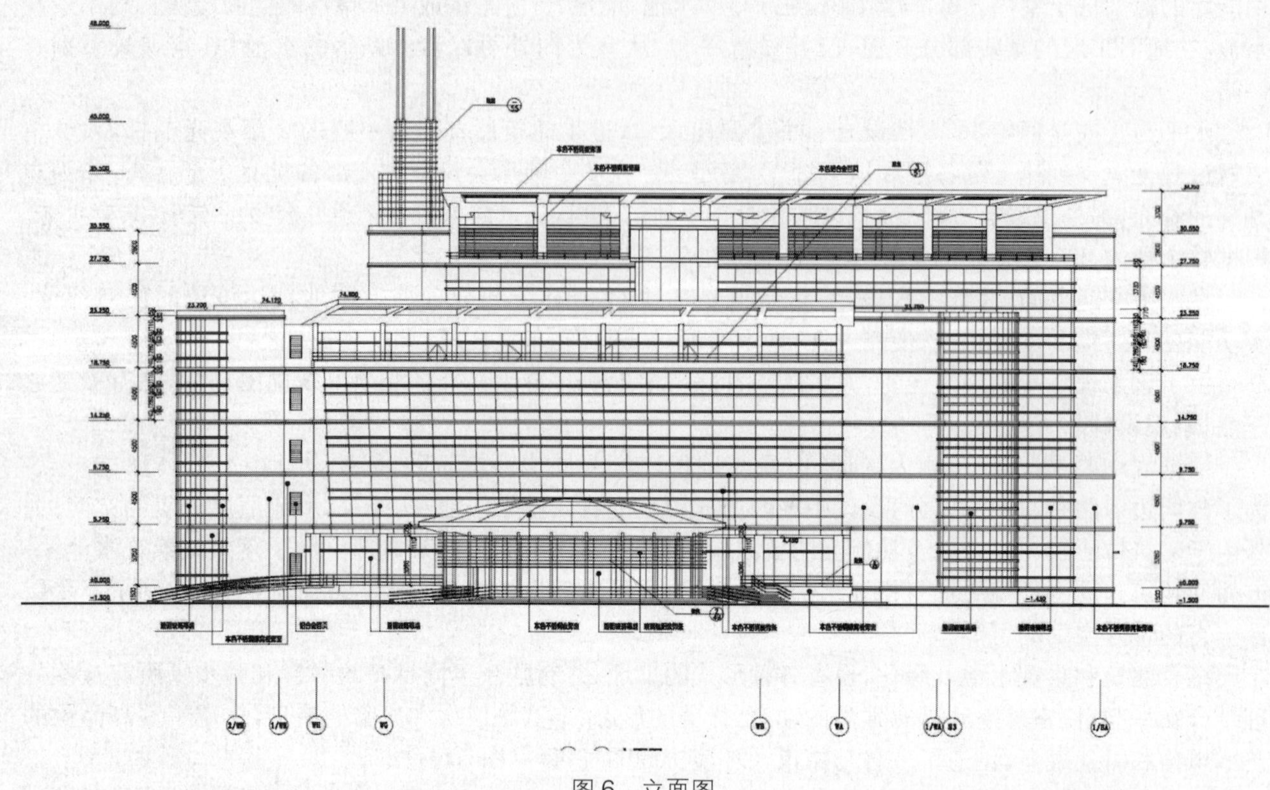

图6 立面图

新材料、新技术的运用进一步增强了建筑设计的超前性。轻巧的结构和大面积玻璃幕墙的使用使建筑形态轻盈、通透，精致的细部处理如雨棚、楼梯等部位，使建筑更加经久耐看。配合理想的灯光设计，夜间的大厦将显得更加美丽，充满动感、精致典雅、层次丰富。通透明亮是大厦外观设计的重要特色。

(六) 围护及节能

考虑到该工程用了大面玻璃幕墙，因此外围护结构的节能是必须要考虑的。虽然大厦设计时我国还没有有关的规范出台，但设计时还是充分重视了这一点。通过采用带热断桥的铝合金框料、低辐射镀膜中空玻璃的使用，并配以适当的遮阳，使外墙的综合传热系数小于2，这在当时是相当节能的。

屋顶的保温隔热也是要充分考虑的，同时利用中庭组织气流，使之形成一种自然的空气流动，带走热量，使空气清新，这也是节能的重要手法。

(七) 消防设计

总平面设有围绕建筑三个面的消防道，并设有尽端回车场。由于该项目只有一部分是高层，故在高层处设有消防登高面。

该项目的等级为二级，建筑类别为二类，不超过32 m，故在办公部分的4个端部设有4个封闭疏散楼梯，其疏散距离和宽度满足规范要求。

防火分区划分为地下车库分为3个防火分区。地下1层为4个防火分区，1层分为3个防火分区，2～5层分为3个防火分区，6层1个防火分区，每个防火分区的面积均符合规范要求。

地下2层为停车库，设自动喷淋灭火系统，分为3个防火分区，每个防火分区面积小于2 000 m²。地下1层为餐厅、厨房、娱乐、档案、设备用房等，设自动喷淋灭火系统，分为4个防火分区，每个防火分区面积小于 1 000 m^2。1 层为中庭、展厅、门厅、办公等，设自动喷淋灭火系统，分为 3 个防火分区，其中中庭部分防火分区包括 1～5 层环绕中庭的走道，圆型会议室等，面积约为 3 700 m^2。2～6 层为办公，设自动喷淋灭火系统，每条办公楼每层为 1 个防火分区，层间防火分隔用耐火极限大于 5 小时的防火玻璃，高度大于 1 m。

以上防火分区的设置面积基本满足消防规范的要求，防火分区之间用防火墙或防火卷闸分隔。

(八) 环保设计

该项目地下车库排烟通过井道至屋顶排放，厨房油烟也通过井道至屋顶排放。厨房设有隔油池，厨房污水通过隔油池处理后再进行排放，景观水池设有水处理设备。

(九) 技术经济指标

主要经济技术指标见表 1。

表 1　主要经济技术指标

项目		指标
总用地面积		18 588 m^2
总建筑面积		21 644 m^2
其　中	地上建筑面积	13 628 m^2
	地下建筑面积	8 037 m^2
容积率		0.74
建筑高度		29.1 m
建筑占地面积		3 143 m^2
建筑覆盖率		16.9%
绿化面积		12 370 m^2
绿化率		66.55%
集中绿地面积		10 752 m^2
集中绿地率		57.84%
道路广场面积		3 075 m^2
道路广场率		16.55%
非机动车停车位		30 个
机动车停车位		112 个
其　中	地　上	16 个
	地　下	96 个

二、结 构 设 计

(一) 结构布置

主楼地下 2 层，地上 6 层，结构采用现浇钢筋混凝土框架剪力墙结构，基础采用桩＋筏板基础。

多功能厅为地上1层，采用现浇钢筋混凝土框架结构，基础采用桩基＋柱下独立承台＋拉梁的基础形式。

地下车库为1层地下框架结构，与主楼地下1层通过人行通道连接，基础采用桩＋筏板基础。

(二) 基础设计

由于几个单体之间高度相差较大，该工程采用了三种桩型。300 mm×300 mm×20 m的桩，该部分桩位于地下车库以及水池处。主楼因为高度较大，采用的是400 mm×400 mm×24 m的桩，桩基持力层为⑦$_{1a}$层，该层为草黄色砂质粉土，该层土的物理力学性质较好，P_s值较大，是该工程理想的桩基持力层，经过计算，该工程沉降量极小，小于20 mm，对于该工程的结构没有不利影响，主楼地下为两层，长度较长，为65 m左右，底板体积较大，故需要设置后浇带，由于底板的形状很不规则，不可能将后浇带设置成一条直线后浇带，经过设计人员的反复研究，并结合现场施工情况，最后决定设置两条后浇带。经过几年的使用，主楼实际沉降量不超过10 mm。多功能厅采用桩下独立承台的基础形式，承台与承台之间通过拉梁连接。

(三) 主楼结构设计

1. 主楼结构布置

主楼造型复杂，是两个扇形通过连廊连在一起，中间是薄弱层(见图7)。主楼中间为32 m×55 m的中庭，中庭直到屋顶，上部为空间网架结构。由于中庭的存在造成两侧跨度分别为12 m和10 m的大跨度单跨框架，如果采用框架结构，角部的楼梯间位移超过规范限制，因此，将四角的楼梯间及观光电梯间做成剪力墙，层间位移均满足规范要求。同时在中庭四角薄弱处设置厚板以减轻地震力的破坏，以增强该部位的强度，事实证明，效果和使用情况良好。

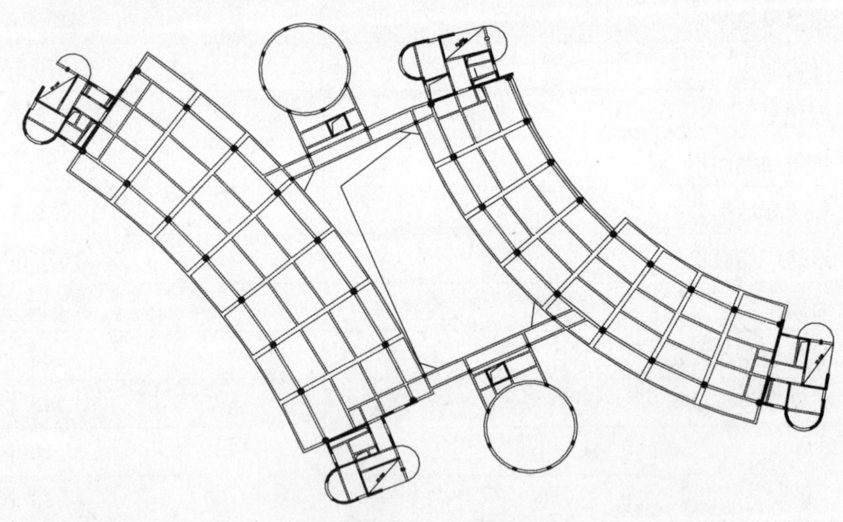

图7 主楼结构

2. 主楼预应力设计

仅取一榀12 m的框架进行说明，计算软件采用PKPM系列的PREC预应力程序计算软件进行计算。

梁断面取为600 mm×650 mm，非预应力筋采用SATWE计算结果进行配筋，预应力采用全封闭预应力体系，预应力大梁混凝土强度为C40，锚具封头混凝土标号为C45，预应力钢筋采用270级(美标：ASTM A416)高强低松弛钢绞线，预应力筋孔道采用专利产品：VSL PT—PLUS®塑料波纹管成型，3层预应力大梁预应力筋的曲线布置图如图8所示。

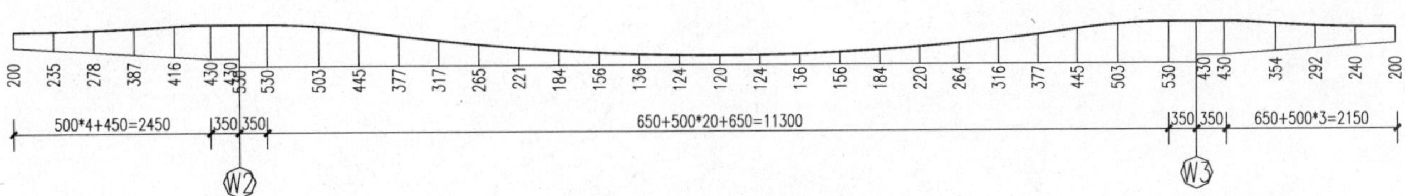

图 8 预应力大梁预应力筋的曲线布置图

锚具与波纹管连接部位采用 VSL PT—PLUS®塑料喇叭管，锚具外采用 CS 型塑料保护盖帽封闭保护，固定端采用 VSL—P 型锚具，张拉端采用 VSL CS—PLUS 型锚具，锚具埋入梁端，梁端截面适当放为喇叭口，满足建筑的外形要求，另外对孔道灌浆等已提出了相应的要求，张拉端节点结构如图 9 所示。

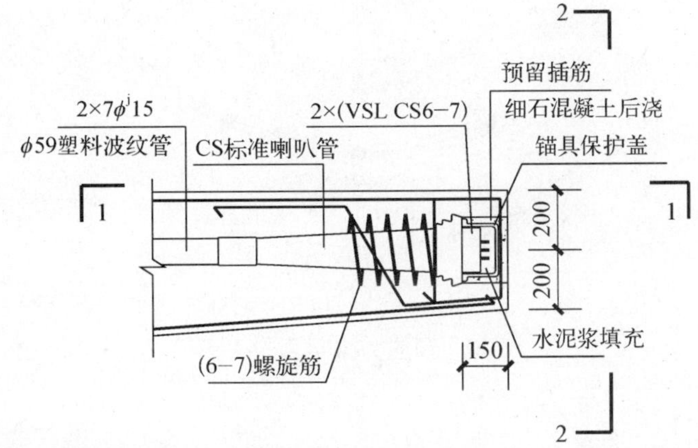

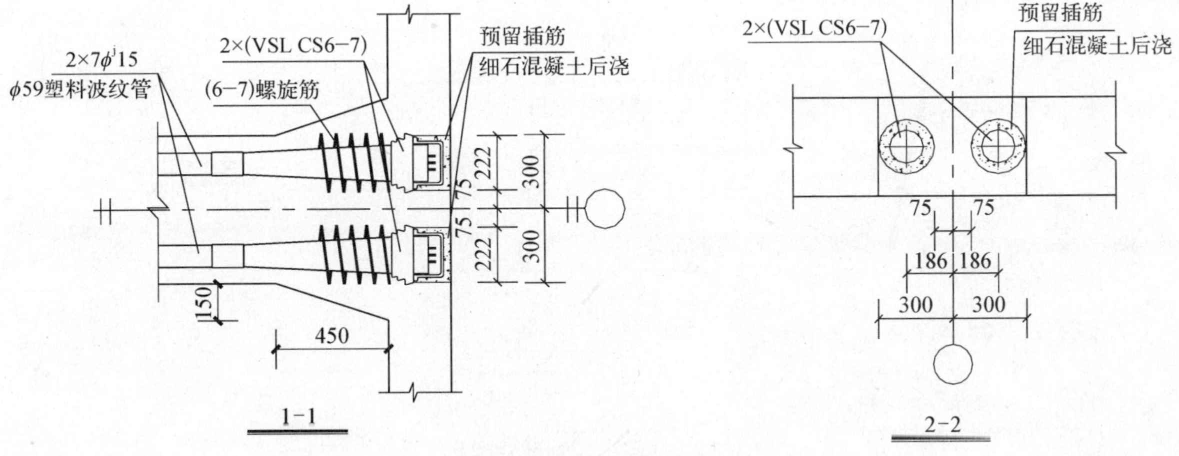

图 9 悬挑梁张拉端节点详图

(四) 多功能厅结构设计

多功能厅屋顶为椭圆形，柱网长轴为 20 m，短轴为 18 m，中间无柱，在椭圆中间设置了长轴为 8 m、短轴为 6 m 的椭圆形环梁，中间为 180 mm 厚板，外圈为放射状钢筋混凝土梁，由于整个椭圆形屋顶起拱，故水平力较大，在柱网处轴线设置预应力环梁，形成很好的空间结构，屋盖结构布置如图 10 所示。

环梁的张拉端做法如图 11 所示。

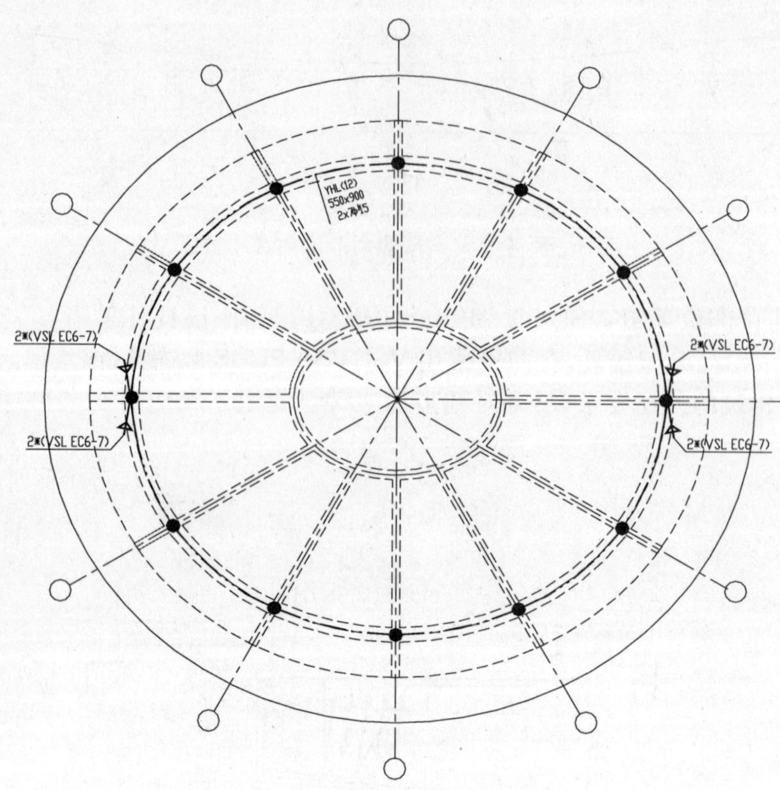

图10　预应力梁平面布置图

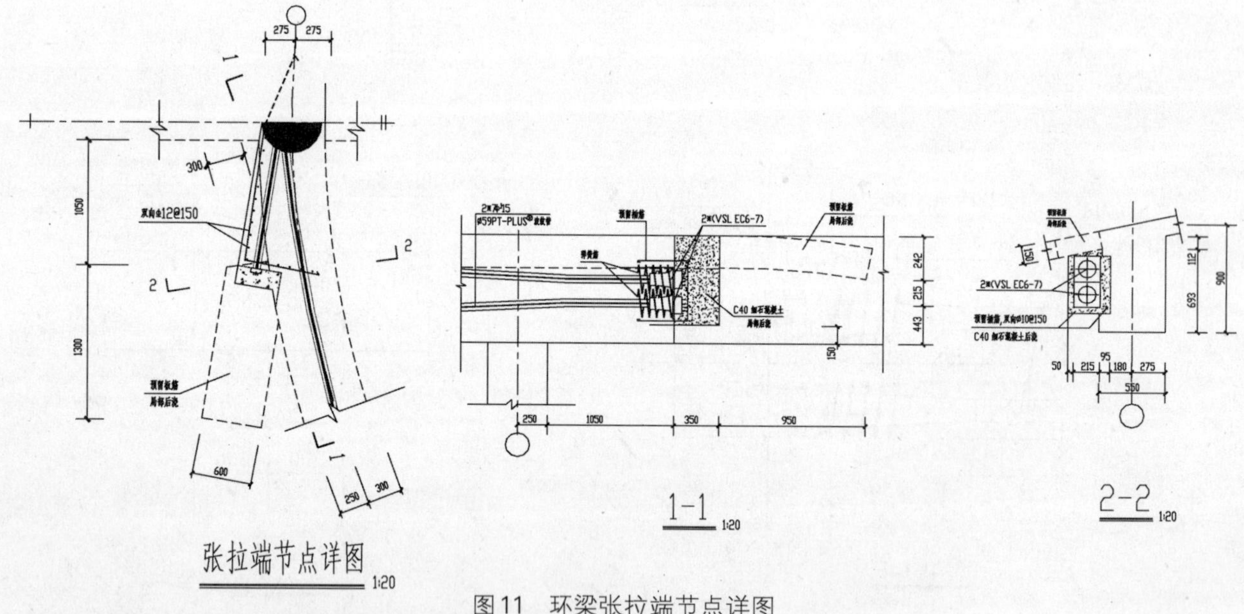

图11　环梁张拉端节点详图

三、给排水设计

(一) 概况

该建筑为高级办公楼，其中W区为5层，E区为6层，C区为5层中庭。设有2层地下室，地下1层为厨房餐厅等辅助用房，地下2层为车库、泵房。建筑总高27.60 m，大厦为业主集团公司自用，使用人数500人。

1. 给水系统(见图12)

市政给水：生活用水DN80水表，一路供水；消防用水DN200水表，两路供水。

2. 排水系统

室内1～6层污废分流，地下1层污废合流由污水泵提升。雨水直接排放，部分雨水管预埋在混凝土圆柱中。水景系统：负责下沉式阶梯水景池的循环过滤和雨水外排稳定水位。

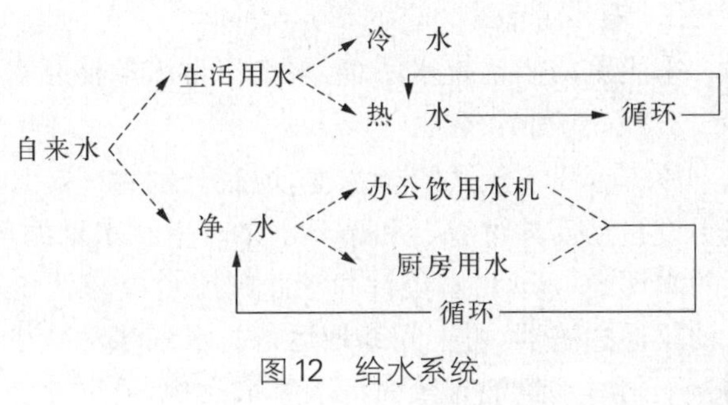

图12　给水系统

3. 消防

按二类高层建筑设计、室外消防20 L/s，室内消防20 L/s。喷淋26 L/s，设3套湿式报警阀组。

(二) 自来水给水系统

由市政接入DN80水表后一路DN50直供绿化用水，另一路DN50供给地下2层不锈钢水箱生活泵50DL×4型，一用一备，提升至6层屋顶水箱 $V=22.5\ m^3$(含18 m^3消防水量)。大厦自来水供水设DN70屋顶总管上行下给至地下1层(ST-1～4等4个卫生间)。地下1、2层包括净水站水源，水景补水，车库供水由市政水压直接供给。

(三) 净水系统

使用范围为厕所内洗脸盆、淋浴室，厨房，办公室饮用等与人体接触或直接间接饮用的场合。日供水量20.5 m^3/d，最大时供水量8.4 m^3/h，供水压力 $P=0.45$ MPa。

净水装置由专业公司提供，采用纳滤加臭氧净水工艺。

净水站所需水源、电源、面积、排水设施、机房化验、更衣均已考虑。

净水站应采用变频恒压供水技术，保证出口压力 $P=0.57$ MPa，流量 $Q=8.4\ m^3/h$。

循环水直接进净水站，由净水站负责接受，进行再消毒或加压处理。循环采用全循环，平衡同程式系统。每天循环3次，每次20分钟，分别为6:00，13:00，22:00，循环量为管道体积的1.5倍，以达到保鲜要求。

净水水质按CL94-1999净水标准提供全系统的保证。

(四) 热水系统

使用范围为厕所洗脸盆、淋浴，厨房洗涤。日用水量8.58 m^3/d，最大时用水量3.66 m^3/h，秒流量4.53 L/s(45℃)。

热水系统按每天使用10 h计，其余12 h保温，另2 h(上班前)作加热循环，使用时自动循环。供水温度60℃。热水站采用电热锅炉，$N-40$ kW/台，两用，每台设1.5 m^3热水罐，其水源由净水站变频恒压供给。

热水管路及循环采用下行上给串联循环方式。热水总管DN70，循环回水管DN40，热水管系顶部设膨胀罐。

(五) 排水系统

1. 污废水系统

室内1～6层污废分流，设专用气管。地下1层职工卫浴间等采用污废合流直排地下2层污水泵房，单独排出。地下2层分散设隔油集水坑，共11处，每坑设1台潜污泵，地下1层厨房面层抬高0.25 m，设排水明沟，厨房各排水点排至明沟，汇总后总管排入隔油污水泵房，池中废水用泵提升排至室外污水

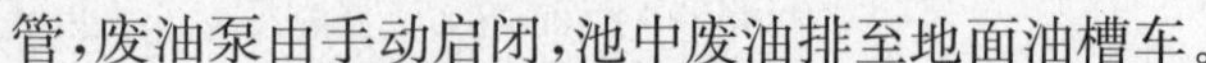

管,废油泵由手动启闭,池中废油排至地面油槽车。

2. 雨水系统

采用重力雨水排水系统,雨水作为水景补充水。

3. 水景排水系统

该工程设下沉式阶梯水池,池底分别为−2.10 m,−3.50 m,−5.10 m,水体总体积450 m^3。水景泵房中设自动反冲过滤器和循环水泵。平时水景循环按3小时过滤一次计算。可手动启停水景泵,3个水池的水深30 cm,由水位计和浮球阀控制,水流形态由堰口形状决定。吸水口设不锈钢网过滤,水泵前设自动反冲过滤器,可不间断地运行。水景池水减少时由自来水补充。水景泵出水管DN200送至水池起端。下雨时水景池有较大汇水集水面积,此时水景泵兼作雨水泵。水泵在不作循环时应使其处于自动状态,由水池水位控制启停。水泵出水管的近点排放电磁阀自动开启,就近向外排放雨水。水景泵2台,采用立式污水泵150twp-410Ⅲ,Q=200 m^3/h,H=11.5 m,N=11 kW,互为备用。大雨时开2台,−4.75 m开1台,−4.70 m再开1台。水景泵房总排水量Q=400 m^3/h。

(六)消防系统

水源DN200两路,分别来自杨高路和老杨高路。

1. 室内消火栓系统

室内消防水量20 L/s。地下2层水泵房内设消火栓泵2台,一用一备,直接从给水总管抽取,型号为XBD20-50-TB,Q=20 L/s,H=50 m,N=18.5 kW。由于屋顶水箱未达到规定高度,本系统另设稳定装置,型号为XW-0.44/18-80,Q=5 L/s,H=44 m。该系统在室内形成环网,管径均为DN100,共设7根立管。消火栓均为单栓带4个3 kg装干粉灭火器立柜箱,并设启动按钮。该系统在室外设2套消防水泵接合器,屋顶设试验消火栓1个。地下2层~2层消火栓设减压孔板。

2. 自动喷水灭火系统

1、2层水泵房内设喷淋泵2台,一用一备,直接从给水总管上抽水加压,型号为XBD30-70-TB,Q=26 L/s,H=70 m,N=37 kW,另设稳压装置XW-0.40/3.6-80型,Q=1 L/s,H=40 m,N=1.1 kW。喷淋系统设3个湿式报警阀组,分别控制地下2层~地下1层、1层~3层、4层~6层。每层设1个水流指示器和2个试验放水阀。喷头一般采用68℃吊顶型和直立型,厨房中采用93℃喷头。地下车库坡道室内部分设喷头并加保温。

该系统在室外设消防水泵接合器4套。

屋顶水箱中储有18 m^3消防初期用水。

3. 灭火器设置

根据规范计算,灭火器与消火栓箱合柜设置,每个消火栓箱下带4具3 kg干粉灭火器。

室内各系统管材及阀门见表2。

表2 室内各系统管材及阀门

管道系统	阀门类型	管 材
自来水	球 阀	PP-R
净 水	球 阀	不锈钢
热 水	球 阀	PP-R
消火栓	蝶 阀	≤DN100,镀锌钢管:丝门连接
		>DN100,镀锌无缝钢管,二次安装;卡箍连接
喷 水	蝶 阀	≤DN100,镀锌钢管:丝门连接
		>DN100,镀锌无缝钢管,二次安装;卡箍连接

续 表

管道系统	阀门类型	管　　材
废　水		立管芯层发泡 UPVC 管,黏接
污　水		立管芯层发泡 UPVC 管,黏接
雨　水		预埋圆柱为镀锌钢管
		明装为 UPVC 排水管
水　景	闸　阀	镀锌无缝钢管,二次安装;卡箍连接

四、电 气 设 计

(一) 强电

1. 供配电

(1) 负荷等级：该工程中安防信号系统电源、消防设备系统电源、通信电源、应急照明及计算机系统电源为一级负荷。生活水泵、普通客梯为二级负荷,其他为三级负荷。

(2) 负荷容量：电气设备安装容量 2 830 kW,其中空调设备 1 013 kW,电力 691 kW,总计算容量 1 964.4 kVA。选用 2 台 1 250 kVA 变压器,变压器负荷率 78%。

(3) 供电电源：采用两路独立的 10 kV 电源供电。两路 10 kV 电源采用电缆埋地引入地下 1 层变配电间。

(4) 高压配电系统：10 kV 高压配电系统为单母线分段。正常运行时两路电源同时供电。

(5) 低压配电系统：配电方式采用放射式与树干式相结合的方式。对于单台容量较大的负荷或重要负荷采用放射式供电。照明为树干式配电,低压母线之间设联络开关。当一段母线检修或事故情况下另 1 台变压器承担一类负荷和部分二类负荷供电低压母线侧采用并联电容无功补偿装置,使高压侧补偿到 0.9 以上。

2. 主要电气设备选择

10 kV 高压开关柜选用中置式开关柜。高压柜为下进下出型,操作电源采用直流 DC220 V。

变压器采用干式变压器,自带外壳,配强迫风冷系统为有效抑制高次谐波干扰,变压器采用 d/Y－11 接线方式。

低压开关柜选用抽屉式,低压柜为上进上出型。

3. 电力配电系统

配电电压为 220 V/38 V 配电系统的接地形式采用 TN－S 系统。冷冻机组、冷冻冷却泵、生活泵、电梯采用放射式供电。新风机等设备采用树干式供电。对重要设备,消防用电设备(消防泵、排烟风机、加压风机、消防电梯等)信息网络设备、消防中心、中央控制室等均采用双回路专用电缆供电。在最末一级配电箱处设双电源自切装置。为保证用电安全,插座电源均设电磁式漏电保护(动作电流≤30 mA)。

主要配电干线沿地下设备层电缆桥架(线槽)引至各电气竖井,支线穿钢管敷设,部分大容量干线采用封闭母线,配电线路在电气竖井,设备层及设备机房内为明敷。在公共部分均为暗敷,吊顶内采用金属线槽或金属管。

4. 照明配电系统

(1) 主要场所照度(见表 3):

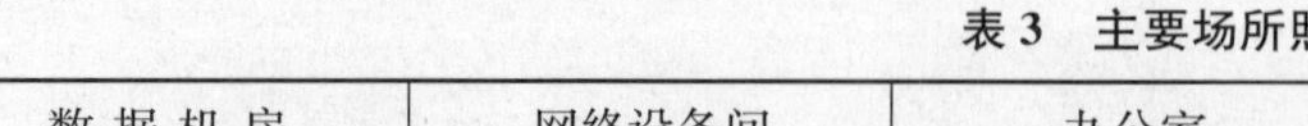
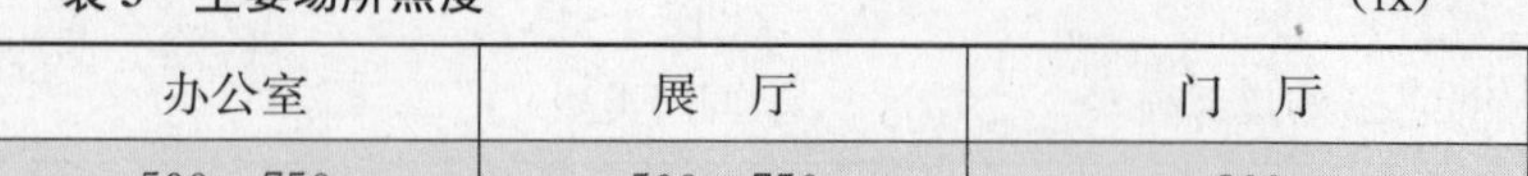

表3 主要场所照度 (lx)

数据机房	网络设备间	办公室	展 厅	门 厅
500～750	500～750	500～750	500～750	300

(2) 光源：该工程主要光源以荧光灯为主。采用电子镇流器，以提高功率因数，减少频闪和噪声。

(3) 办公室：采用限制眩光的嵌入式格栅荧光灯具。选用高纯度铝镜面反射材料，双抛物面，光输出比≥60，配三基色管荧光灯(R_a≥80，色温 4 000 K)。门厅、走道、楼梯间采用电子节能型筒灯(R_a≥70，色温 4 000 K)。

(4) 建筑物立面照明：利用投射光束效果衬托建筑物主体的轮廓。内透光照明：利用办公室临街一侧灯具，满足内透要求。灯具采用功率因数高(0.9 以上)、功耗小、噪声低的日光灯。

(5) 灯光控制：为了便于管理和节约能源，大厅、广场照明、展厅、汽车库等采用智能型照明控制系统。办公区，机房区采用集中控制与分散相结合的方式。内透照明为满足日常开灯的要求，控制方式采用手自动，由 BA 控制系统按规定的时间进行开与关，起到节能效果并可与市景观联网控制。

5. 楼宇设备自动控制系统

该工程楼宇设备自控系统主要实现以下功能：

(1) 程序控制各冷水机组及相关设备的房灯。

(2) 冷冻水、冷却水的进出水温度、压力及旁通阀的开度控制。

(3) 空调机、新风机组的自动控制根据温度与湿度设定值，启停控制功能。

(4) 给排水系统：对给排水系统中的生活泵、排水泵、水池及水箱的液位等进行监控。

(5) 电梯监控：楼宇自动控制系统与电梯系统联网，对这些设备的运行状态进行监测。发生故障时在控制室有声光报警。

(6) 照明系统控制：该工程照明系统控制主要控制室外照明、泛光照明、内透光照明。控制方法采用手/自动，自动开启相关照明并定时关闭。可根据需要进行灵活控制，以满足各种场合的需求，并达到节能目的。

6. 防雷接地系统

该工程按三类防雷系统考虑，在屋顶敷设避雷带，利用建筑物结构柱子内的主筋作引下线，利用结构基础内钢筋作接地装置，防雷接地。变压器中性点接地及电气设备、信息系统等接地共用统一的接地装置，要求接地电阻不大于 1 Ω。

(二) 弱电

1. 设计范围

(1) 火灾报警及联动控制系统。

(2) 综合布线(PDS)系统。

(3) 楼宇自控(BAS)系统。

(4) 安保监控系统。

(5) 电缆电视及卫星接收系统。

(6) 门禁系统。

(7) 公共广播(消防广播)系统。

2. 弱电机房设置

消防、安保监控、门禁及广播合用一控制中心，设于 E 区底层，面积约 30 m^2；

电话机房兼作计算机中心，设于 E 区 2 层，面积约为 140 m^2；

W、C、E 区均设弱电竖井，前两区为地下 1 层至 5 层，E 区为底层至 6 层。

3. 综合布线(PDS)系统

该工程设1台500门的程控交换机，作为大楼的电话系统和计算机网络中心；除站房及部分配套房间外，办公区域按每6 m²设1个信息插孔；

主干电缆采用大对数五类非屏蔽电缆，水平部分采用8芯五类UTP非屏蔽双绞线于架空地板下的金属线槽内敷设；若没有架空地板的则穿金属管沿墙或楼板暗敷。

系统采用星形结构，数据主干线采用多模光纤，语言主干线采用了3类大对数电缆，每层设配线架，支持数据和语言的传输；水平布线采用超5类非屏蔽双绞线，每个工作区设置了2只信息插座，配备了2条4对UTP-5类非屏蔽双绞线缆，管理层办公室采用2芯光纤到桌面，可支持多种语言和计算机终端，适应多变的工作环境，整个干线系统经济、合理。

4. 楼宇自控(BAS)系统

该大楼控制系统具有两个层次，中央监控层及现场数字控制器(DDC)，通过传感器等检测到的信号对监控对象实行自动检测、自动保护、自动故障报警和自动调节。其开关量控制信号输出501点，模拟量控制信号输出20点，开关量反馈输入289点，模拟量反馈20点。

自控系统采用集散式的计算机控制系统，主要控制对象是空调系统，并对给排水系统、电力和照明系统进行监测和控制。DDC控制箱位于各层新风机房、空调机房、变电站及强电竖井，供电方式采用分散就近单独供电，便于维护管理，施工方便，造价也低。各控制箱与DDC控制器之间的信息传递采用有源和无源触点接口输出来实现，保证动作的可靠性。因此BA系统可以实现建筑设备和设施节能高效、可靠安全的运行。

5. 电缆电视及卫星电视系统

该工程于E区设备层屋顶设置1颗卫星天线亚太1号及全频道天线；前端设备置于设备层的电视机房，该机房与所有弱电机房(兼井道)连通。

主干电缆采用SYWV-75-7，从分支器至用户终端的电缆采用SYWV-75-5，有线槽的在线槽内敷设，没有线槽的穿电线管(地下1、2层及屋面穿GG20镀锌钢管)沿墙或楼板(屋面)暗敷。

该设计考虑通过地面金属线槽敷线至各终端，终端的设置按每50 m²设1个。

6. 火灾报警及联动控制系统、公共广播、安保监控系统

火灾报警系统按一级保护对象设计，消防安保控制中心设在1层，该中心与所有弱电机房(兼井道)贯通。

火灾报警系统对防火卷帘门、防排烟系统、电梯等设备进行监控，一旦发生火警并确认后，开启消防泵、喷淋泵、正压送风、排烟风机，切断着火层及相邻层的非消防电源，电梯迫降至1层，并接收反馈信号，打开着火层及相邻层的紧急广播。

消防控制中心设专线电话，可直接与消防部门联系，各层的手动报警按钮上设电话插孔，可与消防控制中心联系。

该工程设置背景音响广播，背景音响扬声器与紧急广播扬声器共用，平时播放背景音乐，一旦发生火警并确认后，由消防控制中心分层强行切换到紧急广播系统；公共广播系统中的各类扬声器同相位连接，广播线采用NHBV-3x1.0穿电线管MT20(地下1、2层及屋面均穿SC20镀锌钢管)在吊顶内敷设，没有吊顶的沿墙或楼板暗敷。

主要出入口、通道、电梯轿厢等处安装彩色或黑白摄像机；在重要部门及夜间不应有人员出入的区域安装紧急按钮及红外报警器，防止非法闯入；摄像机所需的电源线及视频电缆在同一金属线槽内，敷设时加隔板分隔，避免干扰。

7. 门禁系统

门禁控制系统主要包括读卡器、出门按钮、电磁门锁及门禁控制器等，可对所有持卡者进行分级管理。

该系统通过通讯网与BA系统进行连接，其主要优点是便于管理，调整进出权限，了解使用情况。

8. 弱电接地部分

弱电设备接地与强电共用同一接地体，接地电阻不大于1 Ω。

计算机房、消防控制中心及弱电机房井道等设专用接地干线，并设专用接地板。

五、暖通设计

(一) 室内设计参数

1. 室内设计参数(见表4)

表4 室内设计参数

房间名称	夏季		冬季		新风量 [m³/(h·人)]	人员密度 (m²/人)
	温度(℃)	相对湿度(%)	温度(℃)	相对湿度(%)		
办公室	24～26		18～22	>40	30	8
会议室	24～26		18～22	>40	20	1.8
健身房	24～28		18～22	>40	50	7
餐　厅	24～26		18～22	>40	20	1.8
计算机房	(23～24)±1	60±10	(23～24)±1	60±10		

2. 通风换气次数(见表5)

表5 通风换气次数 (次/h)

卫生间	变配电所	水泵房	地下汽车库	厨　房
10	≥15(按消除余热计算)	6	6	40

(二) 空调设计

1. 冷热负荷

大厦空调总面积12 700 m²，夏季空调总冷负荷为2 608 kW，冬季空调总热负荷为1 422 kW。

2. 冷热源

(1) 计算机房采用机房专用精密分体式空调机。

(2) 电梯机房采用分体式单冷空调机。消防控制室以及值班室的空调，均采用分体式热泵型空调机。

(3) 大厦采用中央空调，系统总冷负荷为2 556 kW，总热负荷为1 405 kW，选用4台风冷螺杆式热泵机组，型号为RHU190AX，单台制冷量660 kW，制热量690 kW，机组夏季供回水温度7/12℃，冬季供回水温度45/40℃，选用5台空调水泵，其中1台备用，每台水泵循环水量125 m³/h，扬程32 m。热泵机组及空调水泵均设置在六层办公室屋顶上。

3. 空调水系统

大厦水系统采用二管制同程系统，两栋楼的供水管在地下1层分接，回水管在5层合接。一次泵循环运行。水箱采用闭式定压罐，设于6层屋顶。

为了空调水系统的正常运行，防止结垢、锈蚀、生物生长，在每台热泵机组进水管上设电子除垢仪，在水泵入口及空调末端装置供水入口处设Y型水过滤器。

4. 空调风系统

1层多功能厅、大堂及地下1层酒吧采用全空气空调系统，卧式变风量空调器分别设置于地下1层空调机房内。新风由外墙直接引入，与回风混合后经空调器集中处理再送至空调房间。气流组织形式为散流器顶送或百叶侧送，单层百叶风口顶回。

其余房间室内空调设备采用吊装小型卧式变风量空调器或风机盘管，便于室温独立控制。气流组织形式为散流器顶送，单层百叶风口顶回。新风经竖井由屋面引入各层新风机房，经新风机冷或热处理后送至各空调房间。另在新风系统上设置高压喷雾装置，使冬季供暖时室内保持一定的相对湿度，以提高室内空气品质及舒适度。小型卧式变风量空调器大部分吊装在走道上。

(三) 通风设计

1. 地下2层汽车库通风设计

为排除车库内废气，地下1层采用机械排风，车道自然进风的通风方式，通风换气次数 $n=6$ 次/h。考虑到现已普遍使用无铅汽油，热烟气向上，排风口全部上部设置。车库排风末端由竖井高处(>2.5 m)排放。车库排风系统兼排烟系统。风机设置于风机房内。

2. 地下设备房通风

地下2层水泵房采用机械排风，车库自然进风。地下1层变配电所采用机械排风、机械送风。排风直接排出外墙，进风由外墙直接引入。

3. 地下厨房通风

地下1层厨房设机械排风、机械进风。排风由排油烟罩通过设在屋顶的排风机，经过油烟净化器净化后排放。

4. 室内通风

为改善室内空气品质，各空调房间均设有排风口，每层两端各设置一个机械排风系统，并使室内保持一定的正压。房间排风经竖井由设在屋面的排风机排出屋顶。

无外窗卫生间设排风系统，由吊顶式排气扇用软管接至排风井后排出屋面。

(四) 消防设计

(1) 地下2层车库部分，分别设置机械排烟系统，车道及竖井自然进风。
(2) 大厦1～6层及地下1层部分，建筑专业在外墙上设置可开启外窗，采用自然排烟方式。
(3) 中庭部分，建筑专业在中庭上方设置可开启外窗，采用自然排烟方式。
(4) 地下1层内走廊长度大于20 m及地下1层厨房分别设置机械排烟系统。
(5) 地下水泵房进、排风口处设70℃防火阀。
(6) 风管穿越防火分区的隔墙处设70℃防火调节阀。
(7) 风管穿越空调机房隔墙和楼板处设70℃防火调节阀。
(8) 在与穿楼层主风道相接的水平支风道上设70℃防火调节阀。
(9) 管道和设备的保温材料，消声材料及其黏结剂采用不燃性材料或难燃烧材料。

(五) 环境保护

(1) 热泵机组、空调水泵、变风量空调器及通风机均选用低噪声型产品。
(2) 变风量空调器、风机进出口设非燃性软接头。
(3) 空调风管采用消声型的"超级"风管；风机进出口设消声装置。
(4) 热泵机组、空调水泵、变风量空调器供回水管接管处设橡胶挠性软接头。
(5) 风机盘管供回水接管处设铜接头。
(6) 热泵机组、空调水泵基础上设隔振装置。

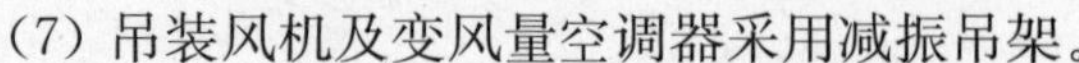

（7）吊装风机及变风量空调器采用减振吊架。

（六）节能与自控

（1）热泵机组选用能效比高的产品。

（2）空调水泵、变风量空调器、通风机选用效率高、能耗小的产品。

（3）空调水管采用塑钢管，解决了以往采用无缝钢管与镀锌钢管容易结垢，造成热效率下降，及需要定期清洗管道增加维护保养费用的问题，实际上提高了热效率，一定程度上节约了能源，降低了平时维护保养费用。

（4）热泵机组供回水总管采用压差旁通装置，控制旁通流量比例，使机组流量恒定，实现节能运行台数控制。

（5）风机盘管采用带温控器三速开关，根据房间温度分别控制回水管上的电动开关阀及风机。

（6）空调器设电动二通阀和温度传感器，根据回风温度利用空调机组回水管上的电动比例调节阀实现室温控制。对食堂及多功能厅所设计的空气处理机组的电机进行变频控制，当室内负荷改变时，通过回风温度来调节电动调节阀与变频器，使之达到室温要求，节能效果显著。

（7）防排烟系统的设备与阀门、风口由消防控制室管理及控制。

（8）整幢大厦实行智能化管理，空调通风系统均纳入楼宇自动化(BA)系统。

上海证大商城

建设单位：上海商诚发展有限公司

设计单位：华东建筑设计研究院有限公司

施工单位：江苏苏中建设集团股份有限公司

撰 稿 人：陆文妹　柳惠玲　於红芳

田建强　周　钟　裴　俊

一、建筑设计

(一) 总体布局

证大商城位于社区商业、交通、文化的十字路口，东西贯穿的轴线连接罗丹广场和教堂地块，南北隐含的轴线对位证大水清木华园。18 层酒店设置在地块的东南角，主入口与水清木华园遥相呼应。酒店南向客房借景水清木华中心景观，北部客房俯瞰整个商业中心，成为商业地块的制高点。两大主题性卖场占据地块南北两侧，周边分别以主题性商业街围绕，形成开放式的商业圈（见图 1 和图 2）。

图1　证大商城

在竖向布置上，室内外缓坡无台阶式的设计为商业中心带来极大的便捷，显示浓浓的人情味。在垂直布局上，地下 1 层设有超市和地下商业步行街及出租车站（见图 3）。通过大型地下停车库与地面各区相连。酒店区的停车库与商场区停车库可分可合，相互联系。利用电梯和自动扶梯，人流由地下层被引导至不同层面的商业目标点。地面 1 层沿街面和沿广场面尽可能用来做商业面，并控制店铺的进深（多种不同进深的商铺满足不同商业性质的需求），提高商铺的价值，消除商业死角（见图 4）。紧靠东侧的规划道路为后勤交通服务区，设置 3 个卸货服务区，分别通过后勤走道和垂直货梯将货物分流至各区域，整个商场客货分流。商场的 2 层及 2 层以上为目标性消费区（见图 5）。

(二) 设计理念

追求一系列人文化的商业空间，将上海城市的精华、片断（如空间上的广场、街道、里弄；材质上的砖、石、木、钢等）萃取，浓缩入该方案。将商场室外化、中庭广场化，创造不同于一般室内商业建筑的外向型购物、娱乐综合体。金融、美食、休闲、购物四条主题性步行街与多个小型广场曲折相连。4个大小不一的广场性质不同，相互呼应，中心和南端的两个商业、休闲广场是人流集散交汇的中心，也是商业展示的焦点。阶梯式建筑造型更为这一要求提供了“观演台”，提供了观赏交流的机会。位于东西轴线西端的大拇指广场（面向罗丹广场）和白鸽广场（面向教堂），在浓厚的商业氛围中渗入文化的底蕴，两者间的界线模糊交融，创造出一种繁荣的市民化广场。

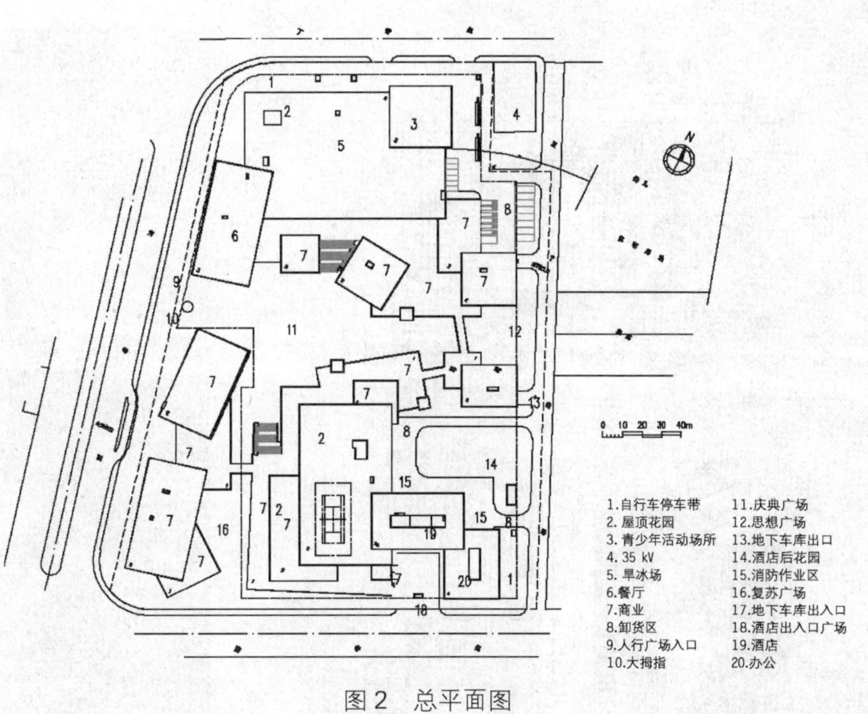

图2　总平面图

（三）造型设计

作为社区的中心，证大商城必定成为该区域的领袖性建筑和地标。根据社区空间的整体环境，一条东西向的轴线贯穿基地内部，向南分枝至水清木华，串联4个小型广场，并通过不同的铺地材质加以区分。建筑分散于轴线两侧，以明快的节奏层层收退，形成建筑群落的纵向韵律感、雕塑感，赋予建筑鲜明的风格。不同功能体块相互咬合但拥有各自不凡的个性造型，增强了建筑功能的可识别性，呼应并强调了该方案坚持的室外化商场的设计理念。立面设计上，证大商城有20多个体块，各赋予不同的色彩、材质和立面造型，其中高层酒店为框架玻璃幕墙造型，框架选用香槟金，低反射镀膜材料覆面，玻璃选用低反射透明玻璃。商场部分，用铝板和真石漆墙面交替于各个体块，渲染各个体块的个性和识别性（见图6）。

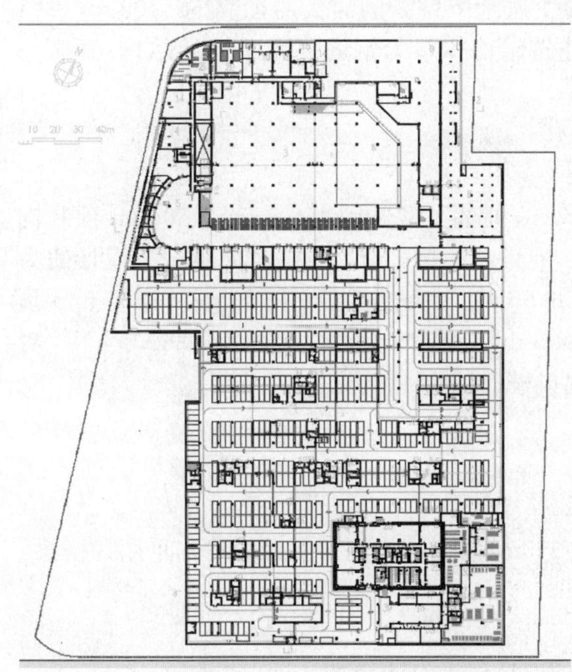

图3　地下1层平面图

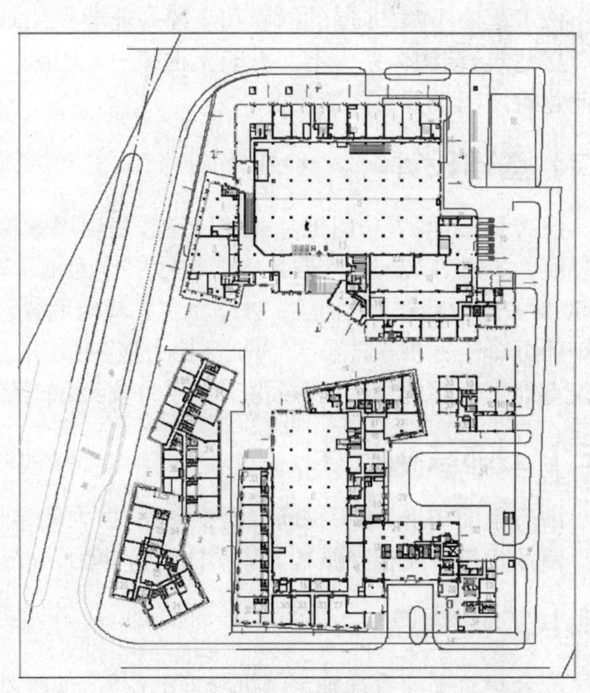

图4　1层平面图

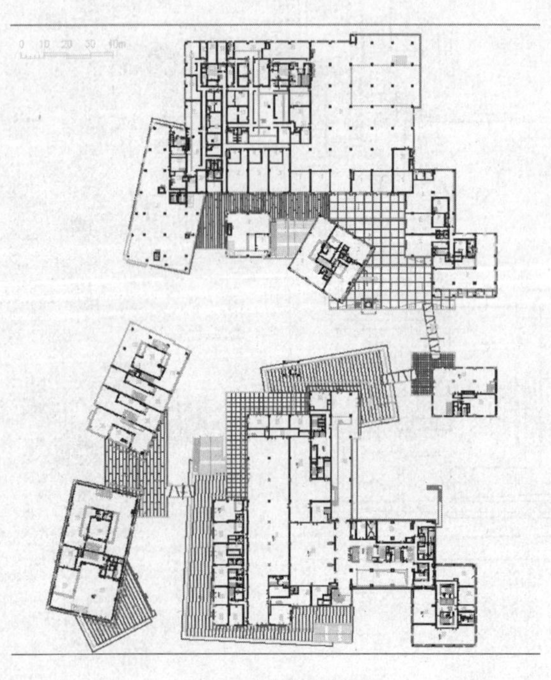

图5　2层平面图

图6　个性化的体块设计

二、结构设计

(一) 工程概况

该工程由1幢18层的酒店和3幢商业建筑组成,共设1层地下室。酒店大屋面高68.100 m,属A级高层建筑,结构体系为钢筋混凝土框架-剪力墙。商业建筑结构体系为钢筋混凝土框架结构;酒店与商业建筑之间设置沉降缝脱开。

(二) 基础设计

该工程中,酒店采用桩基-筏板基础,基础埋置深度约7 m,桩基类型选用450 mm×450 mm预制钢筋混凝土方桩,以$⑦_1$层砂质粉土夹粉砂层作为桩基持力层,有效桩长为28 m,单桩竖向承载力设计值为1 850 kN;商业建筑采用桩基-独立承台,基础埋置深度约6.95 m,桩基类型选用350 mm×350 mm预制钢筋混凝土方桩,以$⑥_2$层为桩基持力层,有效桩长为24.3 m,单桩竖向承载力设计值为900 kN。对于仅有地下1层的局部区域,由于水浮力较大,布置部分抗拔桩(见图7)。

(三) 上部结构设计

酒店平面矩形,采用钢筋混凝土框架-剪力墙结构体系。

商业建筑采用框架结构,基本柱网为9 000 mm×9 000 mm,为使结构两方向受力均匀采用井格梁。

(四) 工程特点

配合建筑平面合理确定了沉降缝的位置,使桩基及基础设计更为经济合理。

其中1幢商业建筑2层长90 m,宽135 m,由于建筑不允许设置伸缩缝,为了防止温度收缩产生的

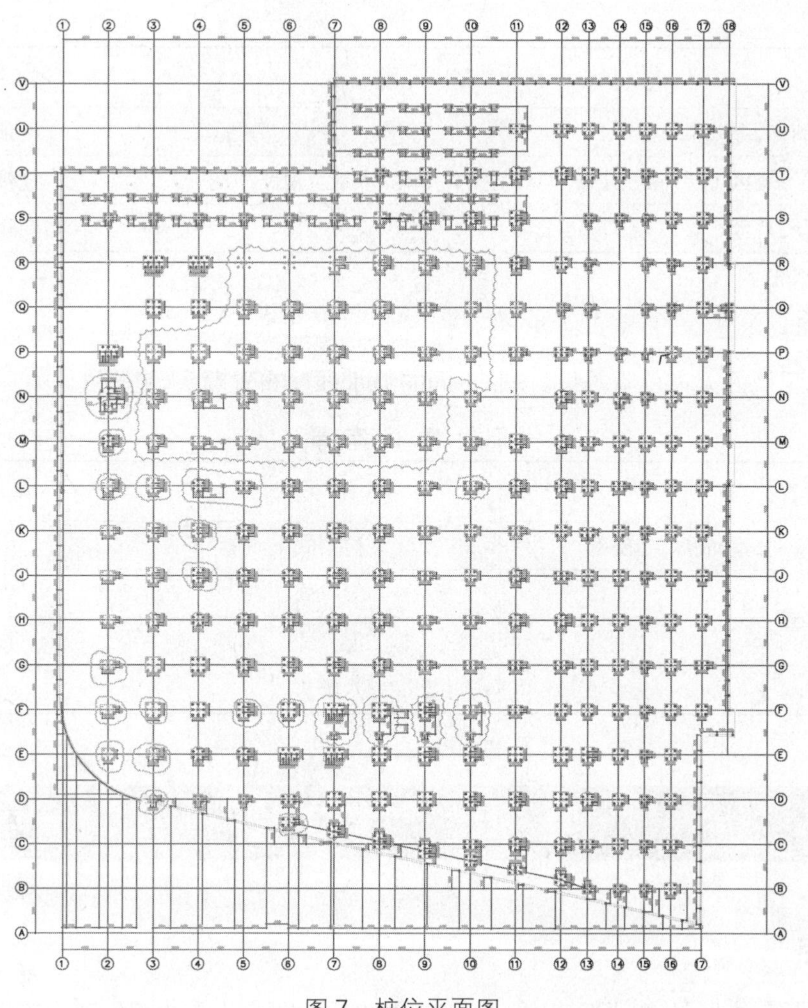

图 7　桩位平面图

裂缝结构采取以下措施：在边跨 9 m 范围内板面钢筋适当加密为 ϕ10@100，板底钢筋加密为ϕ10@150，其余跨板面钢筋为 ϕ10@150，板底钢筋为 ϕ10@200，同时在板面跨中采用 ϕ8@150 与 ϕ10@150 搭接。为了防止混凝土收缩产生的裂缝结构，在纵横两方向各设置两道施工后浇带。

三、给排水设计

(一) 给水系统

基地跨度大，各单体的功能相对独立，因此供水区域分为东西二区，在地下室内分别设东区、西区两个水泵房。东区水泵房提供整个基地的室内消防用水和东区的生活用水；西区水泵房提供西区的生活用水。

为便于管理，生活用水分 4 路进水，设置 4 个用水总表计量，见表 1。

表 1　生活用水统计

编　号	供　水　区　域	供　水　方　式
水表 1	家乐福	直接市政供水
水表 2	Ⅰ、Ⅱ区 1 层(除家乐福)	直接市政供水
	Ⅰ、Ⅱ区 2、3 层	变频泵供水

续 表

编 号	供 水 区 域	供 水 方 式
水表3	酒店、办公楼	屋顶水箱供水
水表4	Ⅴ、Ⅶ区1层(除办公楼)、Ⅵ区、室外绿化、水景及道路冲洗	直接市政供水
	Ⅴ、Ⅶ区2层、3层(除办公楼)	变频泵供水

(二) 消防系统

针对不同防护区域的火灾危险等级,按照不同的喷水强度布置喷头,见表2。

表2 喷 头 布 置

设 置 场 所	系统类型	危险等级
公共活动用房、办公室、餐厅、走道等	湿 式	中危Ⅰ级
车库等	湿 式	中危Ⅱ级
大型超市	湿 式	仓库Ⅰ级
柴油发电机房	水喷雾	

四、电 气 设 计

(一) 设计特点

证大商城工程采用2路35 kV进线,在用户内地下1层设1处35/10 kV降压站,内设2台8 000 kVA变压器和总计量(该降压站由供电局负责)。并分别在家乐福区域和酒店区域地下1层设1处10 kV/400 V变配电站。家乐福区域A户变电所设4台2 000 kVA变压器,其中2台2 000 kVA变压器是为家乐福专用,在变电所内专设分计量,另外2台变压器为商铺配电用;酒店区域B户变电所设2台1 600 kVA和2台2 000 kVA变压器,其中2台1 600 kVA变压器为酒店办公专用,所以也在变电所内专设了分计量,另外2台2 000 kVA变压器为商铺配电用。

该建筑体量较大,而且总体布局比较分散,功能繁多,有超市、餐饮、青少年活动中心、酒店、办公室等,所以为了合理的配电及布线,结合有关的平面功能,将整个建筑分成相对独立的区域,在各个区域分别设置了垂直电气管弄,照明、消防、电力干线按管弄的设置进行分配,分别供给各个区域,使整个大楼的配电相对合理、简捷。

对大楼内用电负荷按其重要性分别进行配置,对重要的负荷除采用2路供电至末端切换外,还采用了“BTTZ”及“NH”型电缆。

该工程应急照明采用2路独立电源末端切换,并配置镉镍电池灯具作为备用电源。但考虑到酒店为四星级要求,所以在酒店区域应急照明箱增设了UPS供电,以保证功能的需求。

屋面防雷在建筑物顶部四周明敷25×4热镀锌扁钢作为防雷接闪器,能利用金属栏杆的则利用其作为接闪器,还考虑到该建筑屋面有溜冰场功能,所以在局部采用25×4热镀锌扁钢暗敷,做到防雷和美观的有效结合。

消防报警系统设计采用二线制的设备,消防灭火设备的直接控制线敷设至消防控制中心,以满足规范之要求。

为防止雷击电磁脉冲对电子设备的破坏和影响,在相关的电源系统中装设了浪涌过电压保护器

(SPD)予以保护。

根据业主要求,该工程商铺均为出租形式,所以在有关区域均设置了电表计量间,以满足管理的需要。

(二) 设计内容

弱电专业设计包括:通信系统、网络通信系统、综合布线系统、电缆电视系统、紧急及业务广播系统、安全防范系统、停车场电脑管理系统、视听扩音系统、智能建筑集成管理系统。

(三) 网络通信系统

自用部分设有局域网系统。

该局域网除满足业务、管理需要外(包括前台:POS收银系统、餐饮管理系统、综合收银系统、经理查寻系统等;后台:信息管理系统、总账及报表系统、人事管理系统、工资管理系统、仓储管理系统等),还具有办公自动化系统(包括公文流传系统、文件编辑、图表分析制作、幻灯片制作系统、日程安排系统、多媒体会议系统、公共传真服务系统及电子邮件系统)、信息管理系统等。该工程自用部分局域网系统设立千兆以太网高速主干网。

(四) 安全防范系统

摄像机监控系统:底层的系统控制与管理中心(安保中心)统管全工程的防范系统,并管理业主自用部分的安全防范系统。超市的分控中心室对超市区域进行监视,酒店分控中心室对酒店部分进行监视,综合大楼分控中心室对综合大楼进行监视。

(五) 智能建筑集成管理系统

为加强大楼物业管理对弱电各系统的监察和控制管理,达到信息共享、方便管理的目的,实现弱电各子系统间的信息及控制的互联,设置一个以通过网络互联的中央信息管理系统。

五、暖 通 设 计

(一) 暖通系统

证大商城建筑功能较为复杂,分成南北两块,大型家乐福超市、餐厅和美食、休闲区等为南块,酒店、办公楼、艺术中心、商场、主题卖场、餐厅等为北块。

1. 空调冷热负荷

该工程空调系统根据建筑功能分区、运行管理经济、系统布置合理的原则,分为3个空调系统空调冷热负荷(见表3)。

表3 空调冷热负荷

区域	建筑功能	冷 源	热 源
1区	酒店、办公、艺术中心	离心式冷水机组450(RT)2台,冷负荷约3 164 kW	锅炉房的蒸汽经换热器换热而得,热负荷约2 300 kW
2区	超市	离心式冷水机组500(RT)2台,冷负荷约4 316 kW	
3区	主题性卖场、大小餐厅、青少年活动场所等	离心式冷水机组650(RT)2台,螺杆式冷水机组240(RT)1台,总冷负荷5 360 kW	锅炉房的蒸汽经换热器换热而得,热负荷约为3 469 kW

2. 空调水系统

(1) 1区 酒店、办公、艺术中心：考虑酒店星级要求，空调水系统采用四管制，一次泵系统。整个1区为一个水系统。

(2) 2区 超市：根据业主书面来文及运行特点，大面积内区，人员密集，发热量大，空调水系统采用二管制大温差，13.5～5.5℃。夏季(冬季)循环冷水，整个区域为一个水系统。

(3) 3区 主题性卖场、大小餐厅、青少年活动场所等：空调水系统四管制，以满足主题性卖场、大小餐厅、青少年活动场所夏季供冷要求。由于各空调区管道长度差500 m之多，且使用时间不同，考虑节能，故采用二次泵变频系统。二次泵变频系统可以根据用户管路不同分设置变频水泵，以节约能源。

3. 空调风系统

(1) 超市、门厅、餐厅、商场、主题性卖场、大餐厅、青少年活动场所等大空间公共用房采用全空气低速风管系统，气流组织拟上送下回或上送上回。宴会厅、艺术中心高大空间采用温控旋流风口，上送下回，保证冬季供热效果。

(2) 小餐厅、小型办公用房等采用风机盘管加新风的系统，便于室温独立控制。

(3) 酒店客房、标准办公层采用风机盘管加新风的系统，单独控制。冬季时新风加湿新风机组位于每层设备房内。

(4) 电梯机房等的空调采用单冷空调机。

(二) 通风系统

地下室及汽车库的排风方式为上排，由于建筑立面要求很高，进风和排风口均根据建筑立面要求的位置设置，且风口的尺寸、形式及色彩须与建筑立面相一致。为改善室内空气品质，各公共场所设排风系统。排风量根据新风量确定，并使室内保持一定正压。过渡季节将增加新风量和排风量。厨房为了避免冬季冷空气直接进入产生雾气，设置加热盘，对进入厨房的冷空气进行加热，其他季节则直接用室外新风经过滤后送入厨房。风机等设备均布置在比较隐蔽的地方。所有排风机均选用低噪声风机箱及管道式离心风机，风机出口均根据消声计算设置消声装置。

(三) 防排烟系统

该工程将根据上海市“民用建筑防排烟技术规程”进行防排烟系统设计，对于主题卖场、超市和仓库等场所分别按防烟分区设置机械排烟系统，按照规程规定的火焰强度理论进行排烟计算。对于靠外墙的超过100 m^2的商铺、办公、餐厅等房间利用可开启外窗自然排烟，利用规程的计算方法计算出自然排烟窗口的面积和开窗的高度，提供给建筑专业，从而保证排烟系统能有效运行。

(四) 自动控制与节能

空调通风系统中的各设备均选择效率高、能耗小的产品。冷水机组、水泵等能耗大的设备规格大小搭配配置，部分水泵变频既满足设计负荷要求，又能在部分负荷时节能运行。空调器和风机盘管的回水管路上设电动控制阀，以控制室温，避免过冷过热。空调水系统设压差旁通控制，大楼设BA系统，除风机盘管外，其他所有空调、通风设备均纳入BA系统进行遥控。

六、动力设计

动力专业设计内容为燃气蒸汽锅炉房、低压天然气管道供应系统。

锅炉房位于地下1层靠外墙处，装机容量为2台5 t/h三回程火管蒸汽锅炉，额定工作压力为1.0 MPa，锅炉燃料为天然气。为解决锅炉的振动问题，在每台锅炉的基础上设橡胶垫减振。锅炉房有两个出口，其中一个直通室外。锅炉房有轻质顶作为泄爆面，较好地满足规范要求。在锅炉房的控制室有1套较完整的二次仪表，能对锅炉、锅炉辅机进行监视，对燃料系统和热力系统进行监控。

低压天然气管道供应系统主要供各餐饮厨房的燃气炉灶具使用，由于各天然气供应点比较分散，经数次与天然气公司专业技术人员协调后，确定了总体上天然气调压箱的位置以及总体天然气管道的走向。单体内厨房通风条件不理想的，在设计上均达到了规定的通风换气次数要求，并且设置了紧急切断阀以及天然气泄漏报警系统。

金叶大楼

建设单位：卢湾区烟草糖酒公司

设计单位：中船第九设计研究院

施工单位：上海市第一建筑有限公司

撰 稿 人：麻天云　张　敏　储　隽

一、建 筑 设 计

(一) 工程概况

金叶大楼是1幢多层商业性建筑,有专卖店、餐饮和宾馆。位于淮海路、陕西路交叉口巴黎春天东侧,与金鹰名品商厦紧接(见图1)。该处原为“淮海坊”居住区沿街的3层楼房,底层和部分2层为商店,余为住房。为提高该地段的商业价值和淮海路商业街风貌,拆迁2幢住房改造成全商业性建筑。

图1　金叶大楼

该建筑由主楼和副楼组成,主楼地上7层,地下1层,副楼5层,在2 470 m^2的用地上建造14 831 m^2(其中副楼1 401 m^2)。1996年设计中标,1998年施工。建筑力求:

(1) 与淮海路商业街整体风貌相协调,与历史文脉相一致,但又不拘泥于古典,而透出一丝自身的时代精神。

(2) 满足总高不超过24 m的规划要求。

(3) 最大限度的利用空间,创造出最大商业效益,并有高质量的空间环境。

(4) 在满足自身交通要求的同时,方便里弄居民安全进出,并把噪声等干扰减少到最小。

(二) 总体布局

金叶大楼位于繁华而雅致的淮海中路商业街之中,西邻“巴黎春天”精品店,东靠金鹰名品商厦,南依淮海坊居住区,北向为时尚的“百盛”商业广场和景色优美的“花园饭店”,1号地铁仅离北向红线4 m,

站口就在旁边，是商机极好的地段。为了用足这块宝地，把大楼东西紧贴原有建筑，最大限度争取沿街面积，南向副楼在原有住屋位置建造，高度相同，确保原有住宅的环境条件。北面离红线 3 m 稍余(见图 2)。

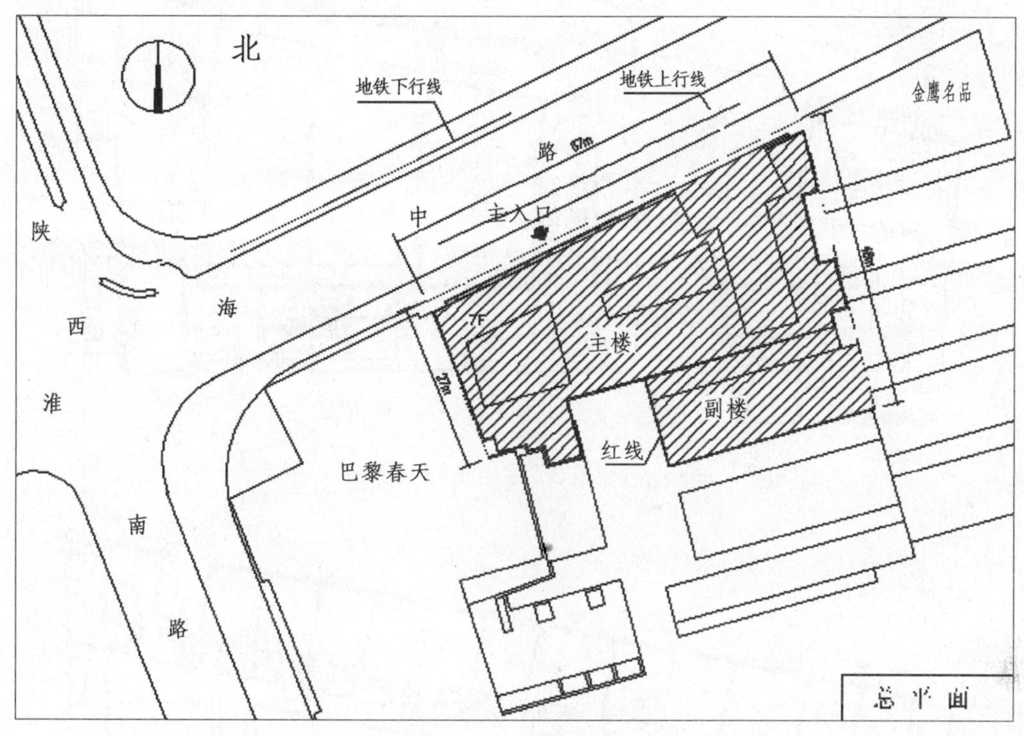

图 2　总平面图

大楼分主副 2 幢，主楼用作专卖店、餐饮和宾馆，副楼主要作公司办公。主副楼南北布置，1、2 层相联，联接体底层为汽车入地下车库和货物进出之通道。通道与西侧过街楼相接，过街楼宽 20 余米，无论宾馆大门，还是上下 2 层餐饮的自动扶梯、公司办公、“淮海坊”居民进出都集中在这里，形成一个高效率的交通结合点。为保证安全、顺畅，车道两侧专设人行小道。过街楼净高 4 m，以确保消防车通行。

产生噪声的空调机房设在主楼地下室，以免对居民造成影响。煤气锅炉房设在主楼屋面上的西侧，而将大部分沿街屋面设置淡雅阳伞和绿色盆栽，供旅客小食、品茗和休闲观景，也为周边高层提供良好的景观。

(三) 单体设计

1. 平面设计

金叶大楼地下室为汽车库和设备用房。

底层设置专卖店，过街大楼、大堂(见图 3)。由于淮海中路为商业的黄金地段，因此沿街面全部设置为专卖店。原有的淮海坊弄堂出入口扩大形成过街楼。由于大堂面对固定客流，所以入口退进过街楼中，让出沿街面。过街楼现包含 4 种功能：居民及公司内部办公的副楼出入口、地下汽车库通道、宾馆大堂入口、2 层餐饮的自动扶梯出入口，因此过街楼宽约 20 m，高约 4 m，2 层局部挑空，在尺度上形成了小型的广场。小型广场合理组织了复杂的交通流线(见图 4)。

2、3 层为餐厅，中庭和旋转楼梯丰富了建筑的空间效果，营造了浓烈的商业氛围。

4 至 7 层为客房，由于平面进深较大，如全部设计为客房，房间进深非常浪费，所以因地制宜，设置了中庭，中庭根据平面形状设计成梯形，高度为 5 层，与屋顶花园连通，光线直射入内，建筑空间极富特色，让人联想起传统四合院那种内在的精神，安静舒适、阳光明媚、尺度宜人，一扫传统客房走廊的阴暗格局。此中庭为金叶大楼的点睛之笔。

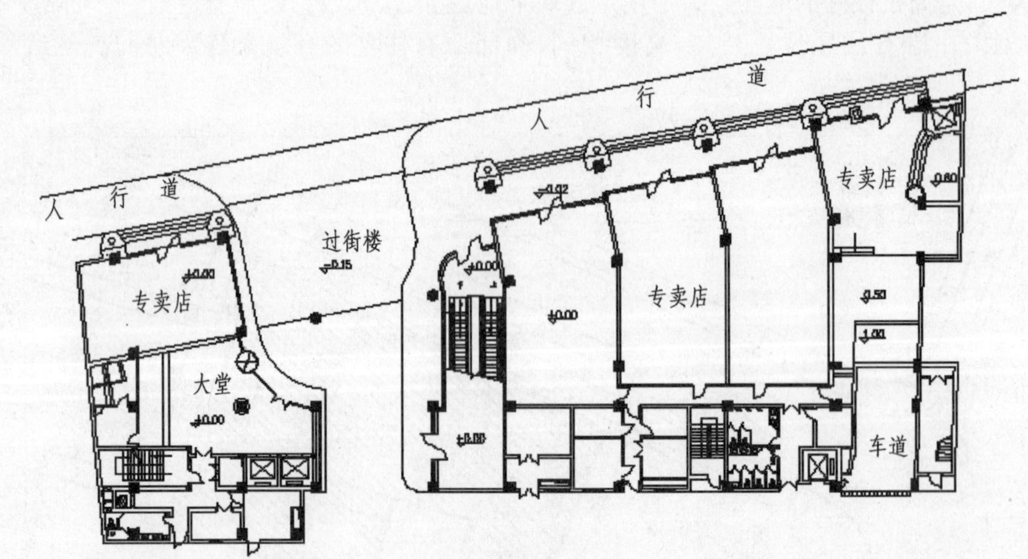

图3 底层平面

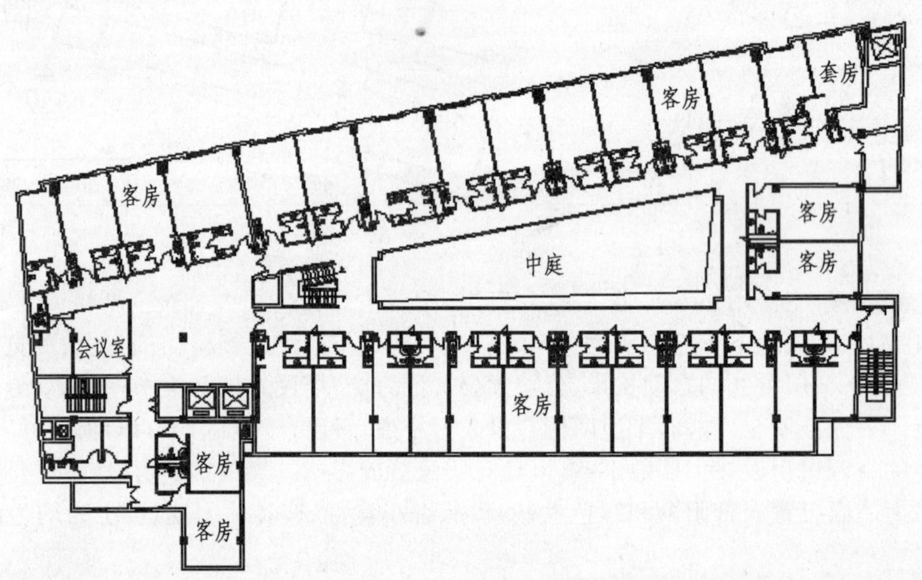

图4 标准层平面

由于建筑楼层不高，加之上海春秋两季较长，且这两季又特别适宜室外活动，所以将屋顶进行了商业利用，设置了露天酒吧，为业主带来了更大的经济效益(见图5)。在设计中，将设备用房设置于建筑南端，尽量让出沿淮海路的屋面。利用立面东端高起部分，设置室内茶座。露天酒吧与室内茶座均以玻璃廊道与中庭相通。

2. 立面设计

立面接近古典的“三段式”。第一层次是底层、2层，以英国棕花岗石柱式，明亮通透的大玻璃及金属材质的店招组成，于古典中透出现代气息(见图6)。另外，通过灯饰、铺地、花坛等的细节设计加强了建筑和人的联系，体现了建筑的人文关怀。

第二层次是中段客房部分。以窗间墙为主，满足客房功能。墙体材料以石材为主，辅以金属铝板，通过墙面的凹凸变化和窗套处理，体现了强烈的竖向感觉和外墙的丰富变化，一种韵律感和现代感油然而生。建筑本身表现出一种不断向上进取的精神和化繁从简、从容不迫的大气风范。

第三层次是顶层退台形成了客房的小阳台，通过柱廊的处理，产生了浓厚的古典韵味。屋面檐口与

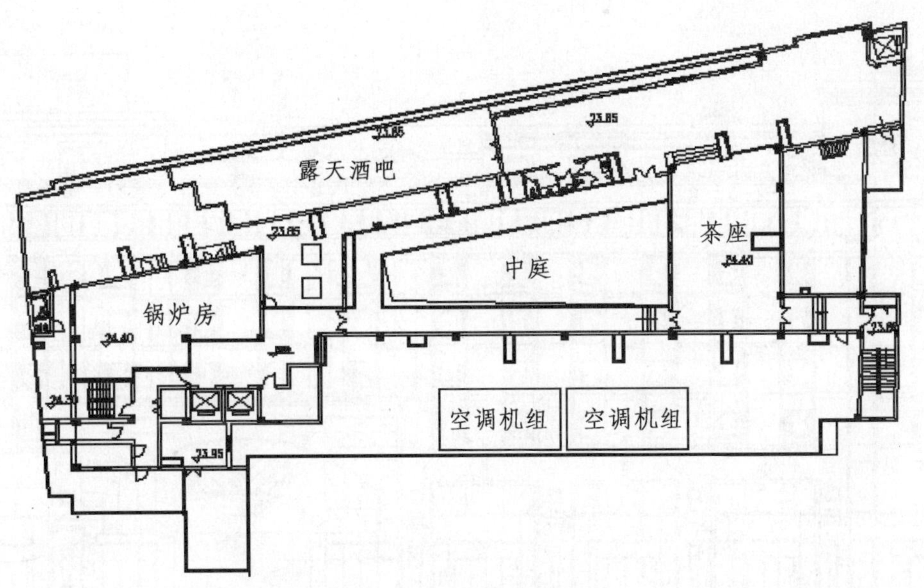

图5　屋顶平面

图6　立面设计

巴黎春天保持一致，既解决了新旧建筑相互衔接关系，又加强了淮海中路立面的整体延续性和协调性，与周边建筑共同形成了一个比较完整的城市建筑轮廓线。

立面的东端局部高起，打破了建筑水平轮廓线，使之产生变化。

过街楼设置了2层高的拱形门头，门头气势非凡，具有强烈的古典气质，提升了整幢建筑的品位，使之整体风格稳重大方，逾久弥香，经得起岁月的考验(见图7)。

图7　北立面图

（四）剖面设计

由于总高需要控制在24 m，而业主又希望争取最大建筑面积，做到7层，因此层高比较紧张，分配如下：底层由于立面效果定为4.5 m，2层：3.85 m，3层：3.5 m，4～7层分别为3 m，全空调系统和自动喷淋系统的应用为控制吊顶净高增加了难度。在设计中，通过合理布置设备管道，在结构梁中预留孔洞，采用预应力梁及厚板等新颖结构形式，增加了吊顶净高，客房层虽然层高只有3 m，走廊吊顶2.15 m，但由于中庭的设置，使走廊与中庭的空间发生融合，使走廊的空间视觉效果比实际要高（见图8）。

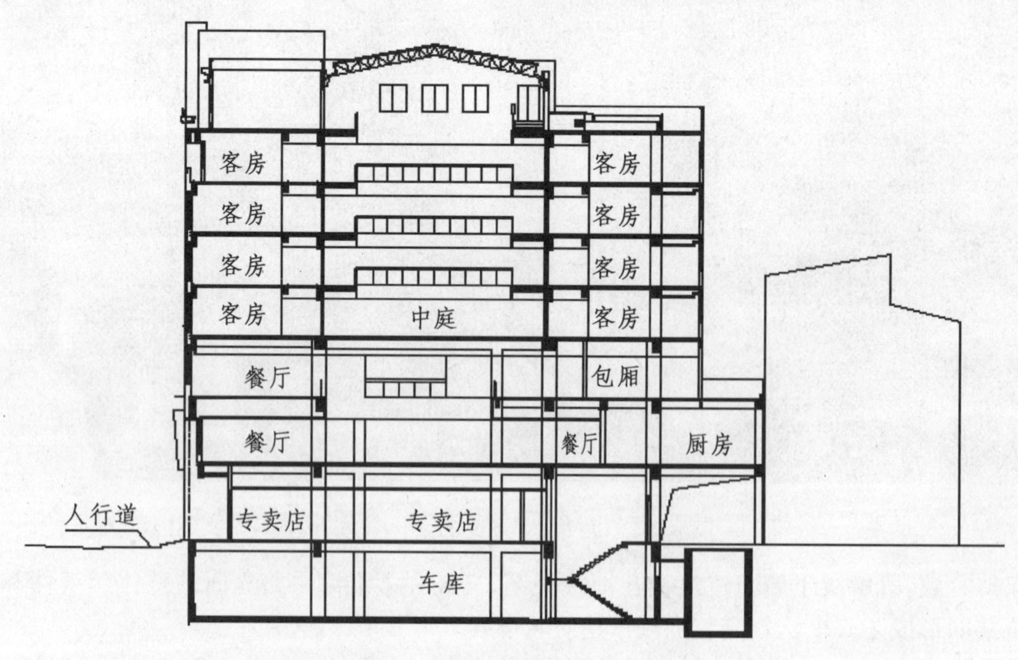

图8　剖面

二、结构设计

(一) 工程概况

金叶大楼为钢筋混凝土多层框架结构，建筑总面积 14 831 m^2，其中地下室面积 1 735 m^2，是 1 幢集商业、餐饮、星级宾馆为一体的综合大楼。

该楼地下室为停车库，底层沿街布置专卖店和咖啡店，2、3 层为大型餐饮，4～7 层为客房，周边布置，中间为一 4 层高的梯形中庭，屋顶层布置露天酒吧和设备用房，典型柱断面为 850×850，框架梁为 600×650。

(二) 基础设计

1. 地质条件

根据地质勘测报告，土层分布较均匀，地面以下 2 m 为填土，2～3 m 为褐黄色粉质黏土，3～6.5 m 为灰色淤泥质粉质黏土夹黏质粉土，6.5～16.5 m 为灰色淤泥质黏土，16.50～21.00 m 为灰色黏土，21.00～27.40 m 为灰色粉质黏土，27.40～31.00 mm 为暗绿色粉质黏土，31.00 m 以下为⑦层草黄色粉砂夹砂质粉土(见表 1)。

表 1　地质结构表

层序	土层名称	层底标高(m)	层底埋深(m)	层厚(m)	压缩系数	压缩模量 E_s(MPa)
①	杂填土	1.79～1.05	1.40～2.10	1.40～2.10		
②	褐黄色粉质黏土	0.19～−0.15	3.00～3.30	1.20～1.70	0.55	3.63
③	灰色淤泥质粉质黏土夹黏质粉土	−2.91～−3.45	6.00～6.60	2.80～3.50	0.64	3.22
④	灰色淤泥质黏土	−13.15～−13.95	16.20～17.10	9.80～10.80	1.11	2.09
⑤$_1$	灰色黏土	−17.81～−18.28	21.00～21.40	3.90～5.10	0.58	3.39
⑤$_2$	灰色粉质黏土	−24.21～−25.03	27.40～28.10	6.10～7.10	0.47	4.13
⑥	暗绿色粉质黏土	−27.81～−28.55	31.00～31.70	3.20～3.70	0.21	7.68
⑦	草黄色粉砂夹砂质粉土		45.00(未穿)		0.13	14.32

由于金叶大楼两侧与巴黎春天、金鹰名品商厦紧邻(上部结构仅设防震缝 150 mm)，地铁隧道就在淮海路下，南侧为老式砖混居民楼，为满足停车位的要求，争取更多的有效面积，建设方要求，地下室尽可能地做大。同时，由于地铁隧道的特殊要求，即沿线新建建筑沉降不得大于 2 cm，根据场地的地质情况，要达到上述要求并尽量减少对周围建筑的影响，选择了桩筏基础，桩型选择无挤土效应的钻孔灌注桩，桩长 34 m，桩端进入草黄色粉砂夹砂质粉土层 8 m，单桩允许承载力 1 500 kN。

2. 桩基础

桩基础是建筑物的下部结构，是整体建筑结构中的重要部分，又具有隐蔽性，故控制桩基工程质量是建筑工程安全、可靠的技术保证，施工单位也很重视在这条闻名遐迩的商业街上建造的标志性建筑，制定了详细的桩基施工方案，试桩做完后，经静载荷试验，结果见表 2 和图 9。

表2 静载荷试验

试桩编号	试验最大荷载(kN)	桩顶最大沉降量(mm)	桩顶回弹量(mm)	桩顶残余沉降量(mm)
48号	3 465	8.19	5.74	2.45
69号	3 465	6.01	4.04	1.97

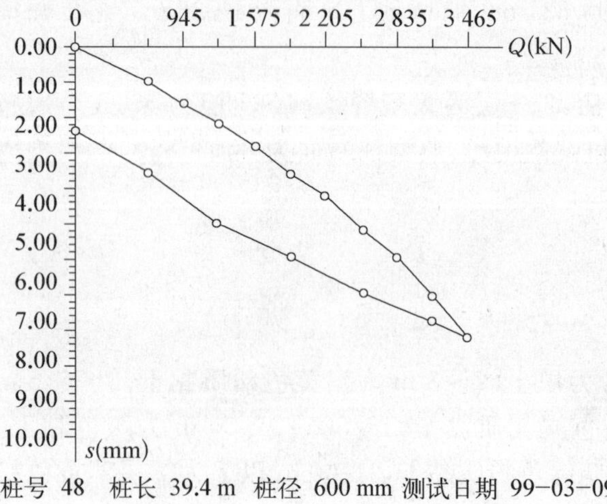

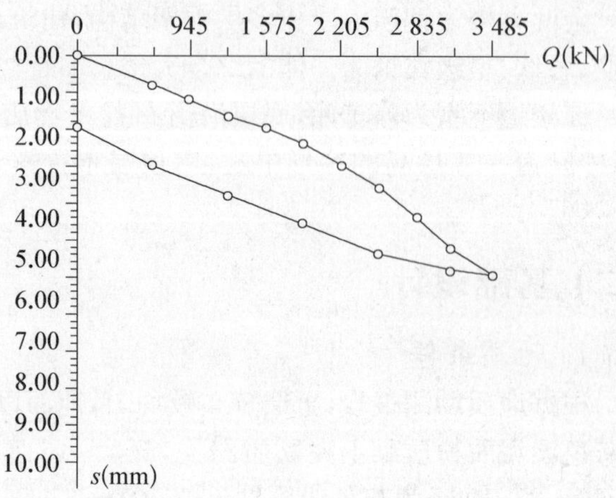

图9 桩承载力实验数据

经分析，桩的承载力有较大富余，故决定减少2 m桩长，即桩长改为32 m，入⑦层6 m。

该工程采用桩承台梁板式筏形基础，板面标高－4.50 m，室内外高差0.15 m，板厚500。由于地下室为停车库，墙体较少，为了减轻上部结构的地震反应，增强建筑物的整体稳定性，设计单位在图纸上及向施工单位交底中，都强调了这一要求：地下室四周的回填土必须采用级配较好的砂石回填，且须分层夯实，保证回填质量，底板采用刚性防水方案，即普通密实防水混凝土，抗渗等级S8，并验算了底板的抗裂度。

3. 基坑围护

因场地条件限制，为了尽可能增加有效面积，北侧的地下室外墙面距红线仅1.8 m，东侧地下室距居民楼外墙也只有3 m 。这给围护提出了较高的要求。既要保证主体地下室的正常施工，又要使土体不能有太大的位移，影响周围的已建建筑，经方案比较，SMW工法最能胜任。该工法采用防渗性能较好的3层水泥搅拌桩，直径ϕ650，中心距@450，水泥掺量20%，厚度1.55 m，桩内插芯材为焊接H型钢480×200×10×16，充分利用了H型钢插入搅拌桩体后本身受侧限的条件，保证了腹板翼缘的稳定。工程结束后型钢可以回收，因此大大降低了造价。

(三) 楼盖设计

1. 普通混凝土框架设计

大楼采用混凝土现浇梁板柱体系。因业主期望在总建筑高度不变的前提下，尽可能增加层数，至使标准层层高仅有3 m，很多管线穿梁，而在部分大跨度的地方采用了密肋梁。

密肋梁是主次梁体系的一种特殊形式，该工程采用整体现浇的单向密肋楼盖，作为边支承的纵向框架梁的合理设计至关重要。一是要求该框架梁应具有一定整体刚度，避免在地震或风荷载作用下产生过大的变形，保证单向密肋的平面外稳定。二是由于密肋的跨度很大，传递楼面的荷载大，而截面的高度和宽度都较小，为控制单向密肋的跨中弯矩和挠度在合理的范围，则要求作为边支承的框架梁除具有足够的抗弯刚度外，还必须拥有一定的抗扭刚度来部分约束密肋的端部转动。抗扭刚度与梁短边的二次方成正比，所以一味加大框架梁的截面高度是得不偿失的。为了尽可能减小楼盖的结构高度，本工程将框架梁的截面高度设计成与单向密肋的截面高度一样，而梁宽设计成包柱式，即梁的截面宽度等于或稍大于柱的截面高度。这样，框架梁的截面做到了 600×650，框架的梁柱线刚度比为 $i_{梁}/i_{柱}=1.5$。

2. 预应力混凝土框架梁结构设计

因层高的限制，该工程还采用了后张预应力框架梁和混凝土板。在设计后张法预应力混凝土框架梁时，除按照普通混凝土框架的结构设计原则外，还注意了以下几点：

(1) 主次梁布置的确定：

纵向(跨度小)为主梁，横向(跨度大)为次梁，通常主梁可根据大小及荷载情况来确定是否施加预应力，而在次梁方向施加预应力。这种布置方式由于次梁为密肋式，高度较小，如不设设备管道，则层高可以大大降低。由于纵向框架分流了横向框架上的荷载，可以使顶层边柱的大偏压受力状态得到改善，从而解决了边柱配筋过多的问题。

(2) 地震区的预应力框架梁：

对于地震区的预应力框架梁，可采用有黏结预应力或部分无黏结预应力施工工艺，对框架大梁和预应力柱均可采用混合配筋的部分预应力混凝土进行结构设计。

无黏结预应力后张法的极限抗弯承载力虽然较有黏结的低 10%～30%，且变形能力稍差，但施工简便，质量容易保证，不会有“开天窗”的憾事，该工程多数梁高较小，受荷不大且经过混合配筋后，其延性和能量的耗散性能得到改善，抗震性能良好，在施工阶段，混合配筋中的非预应力筋可以限制由于收缩应力和温度应力等引起的变形和裂缝，减少反拱度。经综合考虑后，决定采用无黏结部分预应力混凝土施工工艺进行结构设计。

后张预应力作用于超静定框架结构，除产生主弯矩外，还产生次弯矩，在预应力框架各极限状态计算中，均应包括次弯矩影响。在垂直荷载作用下，预应力框架结构可考虑塑性内力重分配，但调幅程度比钢筋混凝土框架结构的小，梁端负弯矩调幅不大于 15%。

3. 构造措施

该工程因使用功能的要求，每层楼板均有较大面积的开洞，如底层～2 层的自动扶梯，3 层的大型共享空间，5～7 层的阶梯形中庭，还有楼梯间及电梯间等，楼板的平面刚度削弱不少。在运用中科院

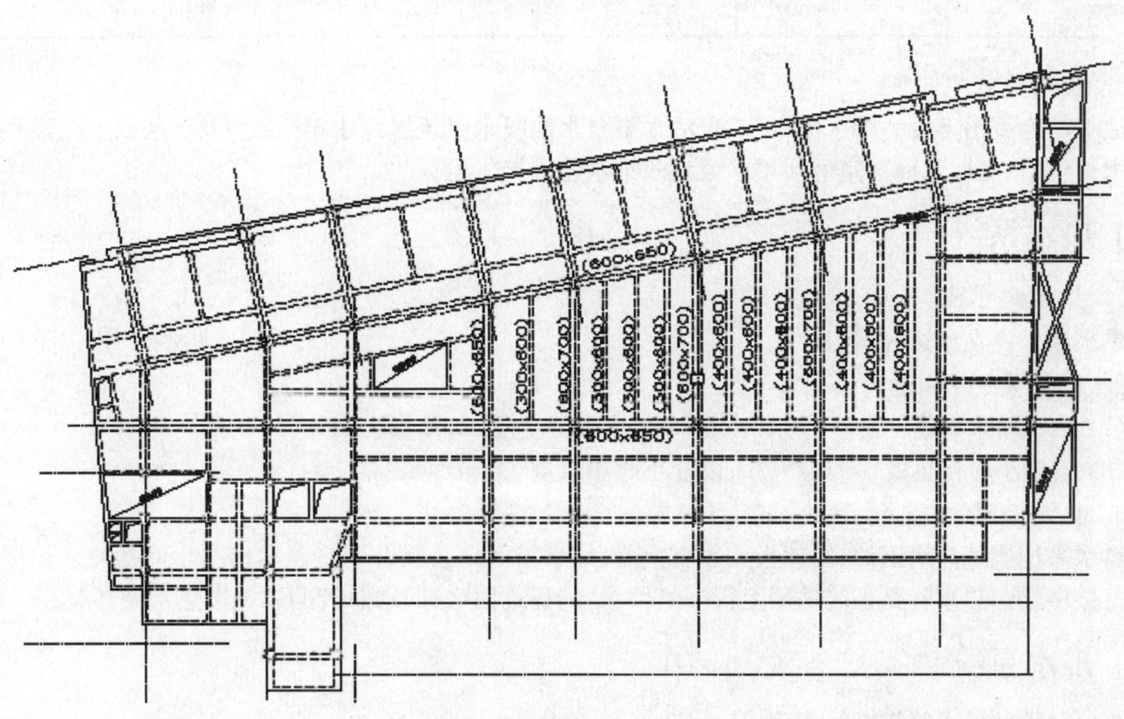

图10　四层结构平面布置图

PKPM系列软件计算中，层间位移是较难调整的一项。经反复调整，柱断面做到了850×850，层间位移控制在1/500，罕遇地震作用下的位移量是1/106，满足了规范要求，同时，在楼板开大洞的周围，板厚适当加厚，边梁增设腰筋，梁高400～700的增设4ϕ16的钢筋，700～1 000的增设6ϕ16的钢筋。

大楼的东侧，由北至南分别为观光电梯、空调机房、室外天井、楼梯，均落在悬挑梁上，其中室外天井供东侧居民楼采光通气用(见图10)。与相邻位置的楼面荷载相比，该段区域荷重较大，楼板不在同一平面上，还有开洞。故在地震作用下，该区域受力较复杂。为此，在室外天井外增设水平交叉斜梁，既不影响居民采光，又使该段原本2块独立的混凝土板与大楼结为一体，协同工作。

三、给排水设计

(一) 给水系统

1. 给水水源

从淮海路的市政给水管引入2路DN200给水管并在基地内连通，室内外消防用水由该环管供给。从DN200给水管上接出1路DN100并设水表计量，该管供基地内的生活用水、绿化及冲洗路面等用水，该管在室外环绕单体呈枝状布置。

2. 最小市政供水压力

最小市政供水压力为0.20 MPa。

3. 用水量(见表3)

表3 用水量

旅客［L/(床·d)］	商场［L/(m^2·d)］	职工［L/(人·d)］	餐厅［L/(人·次)］	冷却塔补水(m^3/h)	绿化洒水［L/(m^2·d)］	最高日用水量(m^3/d)	最高时用水量(m^3/d)
400	5	50	50	4	1.5	135	16

4. 给水系统

地下车库坡道下设生活水池1座，生活水泵自水池吸水供至屋顶水箱。2层及2层以上生活用水由屋顶水箱供给，底层及地下室生活用水由市政给水管直接供给。

(二) 热水系统

1. 热水用水点

热水用水点在旅馆客房卫生间。

2. 耗热量、热水量

(1) 热水用水定额：旅客150 L/(床·d)(热水温度按60℃计)。

(2) 设计小时耗热量：480 kW/h，设计小时热水量7.4 m^3/h。

3. 热水系统

热水采用燃气热水锅炉、高效板式热交换器、热水箱循环泵联合制备。客房卫生间的热水由屋顶热水箱直接供给。热水管路系统采用上行下给供水、同程式回水，回水总管的末端设热水循环泵。

(三) 排水系统

基地内室外排水管道系统为雨、污分流。

最高日污水量：122 m^3/d，最高时污水量：14 m^3/h。

污废水来源：卫生间内的生活污水、洗浴废水、厨房废水。

旅馆客房卫生间污废分流，污废水分设立管并设专用通气立管。2 层公共卫生间污废合流，仅设伸顶通气。底层污废水单独排入室外污水管，其余各层污废水通过立管直接排入室外污水管。由于地下车库、电梯井、水泵房等地势较低，积水不能自流排出，故设潜水泵抽水排出。

厨房含油脂废水经隔油器及隔油池隔油处理后排入室外污水管。

污废水经室外污水管道集中后接入地下室的二级生化处理设备，经处理达标后排入市政污水管。

(四) 雨水系统

基地内雨水排水为单独排水系统。

屋面雨水、阳台雨水、空调冷凝水等洁净废水分别单独排入室外雨水管；室外道路雨水经道路雨水口汇集后排入室外雨水管。所有雨水经室外雨水管集中后直接排入市政雨水管网。

根据上海市暴雨公式、设计重现期 $P=3$，$q_{10}=80$ L/s。根据基地情况确定雨水排放方向为淮海路，排水管管径 DN300(一路)。

(五) 消防给水

1. 消防用水量

室外消火栓 25 L/s，室内消火栓 15 L/s，自动喷水灭火 28 L/s。按同时使用的室内外消防总水量为 68 L/s。

2. 消防水源

从淮海路的市政给水管引入两路 DN200 给水管并在基地内连通，室内外消防用水、自动喷淋用水由该环管供给。

3. 室内消火栓系统

(1) 室内消火栓设置场所：地下 1 层停车库、底层～7 层的各楼层。

(2) 地下室水泵房内设消火栓泵两台(一用一备)，水泵直接从室外消防环管中吸水，其出水管在室内呈环状布置。消火栓泵由消防箱内消防按钮启动。屋顶消防水箱内储有消防初期用水 18 m^3。

(3) 每层平面设单栓消火栓 4 套，消火栓水枪的充实水柱不小于 10 m，并保证同层任何部位有 2 股充实水柱同时到达。消火栓箱采用组合式消防箱，箱内配置 DN65 消防栓口、25 m 龙带、19 mm 水枪、消防泵启动按钮各一副，3 kg 手提式磷酸铵盐干粉灭火器 3 具。

(4) 根据消防水量在室外设 1 套消防水泵接合器与室内管网连通。

4. 室外消火栓系统

在室外消防环管上设 2 套室外消火栓。

5. 自动喷水灭火系统

(1) 根据《自喷规范》确定喷淋系统设置场所：地下 1 层停车库、底层～7 层的各楼层(不宜用水扑救的部位除外)。

(2) 地下 1 层停车库的火灾危险等级按中危Ⅱ级计：喷水强度 8 L/(min · m^2)，作用面积 160 m^2；其余场所的火灾危险等级按中危Ⅰ级计：喷水强度 6 L/(min · m^2)，作用面积 160 m^2。中危Ⅰ级的消防水量为 21 L/s，中危Ⅱ级的消防水量为 28 L/s。

(3) 地下室水泵房内设喷淋泵 2 台(一用一备)，水泵直接从室外消防环管中吸水，其出水管在室内呈枝状布置。喷淋泵由湿式报警阀的压力开关启动。屋顶消防水箱内储有消防初期用水 18 m^3。

(4) 喷淋系统内主要组件：湿式报警阀及水力警铃、各消防区域的启闭显示蝶阀和水流指示器、68℃直立型或吊顶型喷头、93℃直立型或吊顶型喷头(仅在厨房)。喷头布置按《自喷规范》设计。每个湿式报警阀控制的喷头数不超过 800 只。

6. 灭火器设置

根据《灭火器规范》，在设备用房及配电间、走道等公共场所设置一定数量的手提式磷酸铵盐干粉灭火器。

(六) 管材选用及连接方式

1. 生活给水管

室内采用 PP－R 给水塑料管(PN1.6 MPa)，热熔连接；室外埋地管采用球墨铸铁给水管，承插连接。

2. 热水给水管

热水干管、立管及回水管采用薄壁铜管，钎焊连接；热水支管采用 PP－R 给水塑料管(PN2.0 MPa)，热熔连接。

3. 消防给水管

管径＜DN100 采用热镀锌钢管，螺纹连接；管径≥DN100 采用热镀锌无缝钢管，沟槽式连接；室外埋地管用球墨铸铁给水管，承插连接。

4. 室内排水管

UPVC 排水塑料管，黏结连接。

5. 室外排水管

U－Rib 超强筋排水塑料管，承插连接。

四、电 气 设 计

(一) 强电

1. 设计范围

包括大楼的变电所、电力、照明、空调控制、防雷接地及电气消防等设计，不包括大楼的装修设计(预留该部分的用电量及配电箱)。

2. 电气负荷主要情况

大楼的消防用电设备(消防泵、喷淋泵及排烟风机等)应急照明及地下室照明、电话机房、火灾报警设备的供电属一级负荷，其余一般照明等系统的供电属三级负荷。

3. 供电电源

该建筑物为 7 层宾馆，一般环境特征在地下室内建 1 座变电所，安装 2 台 800 kVA 干式变压器，供电电源电压 10 kV，分 2 路供应，采用电缆引入高压柜，2 路 10 kV 电源不联络，低压 380/220 V 的二段母线间设联络开关，变压器接线采用 Dyn－11 接线方式。

4. 供配电系统及电能计量

根据大楼使用情况，在地下室、底层、2 层及 3 层强电竖井内设专用计量表柜，照明分别计量，4～7 层旅馆部分由变电所专门计量。

大楼内消防泵、喷淋泵、潜水泵及排烟风机等消防用电设备均分一主一备 2 路电源供电。末端自动切换。

消防泵除在泵房内直接启动外，可由消火栓按钮遥控启动，喷淋泵除在泵房内直接启动外，可由报警阀压力开关及消防控制室遥控启动。

大楼照明供电由变电所采用电缆分 3 路接至强电竖井，1 路供地下室及公灯照明，1 路供底层～3 层照明，1 路供 4～7 层照明，同时在地下室强电竖井内设供电源切换箱，供地下室照明及公灯照明。

在大楼各层楼梯间、电梯厅、地下室、主要出入口设内藏镍镉电池疏散指示灯。

屋顶空调机房、厨房电力、电梯等供电均由变电所采用电缆分别引入强电竖井接至各用电设备点，其余电力设备供电由各楼层电力配电箱引出。

大楼电能计量在高压侧计量。

5. 防雷与接地

该建筑物为三级民用建筑防雷，在屋面及女儿墙上设避雷带作雷带接闪器，引下线利用柱内主钢筋，上部与屋面避雷带焊通，下部与接地极的基础桩基焊通。

接地制式采用 TN－S 制，接地电阻不大于 1 Ω。在变电所设总等地位联结(MEB)，在电信间、消防控制室、电视机房等处设局部等位联结(LEB)，大客房卫生间设局部等电位联结。

(二) 弱电

1. 设计范围

包括大楼的电话通信系统、卫星电视及电视电缆系统、闭路电视监控系统及火灾自动报警系统。

2. 电话通信系统

在大楼底层设电话机房，内设 200 门程控数字交换机 1 台，1～3 层主要设置通局直线电话，设置少量内线电话。其中消防中心设 3 对外线(1 对线于 119 联络，一结线与 110 联络)，客房每间设 1 对内线，同时适量考虑电脑联网线路，服务台设内外线各 1 对。

3. 卫星电视及电缆电视系统

在屋面设卫星电视接收设备引入有线电缆电视系统。

4～7 层每间客房及 2 层中餐厅雅座各设一电缆终端，其他会议室以及小吃广场、中西餐厅、啤酒屋等处设置一部分电视终端。

电视机房设在屋面上，面积约 10 m^2，放大器、分配器安装于弱电竖井内，分支器安装于走道内，电视信号传输干线电缆采用 SYkV－75－9 同轴电缆，至用户终端的供输电缆采用 SYkV－75－5 同轴电缆。

4. 火灾报警系统

在大楼底层设消防控制中心，配有火灾报警控制器 1 套，系统采用二线制地址编码消防报警系统，用于监视大楼的火灾情况。

在地下室停车场、厨房内设置感温式探测器，其余各层设置感烟探测器。

在主要通道及出入口按规定设置手动报警按钮及警铃作火灾报警用，同时设置一定数量紧急广播。

火警按钮在火警时打碎玻璃动作时，可遥控启动消防泵。同时反馈信号向消防控制中心报警。湿式报警阀压力开关动作遥控启动喷淋泵，同时反馈信号向消防控制中心报警。

系统联动控制、火灾确认后，切断有关部位的非消防电源，并接收反馈信号，开启紧急广播指示人员疏散和救灾。

5. 闭路电视监视系统

大楼地下停车库、主要出入口、大堂、电梯厅及电梯内，走道设置监视器，其监视器主机房与消防控制中心合用。

6. 电脑管理及音响系统

各层面服务台、总服务台、收银及结账采用电脑管理。在中餐厅及啤酒屋设音响系统，并在内设音控室。

7. 接地

该大楼弱电系统与强电系统采用联合接地，接地电阻不大于 1 Ω，接地专用干线采用 16 mm^2 铜芯线绝缘线在弱电竖井内明敷。

五、暖通设计

(一) 室内设计参数

室内设计参数见表4。

表4 室内设计参数

名称	夏季		冬季		新风量[m³/(h·人)]	噪声
	温度(℃)	湿度(%)	温度(℃)	湿度(%)		
办公室	27	65	20		30	NC45
会议室	25	60	18		25	NC50
专卖店	26	65	20		30	NC45
餐饮娱乐	25	65	18		25	NC50
客房	27	60	20		30～50	NC45

(二) 系统冷、热源

1. 冷源

夏季总冷负荷为1 500 kW。考虑客房晚上需供冷，而专卖店等在春秋天亦需供冷的特点，为满足低负荷工况及调节灵活性，在设计中选用螺杆式水冷机组共2台(每台制冷量234 RT)。冷冻水泵选用KQL125-160共3台，二用一备。

2. 热源

总热负荷为1 034 kW。冬季供热热源为90～70℃热水，由屋面燃油锅炉提供。经板式热交换器为系统提供60～50℃热水。考虑冬夏不同工况，温水泵单独设置，以使温水泵与采暖工况相匹配。

屋顶层室内茶室因其工作时间灵活且处于最高层，为考虑膨胀水箱安装位置方便，屋顶层茶室单独设风冷式风管机。

(三) 空调水系统

大楼空调供回水采用闭式循环，双管异程式。竖向立管分2路。

根据大楼的特点，其1～3层为专卖店，餐饮娱乐其平面布置及冷热负荷均可能根据业主不同经营方式而作变动。相对而言，4～7层客房部变动的可能性较小，故在4～7层每层空调回水管上设动态流量平衡阀。当1～3层负荷变化时不至于引起4～7层水系统变化。

(四) 空调风系统

大楼地处淮海路繁华路段，为充分利用本大楼实用价值，大楼设计为7层楼，建筑高度控制在24 m以内。1层有过街天桥，层高为4.5 m，2、3层分别为3.8 m及3.5 m，4～7层客房部分层高仅为3 m。由于大楼层高低，但其吊顶基本高度又必须保证，这就使空调布置及风管走向高度极为重要。在1～3层专卖店，餐饮娱乐采用变风量空调器或风机盘管加新风的空调方式。气流组织为上送上回。在寸土寸金的商铺内减少设备的占地面积，提高了使用效率。4～7层客房部结构大部分区域采用无梁楼板，局部梁加高加厚，为保证走道吊顶2.15 m，主风管设计很扁，加装导流叶片，借梁与板的空间走管；次风管穿梁布置；尽量避免风管与其他管线交叉。

(五) 消防

该大楼属于多层建筑。但考虑到其餐饮娱乐属于人员密集性场所,故在其两侧的封闭楼梯间均设机械加压送风。餐饮娱乐及客房均采用自然排烟方式。4～7 层的中庭采用机械排烟,以保证火灾时能及时排走烟气。

(六) 环保

因老式居民区距主楼 30 m,辅楼 10 m,因此设备噪声对居民住宅影响很大。在设计中所有设备均采用低噪声型的产品;且原为了节省空间而采用的螺杆式风冷热泵机组在施工图设计时改为水冷螺杆式机组。水冷螺杆式机组设在地下 1 层,虽然占用了车库面积,但从噪声振动及制冷效果来看水冷机组均优于风冷热泵机组。

废气排放是另一个污染源。厨房的油烟气经油烟净化处理机处理后,伸出屋面高空排放(老式居民区均为 3 层楼高)。以减少对居民区污染。

(七) 运行效果

该工程 2000 年 9 月竣工,2000 年 12 月正式开始对外营业。经过 2 年空调运行,根据 2001 年 6～8 月室内温度测试结果表明,空调设计基本满足要求,业主反映良好。通过施工配合,对一些地方作了局部调整及改进。

中庭:4～7 层客房中庭顶部为玻璃顶,在顶部无内遮阳的情况下,2001 年 5 月测得的室内温度达 30℃,业主反映太热。在设计时原本此处为少量人员通往室外的通道,仅设计了排风,在实际运行中,此走道为大楼职工去屋顶餐厅(运行后由茶室改建)的主要通道。业主希望能降温。要使得室内温度降低,通过计算如采用空调降温,需增加 5 台 5 匹机,但考虑到电力容量,室外机位置及投资额等因素,最后采用在玻璃顶下加装装饰性内遮阳,七八月份实测走道温度小于 28℃,满足使用要求的同时亦节省了能源。故在今后的设计中应建议选用传热系数小的新型材料,或是设置内遮阳,减少热损失。

新风:末端客房新风量少或没有。经检查发现新风口面积比设计时减少了 30%,实测新风口风速为 4.2 m/s,由于风口风速过高,防雨百叶的阻力系数又大,这样空调器的负压成倍增长,以至于正压不够,新风送不出。后在机房内新增一新风口,房间内新风量明显增加,达到设计要求。

卫生间排风:屋面上排风机的排风量很大,而楼房内卫生间排风量小甚至没有排风。经检查发现采用的土建风道存在漏风,经施工队的改进后,有所好转。因此在今后的设计中有条件的情况下尽可能不用土建风道,或对土建风道进行必要的处理。

上 海 四 季 酒 店

建设单位：上海上实南洋广场有限公司

设计单位：华东建筑设计研究院有限公司

霍克国际(亚洲/太平洋)有限公司(建筑)

施工单位：上海建工集团第一建筑公司

撰 稿 人：黄 良

一、建筑设计

(一) 场地概述

上海四季酒店位于上海市静安区石门一路、威海路交叉口西北角，是1幢超五星级的酒店(见图1)。建筑的1～4层为酒店的餐饮、服务、健身，5～11层和13层以上为酒店的客房，12层为机电设备和避难层。建筑占地面积7 620 m²，地下3层，主要为设备用房和车库，地上38层，主楼高度为147.75 m，裙房高度为18.80 m，总建筑面积约72 000 m²。

图1 四季酒店

(二) 总体布局

主楼置于基地的东侧，与道路呈L形布局，尽量使基地沿威海路一侧以3层高的裙房为主调，并使裙房与主楼一样后退红线10 m，在红线内解决了宾馆客人的进出系统，从而减缓了宾馆大量人车流对城市道路交通的影响(见图2)。与此同时，结合基地的形状，在基地的北面将裙房底层采用过街楼的形式，作为消防通道，并借此解决了宾馆后勤部分的出入口及地下车库的车辆出入口，使宾馆前后的功能布局自然而合理，各部分流线清晰、简便，互不干扰。

(三) 单体设计

在单体设计中，对酒店的主入口予以重点的处理。走进大堂，迎面为贯通两层的巨型金箔浮雕，气派非凡(见图3)。继续往左前方走去，顿觉豁然，迎面是室内净高约14 m的宽敞中庭。而环绕中庭设置的回廊，将二楼的餐饮空

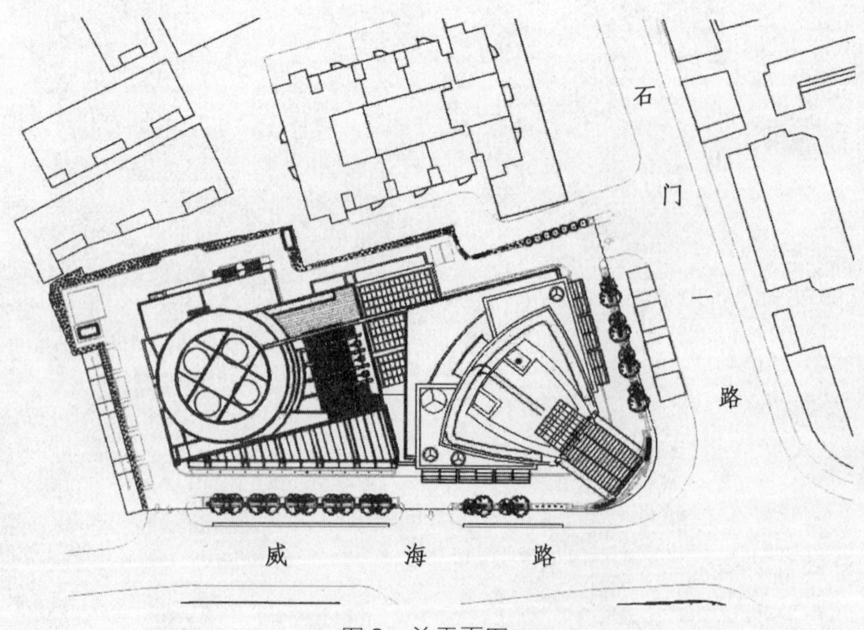

图2 总平面图

图3　巨型金箔浮雕

间，3层的会务空间有机地连成为一个整体(见图4和图5)。6～36层为酒店客房，每层总面积1 380 m^2，标准层设有20个标准间(见图6)。在L形主楼简明形体的基础上，通过转角局部重点的处理，既增加了立面层次的变化，又使整体的造型更趋丰富完整(见图7)。在立面上采用了严谨的模数分割，使所有的开窗及幕墙板，成为统一模数中的元素，并在总体上使这一模数延续到地面材料的分割与铺设，从而使这一造型的整体更有内在的逻辑性。

图4　中庭

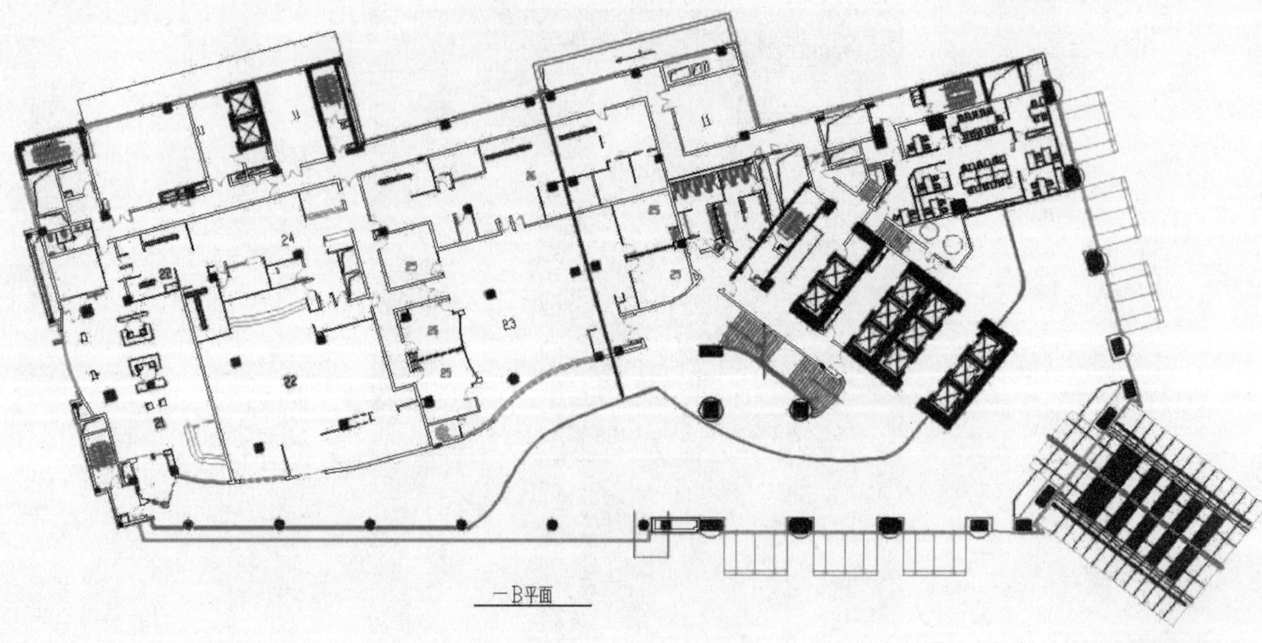

图5 1层平面图

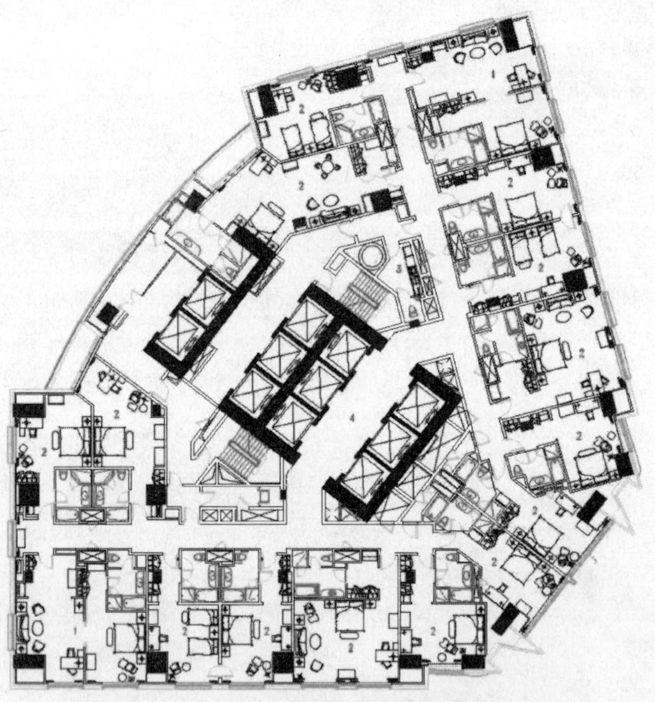

图6 标准层平面图

图7 南立面图

二、结构设计

(一) 工程概况

上海四季酒店的主楼与裙房之间的地下室连成整体不设永久缝，地上部分用抗震缝分开。基础采用钻孔灌注桩。

(二) 设计特点

该工程按7°抗震设防，Ⅳ类场地。主楼是1幢超高层建筑，采用框架-筒体结构；裙房是多层建筑，采用框架结构。

(三) 地下室设计

由于地形和建筑功能要求，该工程的主楼和裙房地下室要求连成整体，主楼在东侧，裙房在西侧，东西总长107 m，南北长54 m，因此对主楼和裙房差异沉降的控制极为重要，主要采取了以下三个方面的措施：

(1) 选择合适的桩基持力层，考虑到主楼核心负荷重大、排桩间距要求高、沉降控制严等因素，桩端持力层选在⑨层粉细砂、该层的压缩模量 $E_s=75$ MPa，钻孔灌注桩的桩径 $\phi850$，有效桩长59.2 m，单桩设计承载力4 200 kN，裙房的桩基持力层选在$⑦_2$层粉砂，该层压缩模量 $E_s=55$ MPa，钻孔灌注桩的桩径 $\phi600$，有效桩长17 m，单桩设计承载力900 kN。

(2) 基础底板计算考虑了主楼与裙房分开和连成整体不分两种工况，主楼底板设计成厚板，裙房底板设计成柱下承台加双向地梁的形式，裙房地梁配筋考虑了连成整体时主楼与裙房之间差异沉降的影响。

(3) 在主楼和裙房之间设置控制沉降的后浇带，利用后浇带来减少在施工阶段主楼和裙楼之间的沉降差影响。在施工过程中，根据实测沉降资料决定后浇带最佳浇筑时机，整个工程从1998年12月结构封顶至今，主楼累计最大沉降值为20 mm，目前使用情况良好。

(四) 转换梁和转换层的设计

1. 总体设计思路

该工程由于建筑功能的需要，5层以下是酒店的公共部分，采用大跨度的柱网，5层以上是酒店的标准客房层，12层为设备层兼避难层。由于5层以下的柱网最大跨度为11 m，而酒店客房的层高仅为3.3 m，为了降低梁高需要在各标准层增设一排柱，结构根据功能安排在五层设置转换梁以支持5～11层的新增立柱，在12层利用设备兼避难层设置空腹桁架式的转换层，承托13层以上各层新增立柱的荷载。由于12层转换层(55.700标高)是属于高位转换，若采用转换层上、下结构形式改变的框支剪力墙，则上、下层刚度突变很大，容易形成薄弱层，对抗震设计非常不利。所以在设计12层转换层时采用了通过平面垂直转换桁架使下部大柱网变为上部小柱网的形式，这种形式的转换具有结构传力明确，途径清楚，对建筑影响小并为设备留洞、管道布置创造了条件，结构利用12层及13层的梁及12层设备层内增加的竖杆组成空腹桁架来实现结构的转换，这种结构本身自重轻，抗侧力刚度变化不大，其质量和竖向刚度的突变较小，从而减少了地震的反应，有利用于结构抗震设计。

在结构整体分析计算时五层转换梁及12层空腹桁架转换按实际模型输入。整体分析程序选用PKPM系列TAT(1996年10月版)。动力时程分析采用TAT-D。分别取宁河NS、NW和上海的2条人工波，经比较，上海人工波的计算结果起控制作用。主楼主要计算结果见表1。

表1　主楼的动力时程分析

周　期(s)						位　移				剪　重　比	
Tx_1	Tx_2	Tx_3	Ty_1	Ty_2	Ty_3	dx/h	dy/h	Ux/H	Uy/H	Gox/Ge	Goy/Ge
3.6	1.05	0.535	3.59	1.03	0.5	1/1 075	1/1 145	1/1 441	1/1 438	1.74%	1.81%

由于桁架转换层以上的标准层采用宽扁梁1 500×460，整体刚度较差，为使转换层以上的结构同转换层形成空间体系共同工作，采用了以下几个措施：

(1) 结构顶层做一个加强层，即该层的梁做普通梁，相对其他层的宽扁梁刚度较好，通过设置刚度较大的楼层，强化外柱轴向力形成的力偶矩来增强抗侧刚度。

(2) 增加转换层以上的结构封闭外圈梁的断面，提高结构刚度，当外圈梁高按高跨比为 1/8 时，同原来宽扁梁之比位移要减少 18.5%，虽然地震力有新增加，但幅度很小。

(3) 加大转换层楼板厚度，强化楼板刚度，保证空间协同工作，同时转换层在核心筒的支承点处上下弦杆梁加腋，提高支座区段的抗剪承载力。

2. 桁架转换层设计

桁架转换层设计采用 2 种方法进行计算：整体电算分析和桁架单独有限元分析。

经分析比较，空腹桁架转换层采用上弦杆梁的截面尺寸 1 300 mm×1 400 mm，下弦杆梁截面尺寸 1 300 mm×1 600 mm，竖向腹杆截面尺寸 1 000 mm×1 300 mm，空腹桁架的矢高 $H=6\,225$ mm，空腹桁架竖向腹杆的间距，根据上面柱网布置而定，属不等节间的空腹桁架。边柱截面尺寸 1 500 mm×1 500 mm，使空腹桁架设计成强边柱弱中柱。对这 2 种计算结果取大值作为最终控制配筋内力，转换层的最大弦杆梁的弯矩 $M=22\,280$ kN·m，剪力 $Q=8\,206$ kN，轴力 $N=1\,041$ kN(拉力)，在具体设计时考虑了桁架梁的正截面和斜截面的计算，同时也考虑桁架梁轴向变形，按偏心受拉杆件计算。由于转换层的内力大，含钢率高，为了防止构件脆性破坏，为结构抗震提供必要的安全储备和延性，经比较采用钢骨混凝土的配筋形式，钢骨混凝土不仅有承载高，刚度好，而且构件的塑性、耐久性和抗震性能都优于普遍钢筋混凝土构件，本工程的钢骨混凝土中的钢骨在考虑设计、施工等方面因素后，梁钢骨选用斜腹杆的空腹式型钢，斜腹杆穿过桁架梁预期的斜裂缝，以提高材料的抗剪能力。钢骨混凝土中的钢骨由二榀桁架组成空间桁架，加强混凝土的约束。空腹桁架的腹杆是保证桁架整体工作的关键构件，其截面尺寸由剪压比($\mu_v=V_{max}/fc_{bho}<0.06$)和轴压比($\mu_N=N_{max}/fc_{bho}<0.5$)共同控制，以满足强剪弱弯的要求，同时在腹杆的节点加腋，保证强节点弱构件，腹杆采用钢骨混凝土，钢骨选用空腹钢桁架，通过这些构造措施保证整体桁架结构具有一定的延性，不发生脆性破坏。

3. 劲性梁设计

劲性梁的设计按公式(1)～(4)计算：

$$M<M_c+M_s \tag{1}$$

式中 M_c——钢筋混凝土部分受弯承载力，按 GBJ10－89 设计；

M_s——钢骨部分的受弯承载力(空腹式)。

$$M_s=A_s\cdot r_s\cdot f \tag{2}$$

式中 A_s——受拉侧钢骨截面面积；

r_s——受拉侧钢骨截面重心至受压侧截面重心的距离；

f——钢骨材料强度设计值。

$$V<V_c+V_s \tag{3}$$

式中 V_c——钢筋混凝土部分的受剪承载力按 GBJ10－89 设计；

V_s——钢骨部分的受剪承载力，对于空腹式钢骨 $V_s=0$。

$$B=0.65E_c\cdot I_c+E_s\cdot I_s \tag{4}$$

式中 E_c——混凝土弹性模量；

I_c——混凝土部分的截面惯性矩；

E_s——钢材的弹性模量；

I_s——钢骨部分截面惯性矩。

劲性梁的构造措施：

(1) 在空腹式钢骨上设置 $\phi20$ 的栓钉，用以加强型钢与周围混凝土的连结。

(2) 提高转换层的混凝土标号，使劲性结构更好地发挥强度。

(3) 梁端加腋提高抗剪能力。

(4) 弦、腹杆的配筋均为对称配筋，上、下弦杆梁的钢筋接头全部焊接接头。

(5) 转换层上、下柱的箍筋全长加密，上、下弦杆梁的箍筋全长加密。

(五) 宴会厅大跨度屋盖设计

大空间宴会厅设在裙房顶层，长约 40 m，宽约 25 m。屋盖下弦布置有多功能悬挂隔断（重约 1 kN/m^2）及灯具等大量设备，屋顶放置 4 组冷却塔机组（重约 200 kN/组）及围护结构，局部位置有屋顶花园。因此整个屋盖具有跨度大，荷载大的特点。为了减小结构高度，减轻结构自重，屋盖采用钢结构体系。

为了防止钢屋盖和冷却塔机组等动荷载引起共振，要求钢屋盖具有较好的平面外刚度；另外为了提高裙房顶层大空间的整体抗震性能，保证水平地震力的有效传递，要求钢屋盖具有较好的平面内刚度。为满足上述要求，钢屋盖采用下列布置方式：沿短跨方向每隔 4.2 m 设置 500×2 000×30×20 焊接工字钢作为主梁，沿长跨方向每隔 2.1 设置 I28b 工字钢梁和焊接工字钢平接，上铺压型钢板的组合板，形成竖向承载力体系并搁置在周边钢筋混凝土梁柱上；在焊接工字钢梁下弦设置水平支撑体系（沿长跨每隔 4.2 m 设置 L100×6 双拼角钢，在两端焊接工字钢梁之间设置 L80×6 角钢作为水平交叉支撑），并在两端焊接工字钢梁上下弦之间设置 L75×6 角钢作为竖向交叉斜杆来形成空间结构体系，设计时还加大了钢结构周边混凝土梁的截面，保证整个钢屋盖有足够的平面内和平面外刚度。

500×2 000×30×20 焊接工字钢梁设计弯矩为 5 600 kN·m，设计剪力为 900 kN，为保证钢梁腹板稳定及承受局部集中荷载，结合次梁布置每隔 2.1 m 设竖向加劲板。

(六) 结论

该工程标准层层高为 3.3 m，结构采用宽扁梁，高度为 0.46 m，在走道处局部梁高仅 0.30 m，该方案降低了结构层高，满足了建筑对净高的要求。结构层高的降低，在建筑使用净高不变的条件下，降低了总高度，从而相对减少了由风载和地震作用产生的结构内力，降低了建筑经常性的耗能及工程的造价。

三、给排水设计

(一) 给水系统

采用分质、分区供水：冲厕用水及冷却塔补充水等非饮用水采用城市自来水；厨房餐厅、洗浴等与人体直接接触的用水是将自来水经处理，达到生活饮用净水标准后供给。洗衣房及厨房洗碗机用水采用软化水。除地下室车库地面冲洗水直接利用城市管网压力供水外，大楼内其余生活用水均在地下室设水池利用加压泵和高位水箱供应。分区压力控制在 0.20～0.45 MPa 之间。热水给水分区同冷水，各分区分别设有半容积式汽-水热交换器制备热水集中供应。室内排水采用污、废合流。厨房废水经隔油池后与污水一并送至地下室污水处理站，经处理达标后排放。

(二) 消防系统

设有室内消火栓给水系统和自动喷淋全保护。消防泵采用多出口水泵，直接从市政管网抽水，消火栓系统和喷淋系统均分 3 个区。柴油发电机房及日用油箱间采用水喷雾灭火系统，锅炉房采用轻水泡沫灭火。

四、电气设计

(一) 强电

用电为一级负荷,由区域变电站引来2路10 kV电缆,另有柴油发电机作为应急电源。

在地下室设置高压配电室、变压器室及低压配电室、柴油发电机房。变压器容量为4台1 600 kVA,柴油发电机容量为1 000 kW。

酒店客房(除行政套房、总统套房外)电源为一般电源,客房走道电源为应急电源,保证客人安全。

酒店大堂及宴会厅、餐厅等公共场所灯光控制采用调光及时钟控制,以达到美观和节能的目的。

(二) 弱电

为了体现超五星级酒店的特色,酒店除设置了常规的安全防范系统、电话通讯系统、公共广播系统、电视传输系统外,还设置了综合布线系统、计算机网络系统,并改进了常规的客房音响系统。整个酒店的音视频系统采用计算机控制,实现了资源共享。

五、暖通设计

冷源采用550RT的离心式冷水机组4台,供暖热源为燃油蒸汽锅炉,用汽-水热交换器(高低区各2台)制备空调用热水,总供热量5 593 RW;总蒸汽加湿量1 200 kg/h。客房新排风设4套显热热回收系统。空调水系统设计采用四管制;整个酒店以12层设备(兼避难)层为界,分为高区和低区2套水系统;低区冷、热水循环采用定流量水泵,高区冷、热水循环均采用变频调速水泵。1层大堂周边玻璃幕墙的下部设暗装铝串片辅助采暖系统。

六、动力设计

锅炉房位于酒店裙房地下1层,内设3台6 t/h蒸汽锅炉。锅炉房总蒸发量为18 t/h,工作压力为0.8 MPa,锅炉燃料采用0号柴油。在酒店基地内,直埋2只25 m^3储油罐,供锅炉使用。

锅炉蒸汽经分汽缸集中后,分别供采暖、生活热水、洗衣房及厨房蒸煮消毒之用。

煤气主要供各餐厅厨房炉灶具使用。煤气总供气量为577 m^3/h。在底层煤气表房设3只170 m^3/h煤气表进行计量。

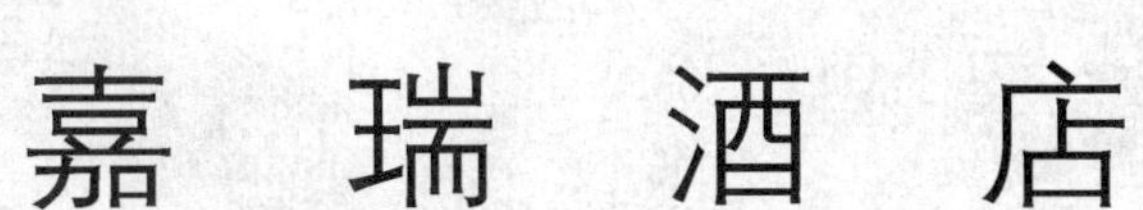

嘉瑞酒店

建设单位：上海龙仓置业有限公司

设计单位：中船第九设计研究院

施工单位：上海鹏诚建筑安装工程有限公司

撰 稿 人：吴 文 工晓东 瞿 革

丁淑芳 李怀宁 王培康

姚 建 刘 珺

一、建筑设计

(一) 项目概况

嘉瑞酒店位于浦东陆家嘴金融贸易区的竹园商贸区，西临金融中心和世纪大道，东靠浦东新区行政中心。基地位于源深路、潍坊路交叉口的东南角，其南侧是香榭丽花园，北侧为竹园住宅小区，四周建筑物有通贸大厦、期货大厦和浦东源深体育中心等(见图 1)。

图1 嘉瑞酒店

该项目为多层(公寓式)酒店。用地面积 5 189.36 m^2，总建筑面积 14 018.8 m^2，地上 6 层，1 层及夹层为酒店大堂及餐厅等服务设施，2～6 层为客房。地下 1 层，主要用做机动车、非机动车停车及设备辅助用房。

(二) 总体设计

该工程基地北侧为主要沿街面，与潍坊路相临，对面为竹园居住小区，因而将酒店大门、机动车行出入口均设于潍坊路，便于人、车出入。1 条 6 m 宽道路从基地西北角的车行入口绕大楼延伸至东南角，用于机动车出入、货物运输及消防等，道路尽端设回车场(见图 2)。

在大楼及道路边的空地因地制宜种植绿化，沿街布置花坛，绿地率达到 30%。

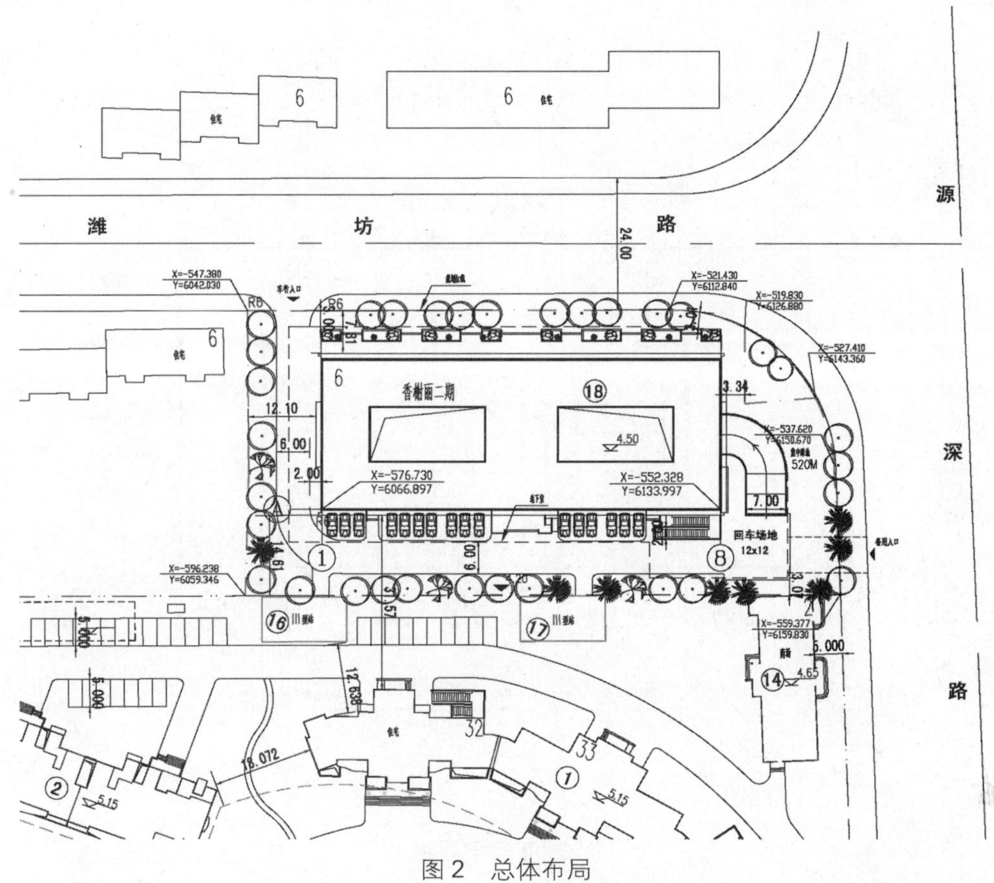

图 2　总体布局

为了保证绿化率要求，机动车基本采用地下停放。在车道一侧设置了一些地面停车位，供小汽车临时停放。总停车数泊位 73 辆。

基地内原始地坪标高在 3.80～4.00 m，相临源深路、潍坊路道路中心标高在4.00 m左右。综合考虑道路放坡、排水、土方量等因素，将场地整平标高定为 4.20 m。

除在潍坊路上设主要机动车出入口外，在源深路另设一消防备用出入口。车行道路宽 6 m，沿道路边设置停车位。车辆从机动车入口进入，进地下车库或通过回车场由原路驶出。非机动车停于地下室。顾客或办公人员均由北侧潍坊路直接进入大楼。

基地内主要车行道(双车道)从设在基地西北角的主要出入口引入，绕建筑的西边及南边设置，于基地的东南角结束并设置尽端回车场，以及地下车库出入口，以满足车辆来回通行需要。

(三) 建筑设计

1. 出入口设计

各出入口设计与基地总体及建筑内部使用功能有序衔接。建筑整体较长，沿潍坊路建筑居中设酒店主要入口，两侧餐厅、咖啡厅临街，方便直接，最大限度地吸引客流。沿建筑南侧内部道路与建筑居中位置设酒店后门厅，用作酒店员工出入。两侧设辅助出入口，用作地下非机动车库或酒店货物进出口。整体交通设计关系明确，流线清晰。

地下室以机动车库为主，出入口设置在建筑的东南侧，基地道路的尽端。另地下室东南角为自行车库，设坡道通至地面回车场处。

2. 平面及垂直交通设计

建筑 1 层层高 7.2 m，局部设夹层。主要设置酒店大堂及各类餐厅、咖啡厅等设施。挑高大堂和夹层空间结合，不仅提高空间利用率，也使入口主要空间足够高大且富于层次变化，营造酒店情调氛围(见图 3 和图 4)。

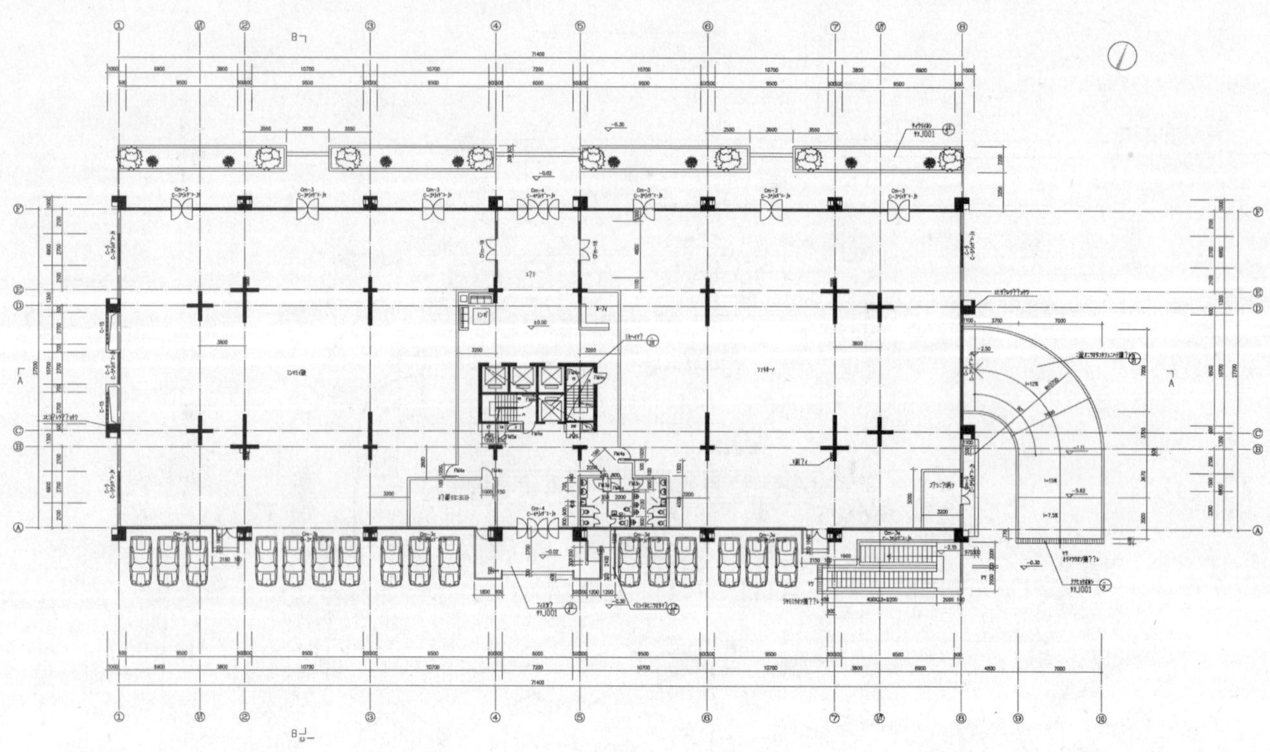

图3 1层平面图

图4 1层大堂实景图

2～6层为公寓式客房(层高3.2 m)，标准层共有32套客房，每套平均建筑面积为40多平米。本酒店定位为精品酒店，又兼有“公寓式”特征，因此设计每套客房均带厨房设施(用电)，并且半数客房为小套间，更适合都市白领的生活特点。标准层分为东西两区，两区各设中庭，并以回廊解决交通。两个中庭设计成不同风格，形成不同空间趣味的对比(见图5)。

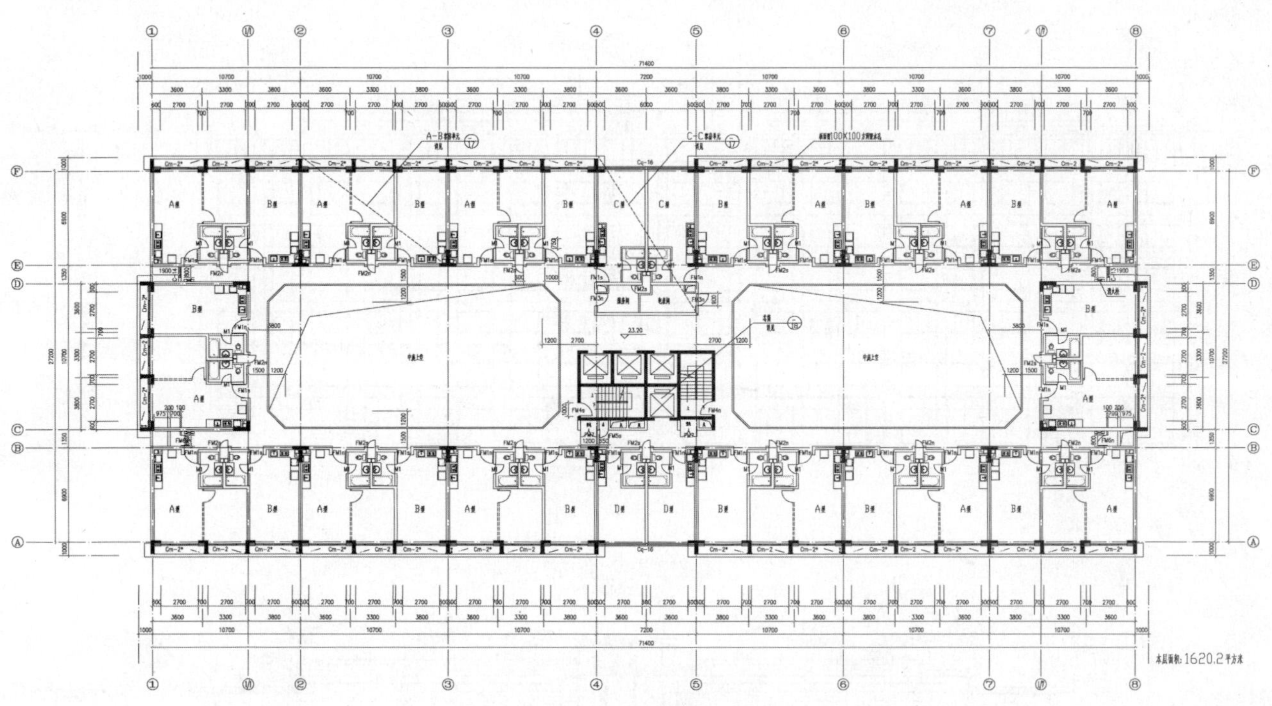

图5　3～5层平面图

中庭顶部设采光顶，引入自然光(见图6)。两区以中部的交通核心区相连，设4台电梯，2部楼梯，交通核心部分相对集中，利于平面布置。2层处另设一些公共用房，为酒店服务。地下1层为汽车库、自行车库和设备用房。

客房套型设计与结构布置结合密切，选形为短肢剪力墙，10.2 m大开间，每开间组合设计一组标准客房和套房，形成标准客房单元组合，取得最大使用空间，客房组织、家具布置关系良好。

3. 立面设计

立面从局部每个客房单元着手，通过解决门窗开启方式及比例等，将两套同一个柱间单元的客房(其中一个为单间，另一个为小套房)构成基本元素，然后通过对基本元素精心组合，设计出与众不同，既符合高尚酒店性格特点，又表现现代精神的建筑立面。对应于建筑内部两个中庭，外立面由基本客房单元组合成东西两块。两块之间的连接体处运用玻璃幕墙，使之与两边相映成趣(见图7～图10)。

图6　中庭实景

(四) 消防设计

该建筑按二级耐火等级设计，室外基地内沿建筑南、西侧的为双车道，兼做消防车道，其尽端设消防回车场。

该建筑1层及地下室为每层一个防火分区，面积符合规范要求，2～7层的客房等开向中庭的门采用可自动关闭的二级防火门。大楼设两座封闭楼梯(设正压送风系统)。

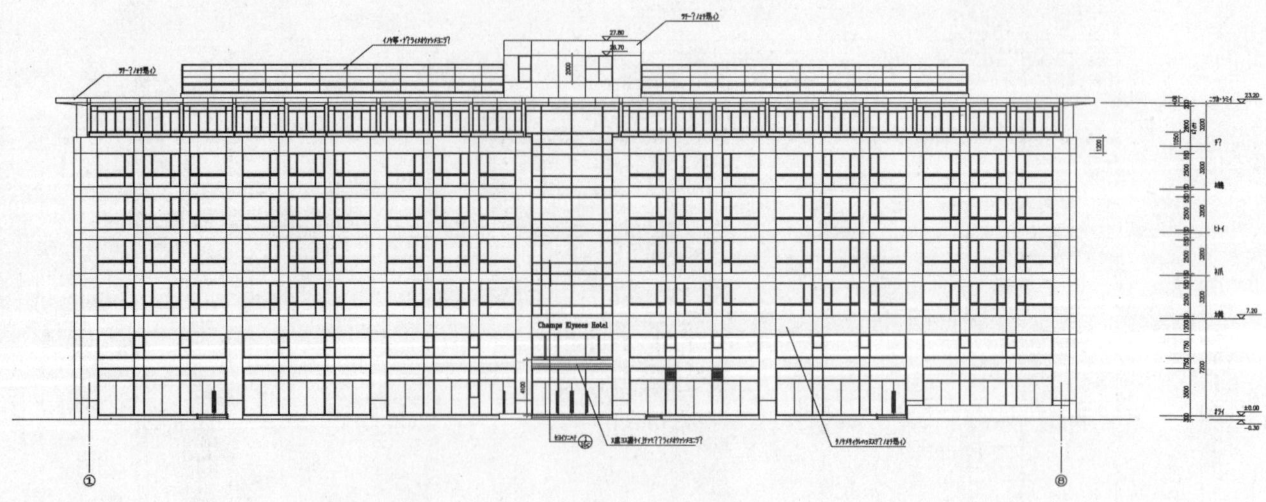

图7 南立面图

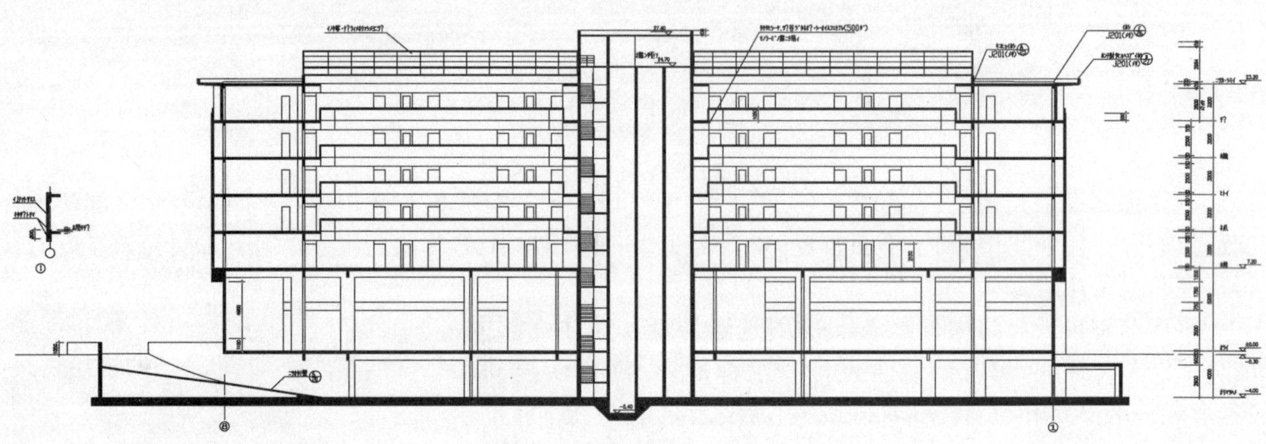

图8 剖面A－A

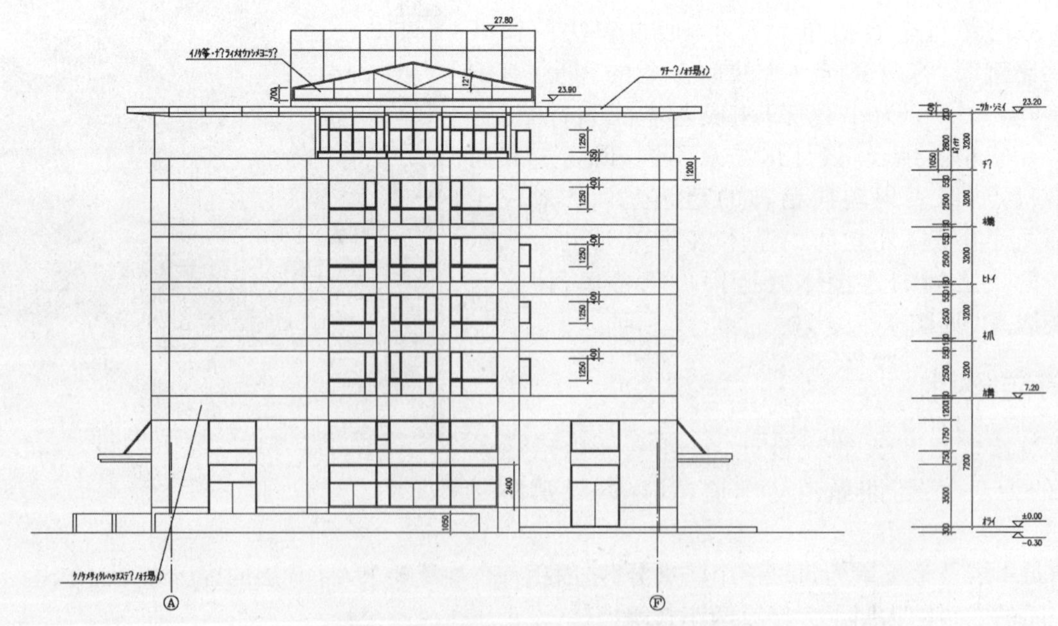

图9 东立面图

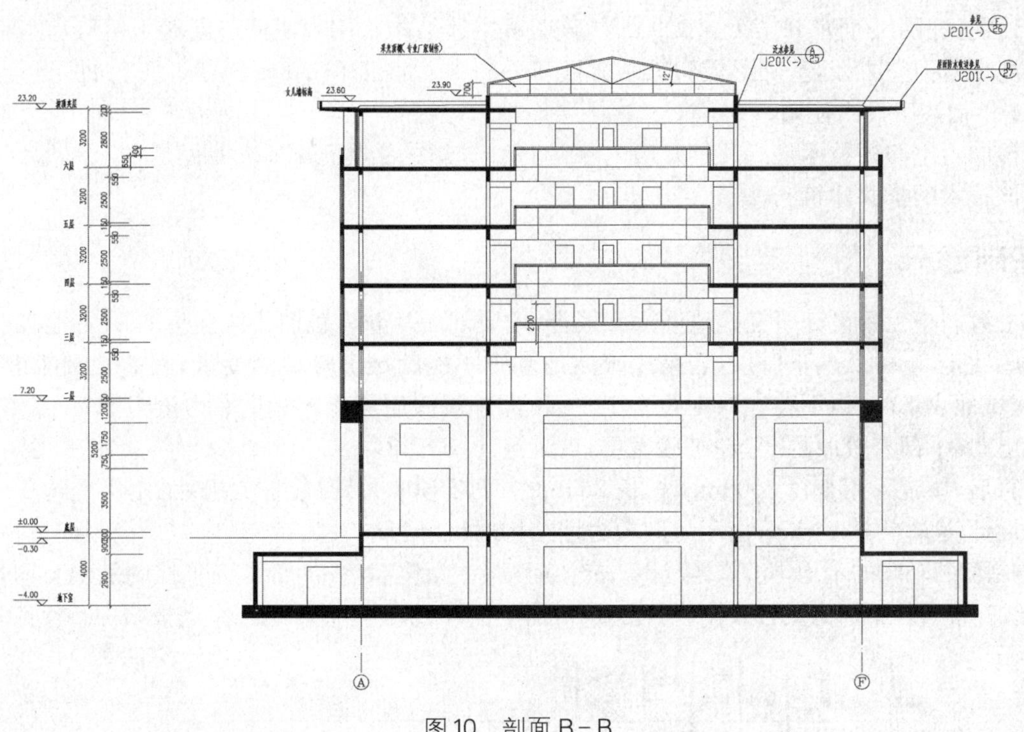

图10 剖面B-B

(五) 主要经济技术指标

主要经济技术指标见表1。

表1 主要经济技术指标

总用地面积		5 189.36 m²
其 中	地上建筑面积	10 705.1 m²
	地下建筑面积	3 313.7 m²
容积率		2.06
客房数		160套(230自然间)
绿地面积		1 560 m²
绿化率		30.0%
集中绿地面积		520 m²
机动车停车数		73辆
其 中	地 面	16辆
	地 下	57辆

二、结构设计

(一) 工程概况

嘉瑞酒店工程占地面积5 189 m²,建筑面积15 900 m²,地下1层,地上6层,地面以上建筑总高度为23 m,平面外廓尺寸73.4 m×29.2 m,中间设10.7 m×16 m两个中庭，中庭上空为膜材覆顶的自然采

光钢结构顶盖，柱网尺寸为 10.7 m×6.9 m 。该工程主体结构采用现浇钢筋混凝土短肢剪力墙结构，楼板采用现浇预应力空心板，基础形式为梁板式筏基＋桩基。该工程 2003 年初开工打桩，当年年底结构封顶，2004 年初竣工投入使用。

现浇预应力空心板技术是近几年发展起来的一种较新的结构形式，该工程是在上海地区属首个大面积采用该技术的公共建筑。

(二) 基础部分

根据上海岩土工程设计研究院地质勘察报告，地质剖面及静力触探曲线详见图 11。地表下 18 m 范围内存在厚约 16 m 的软弱下卧层，若采用天然地基则不能满足沉降计算要求，因而基础考虑采用桩基形式，该区域地表 26 m 以下存在厚度约为 9.3 m 的⑦$_1$ 层砂质粉土层，P_s 平均值为 5.7，可作为理想的桩基持力层，其下部有较厚的⑦$_2$ 粉细砂土层，可满足计算沉降要求。从技术、经济及施工工期等方面因素分析计算后，决定采用直径 400 mm、桩长 26 m 的 PHC 预应力管桩，桩尖进入⑦$_1$ 层土约 2 m 左右，单桩承载力设计值 R_d＝1 300 kN；由于短肢剪力墙结构对沉降影响较为敏感，应尽量控制建筑物的最大沉降量，并控制相邻轴间的不均匀沉降，经计算该建筑物最大沉降量为 62 mm，为了控制基础不均匀沉降，设计时在轴线间设置拉梁成为梁板式筏基的形式以加强底板的整体刚度。地下室底板结构布置见图 12。

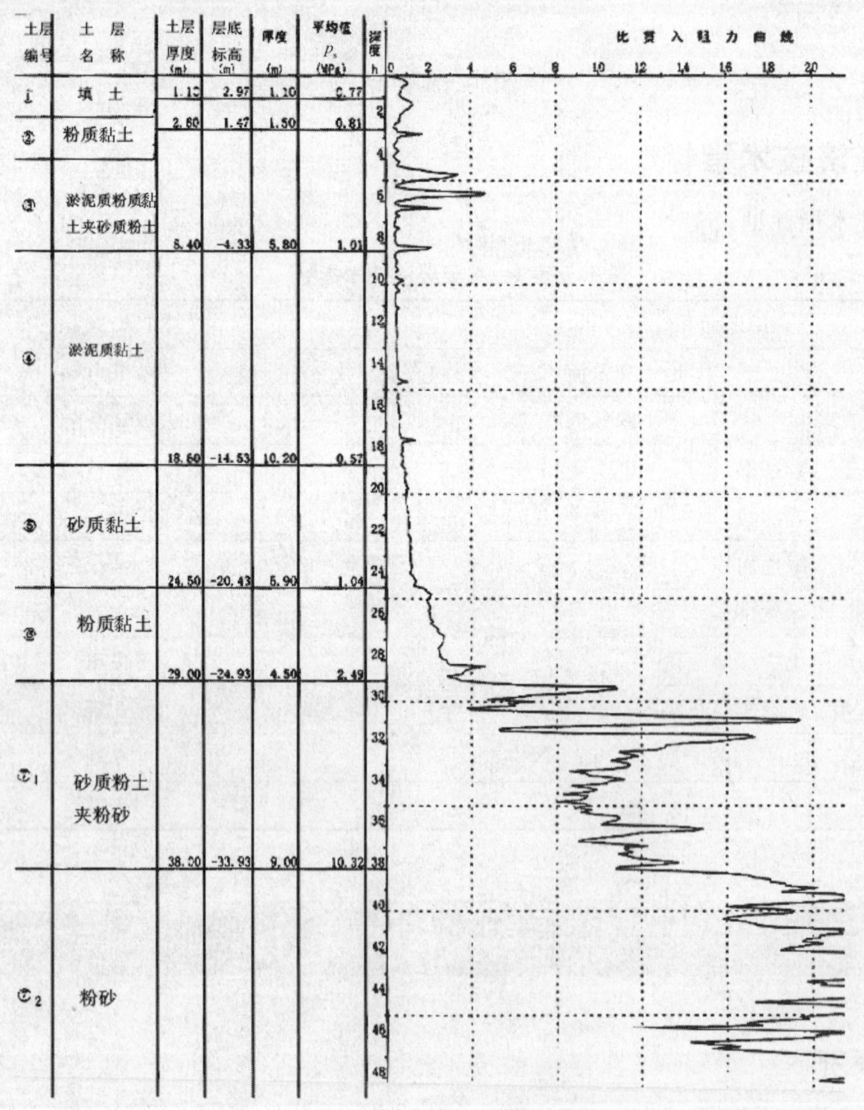

图11　土层剖面与静力触探曲线

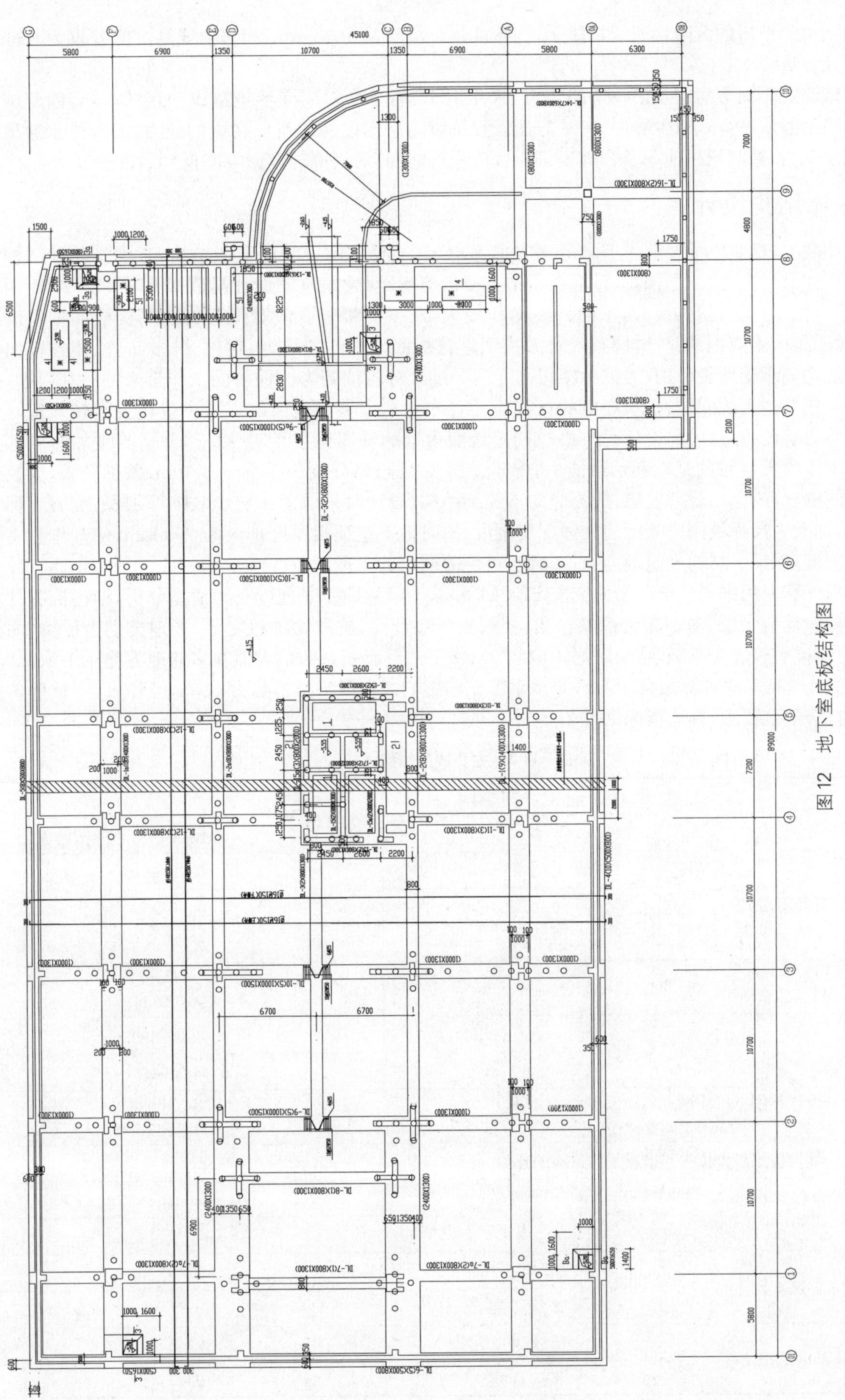

图12 地下室底板结构图

根据结构封顶后的沉降观测资料显示，该楼的累计沉降量为 32 mm，相邻轴线间沉降差仅为 5 mm，符合规范及设计要求。

由于该建筑距周边房屋及市政道路较近，采用 PHC 管桩会对周围环境造成一定的影响，因此施工时一方面采用静压桩方式减少噪声，另一方面设置抗震防挤沟以释放挤压产生的应力，设置排水通道消散超孔隙水压力，控制压桩速率及合理安排压桩流程等，使其对周围环境影响降低到最低程度。

（三）主体结构设计

从使用功能、建筑立面及业主需求等多方面考虑，该工程采用短肢剪力墙结构，考虑到此种结构属抗震不利形式，设计时应从严控制，计算及构造上要严格满足《建筑抗震设计规范》GB50011－2001 中的要求，由于该结构超长、扭转偏大，平面开洞面积较大，水平向楼板有效宽度仅为该层楼板典型宽度的 42.8%，属于结构不规则情况，结构布置时需特别注意抗侧力构件的均匀、对称、分散布置，使各竖向抗侧力构件能均匀承受地震作用；为减少楼板刚度削弱过大对各抗侧力构件协同工作带来的不利影响，并控制位移及扭转过大的问题，在核心电梯筒部位尽量布置剪力墙形成筒体以减少位移及扭转效应。为增加短肢剪力墙的抗震性能，设计时严格控制短肢剪力墙的轴压比在 0.40 以下，并适当增加短肢剪力墙的配筋率以增大墙肢的延性和承载能力；由于 1 层、2 层层高分别为 7.2 m、3.3 m，差别较大，为控制上下层的侧刚比，避免出现薄弱层，成为竖向不规则结构，设计时采取了 1 层墙肢加厚加长、混凝土标号提高一级、加大 1 层顶板刚度等措施加强 1 层刚度；同时地下室顶板厚度加大为 200 mm，使其作为 1 层结构的嵌固端，保证了结构竖向刚度的连续性，避免薄弱层的出现。

该工程计算采用中国建筑科学研究院 PKPM 系列 SATWE 程序进行空间模型分析，结构抗震计算采用振型分解反应谱法，考虑扭转耦联作用，楼板按弹性计算，抗震设防烈度 7°，场地类别为Ⅳ类，丙类建筑，剪力墙抗震等级为三级，结构阻尼比取 0.05，水平地震影响系数最大值在多遇地震作用下取0.04，特征周期为 0.9 s，基本计算振型 15 个，非承重填充墙影响的周期折减系数为 0.85，经计算、调整后各主要指标均符合规范要求，具体指标见表 2。

表 2 主要抗震指标

计算程序		SATWE		
		周　期	平动成分	扭转成分
自振周期	T_1	0.961	0.98	0.02
	T_2	0.732	0.99	0.01
	T_3	0.645	0.03	0.97
周　期　比		$T_3/T_1=0.671$， $T_2/T_1=0.761$		
有效质量系数		X 向 0.949		
		Y 向 0.941		
地震作用下机构最大层间位移角（角位移） 底层层间位移角为		1/1 358≤1/1 000 1/3 500≤1/2 500		
结构楼层最大位移与楼层平均位移的比值		1.21≤1.4		
剪　重　比		$Q_{ox}/G_e=5.36\%$		
		$Q_{oy}/G_e=5.12\%$		
X 向刚度比	1层/地下1层	0.49		
	2层/1层	0.71		
Y 向刚度比	1层/地下1层	0.48		
	2层/1层	0.74		

该工程同时也进行了罕遇地震下的薄弱层验算，一层的弹塑性层间位移最大值为1/125，满足抗震规范的限值要求，不存在薄弱层。为减少地震影响，该结构填充墙采用了较轻的轻质砂伊通砖，容重限制在 600 kN/m^3 以下，楼板采用空心板，从而降低了结构自重，减少了地震力的作用。

该工程结构设计在 2002 年 7 月，当时处在新老规范交替时段，新规范刚刚出台，计算程序还没有按新规范更新完毕，在计算时仍按老的计算程序计算，但构造上的一些措施按新规范执行，这样一方面可满足老规范计算要求，另一方面可满足新规范的构造要求。工程开工之前，又用新的计算程序进行了复核，计算上完全满足新规范的要求。

(四) 楼(屋盖)设计

1. 楼(屋盖)设计

楼(屋盖)设计是本工程的重点和难点，由于净高及使用要求，在柱开间范围内不允许出现梁，因此结构采用大板结构，大板尺寸为 10.7 m×6.9 m，若按正常板设计，势必造成板厚较厚，自重较大，楼板挠度及裂缝难以控制的情况，这对短肢剪力墙结构受力极为不利，因此经过计算研究，从受力、施工、造价等各方面比较后，对 2～6 层的主要楼板采用了预应力现浇空心管楼板结构，其设计方法就是在现浇钢筋混凝土楼板结构中，采取预埋薄壁管成孔工艺，按一定的设计间距和长度，均匀铺放薄壁管材，在不取出内管的情况下浇灌混凝土，形成类似密肋梁现浇多孔空心板结构，待混凝土到达一定强度后，张拉预应力钢筋形成空心管楼盖结构。因为是整浇空心板，楼盖刚度大，抗震性能好，且楼板重量减轻了近 30%，板挠度和裂缝更宜于控制。该工程空心板厚 200 mm，空心管沿短跨向布置，楼板混凝土强度等级 C40，管内径 80 mm，壁厚 3 mm，管间净距 70 mm，长度分 1.0 m 和 1.2 m 两种规格(见图 13)。

2. 荷载取值(见表 3)

表3 荷 载 取 值

处所 \ 荷载	恒载(kN/m^2)	活载(kN/m^2)
楼　面	6.50	3.50(含板上隔墙重)
屋　面	7.50	2.00

3. 楼(屋盖)计算

采用中国建筑科学研究院 PKPM 系列 PREC 及 SATWE 程序对结构进行整体和预应力配筋计算，首先依据竖向荷载来确定预应力筋的用量，使楼板满足正常使用极限状态的要求，然后通过对结构进行整体分析，以确定非预应力筋的用量，从而满足承载能力极限状态的要求，保证楼的安全性。

因楼板长短边比为 1.55，属双向板。把空心板简化为垂直管方向及平行于管方向的正交梁系，采用 PREC 预应力程序进行该梁预应力抗裂验算和非预应力配筋计算。平行于管方向梁可以直接由圆孔截面转换成工字型截面，垂直于管方向的梁是按等效刚度原理制作的“虚拟梁”，转换成“虚拟梁”时还应遵循抗裂验算名义应力相等原则。

4. 抗裂控制及配筋结果

因楼板处于一类使用环境，按三级抗裂控制，预应力楼板最大裂缝控制宽度 $W_{max}=0.20$ mm，屋面板按二级抗裂控制并作适当放松，按下列公式进行验算：

荷载标准组合：$\sigma_{sc}-\sigma_{pc}\leqslant 1.0\gamma f_{tk}$

荷载长期效应组合：$\sigma_{lc}-\sigma_{pc}\leqslant 0$

张拉控制应力：$\sigma_{con}=0.70f_{p_{tk}}$

无黏接预应力筋采用 270 级(美标 ASTM A416)强低松弛钢绞线，抗拉强度标准值 $f_{p_{tk}}=1\,860$ MPa，弹性模量 $E_s=1.95\times10^5$ MPa。楼板预应力配筋为沿短跨方向 1UΦ^s15.24@510，沿长跨方向 2UΦ^s15.24@1 175/1 375；非预应力筋 ϕ10@150(双层双向)，局部荷载较大处配筋适当加强。混凝土

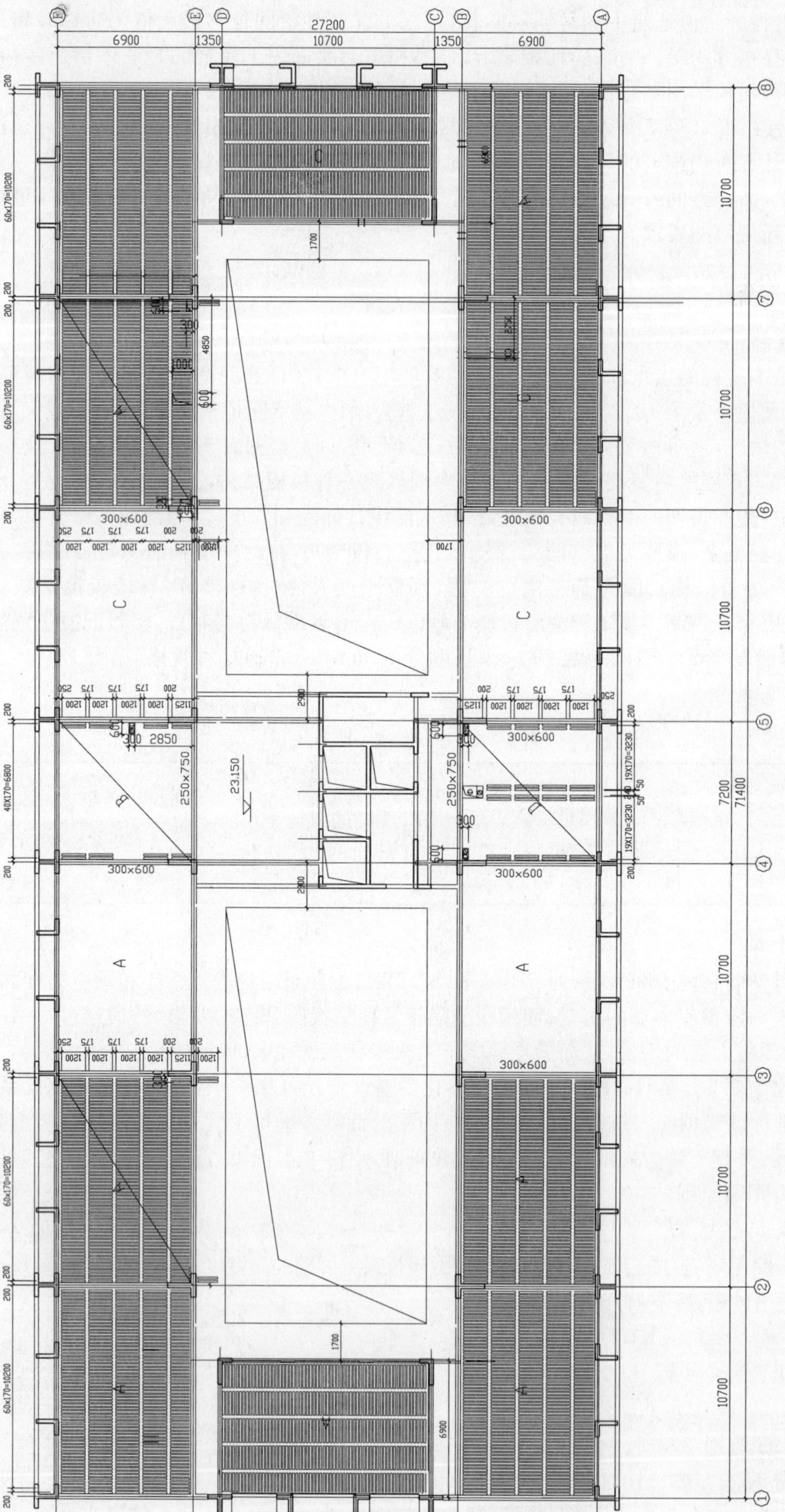

图13 标准层平面布置图

保护层厚度15 mm。薄壁管段间设置 150 mm 的纵肋，肋内布置预应力筋。空心板断面及板肋配筋结果见图 14。

楼面框架梁为有黏结预应力体系，采用金属波纹管留孔。每根梁按跨度不等配置 2～4 孔，每孔 3～7 根钢绞线不等。

标准层楼板预应力配筋结果见图 15。

5. 材料选用及施工

空心管材料选用要具有一定的强度，并具有抗拉、抗弯、耐冲击、质轻、不燃、对钢筋无锈蚀等特点。它一般由高分子胶凝材料、砂子、水，按一定配比制成。常用指标：内径为 80～500 mm，壁厚大于 3 mm；线荷载 >1 000 N/m，单根局部集中荷载 >3 000 N/m。

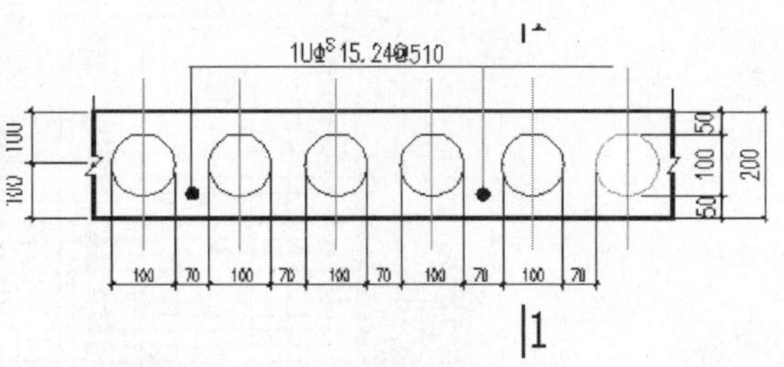

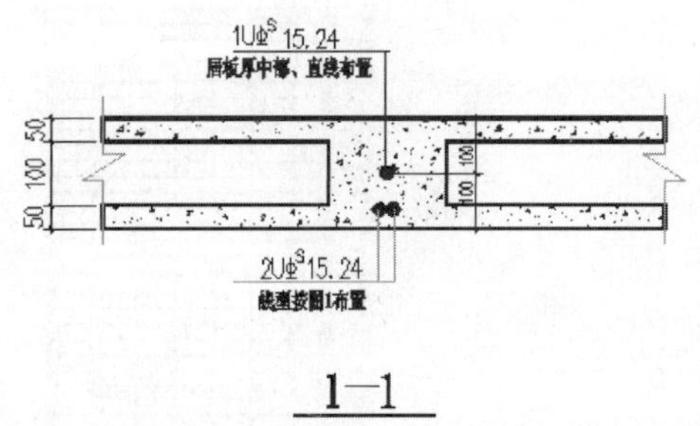

1—1

图14 空心板断面图

与普通钢筋混凝土楼板相比，现浇预应力空心板施工过程中增加了预应力钢筋和空心管铺放工序，且各工种互相交叉，施工时一定要有细致的准备。一般来讲，空心管铺放采取部分组合预制成型，现场就位绑扎固定的施工工艺，以保证铺管质量和施工速度。由于管材自重很轻，浇捣混凝土时易将空心管连同钢筋网顶起来，同时混凝土振捣也会对芯管产生浮力，为防止芯管上浮可在芯管上绑抗浮钢筋，上部固定在板钢筋上，下部穿过模板固定在支模架上。

(五) 技术经济指标比较

选择该种结构形式，其技术经济指标与采用普通钢筋混凝土结构的对比分析结果如下：

1. 结构技术参数及性能相比

采用现浇预应力空心楼板，混凝土 C40，板厚 $h=200$ mm，孔隙率 30%，折算厚度约 $h=140$ mm；非预应力配筋 $\phi10@150$(双向)。预应力配筋短跨向 1UΦˢ15@510，沿长跨向 2UΦˢ15@1 175/1 375；

采用普通混凝土楼板，混凝土 C30，板厚 $h=230$ mm，配筋 $\phi12@150$(双向)。

性能方面，预应力空心板结构能有效降低层高，取消了次梁，房间分隔灵活，使用舒适度提高，隔声性能提高。再者，因该工程建筑物总长超过规范要求，采用预应力楼板还可以有助于控制由于温度变化和混凝土收缩产生的裂缝，从而可不设温度缝。

2. 经济指标分析

楼板折算厚度减小 90 mm，结构自重减小 2.25 kN/m²，按每层面积 1 820 m² 计算，可以减轻总结构重量 20 475 kN，按单桩承载力 1 300 kN 计算，共减少桩数 16 根，约节约 D400 管桩 416 m。

钢筋用量减小约 8 kg/m²，每层混凝土用量减小约 409 t。

预应力空心板方案，增加预应力筋、锚具和空心管、混凝土由 C30 提高至 C40，需要增加水泥用量。

分析表明：预应力空心板相比普通钢筋混凝土结构在经济指标上，具有明显的优势。就该工程而言，仅从材料直接费上反映两种结构方案的部分经济指标：

每平方米降低造价约：34 .8 元

每层降低造价约：6.33 万元

总造价降低约：37.9 万元

注：(1) 混凝土单价按 550 元/m³、钢筋单价按 3 000 元/t 计取。

(2) 心管制作安装费按 8.0 元/m³、预应力制作安装费 1.1 万元/t、水泥按 18 元/m² 计取(C30 与 C40 之间增加)。

(3) 以上价格为当时市场报价。

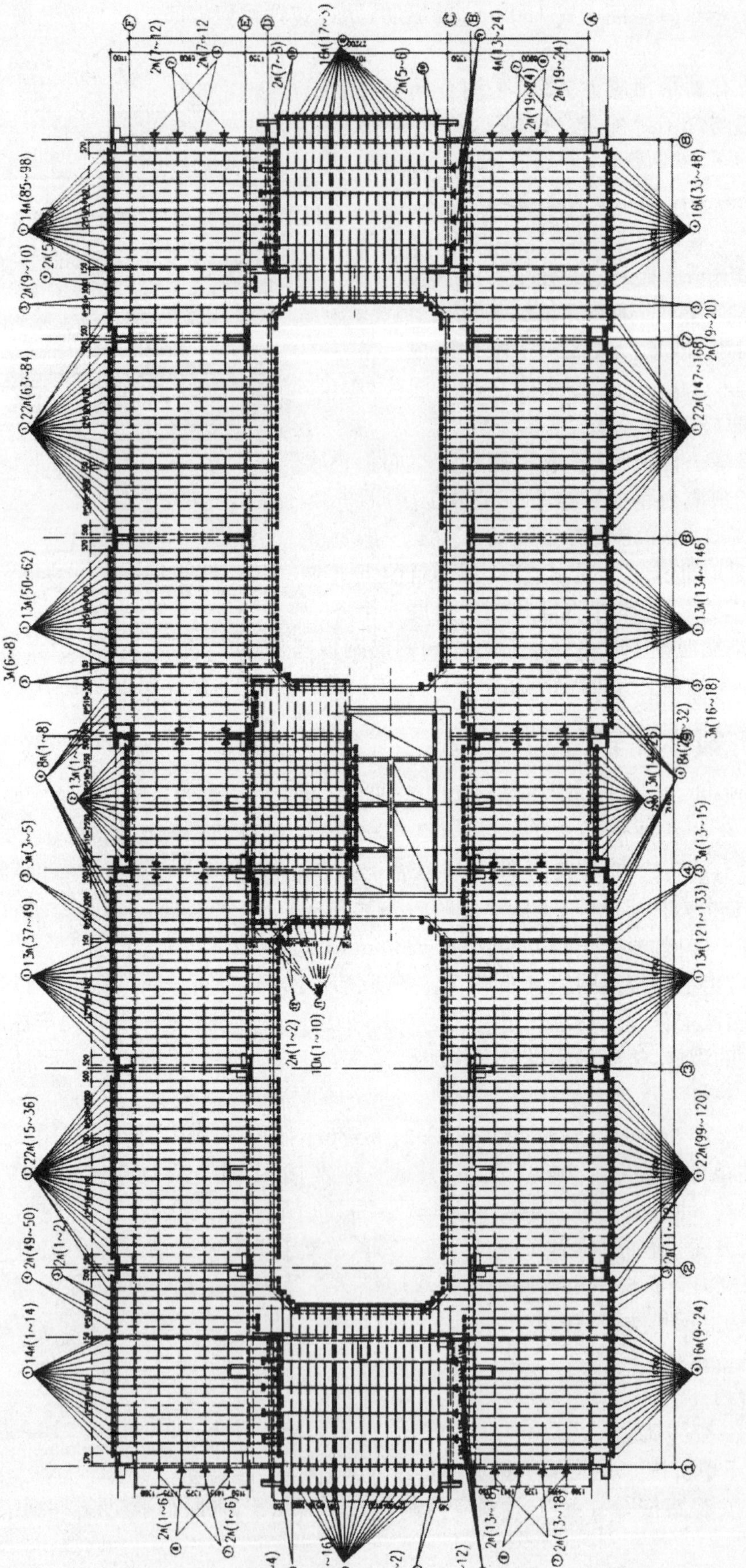

图15 标准层楼板预应力配筋图

(六) 结论

嘉瑞酒店是上海地区首例大面积采用现浇预应力空心板技术的公共建筑，该项技术的应用为建筑功能的多样性、灵活性布局要求提供了更大的空间，同时建筑物的保温、隔音也得到了改善，且该项技术先进，施工可操作性强，质量易于控制。在施工工期、工程造价也具有明显的优势。该工程自竣工至今，使用情况很好，受到业主及各方面的好评。

三、给排水系统

(一) 给水系统

1. 水源

生活水源为市政自来水。由酒店周边的潍坊路及源深路上的市政给水管道分别引 2 路 DN200 接口，分别设置水表计量，供酒店生活、消防用水，并在酒店室外形成环状供水管网。

2. 用水量标准(见表 4)

表 4 用水量标准

客　房	员　工	餐　厅	绿化及道路冲洗
400 L/(床・d)	100 L/(人・d)	25 L/(人・次)	2 L/(m^2・d)

3. 用水量(见表 5)

表 5 用水量

最高日用水量(m^3/d)	平均小时用水量(m^3/h)	最小时用水量(m^3/h)
200.00	18.00	36.00

4. 给水系统

酒店地下室、地上 1 层用水及绿化、冲洗路面用水直接由市政管网直接供水。2～6 层由设在地下室的恒压变频供水设备供水。酒店客房用水与绿化、冲洗路面等用水分别设独立水表计量。

酒店供水设置预处理及深度处理装置。市政自来水经多介质过虑、活性炭吸附、精密过滤处理后，去除水中杂质、胶体及无机离子。处理后水存入地下室设蓄水池，水池有效容积为 30 m^3。恒压变频供水设备性能为：Q=66 m^3/h，H=48 m，N=22 kW。大楼供水总管管径为 DN150。出水总管设置有紫外线消毒仪。

(二) 热水系统

1. 热水量标准(见表 6)

表 6 热水量标准(60℃)

客　房	员　工	餐　厅
150 L/(床・d)	50 L/(人・d)	10 L/(人・次)

2. 热水供应系统

酒店设置集中热水供应系统，采用上行下给式机械循环同程热水供应形式。在地下室设置容积式热交换器，热媒水由设置在室外地上的燃气供热一体机供给。酒店热水供应量为 17 m^3/h(60℃)。热水

系统耗热量为 4 190 000 kJ/h。在酒店地下室设备间设置两台卧式容积式热水加热器。不锈钢壳体，加热盘管为铜管。容量 V=7 000 L，出水温度为 60℃。热水系统设置热水循环泵 2 台(一用一备)，其性能 Q=7.5 m³/h，H=8.8 m，N=0.75 kW。

(三) 排水设计

生活污水排水量见表 7。

表 7 生活污水排水量

最高日排水量(m³/d)	平均小时排水量(m³/h)
180	7.5

酒店室外排水为雨污水分流。室内生活污废水合流。

卫生间排水设置专用通气立管。

厨房含油废水经不锈钢隔油器及室外砖砌隔油池隔油后排至室外排水管。地下车库排水经沉砂隔油池后，由潜水泵排至室外排水管道。室外生活污水经设置在室外排出口处的污水检测井后排入潍坊路市政污水管。

室外排出管管径为 DN225。

(四) 雨水系统

酒店雨水管道系统为重力排水系统。

屋面设计重现期 P=2，室外设计重现期 P=1。

屋面雨水、阳台雨水、空调冷凝水等分别单独排入室外雨水管；室外道路雨水经道路雨水口汇集后排入室外雨水管。室外雨水管集中后排入潍坊路市政雨水管。

雨水管排出总管管径为 DN400。

(五) 消防系统

1. 消防水量(见表 8)

表 8 消防用水量 (L/s)

室外消火栓用水量	室内消火栓用水量	自动喷淋灭火系统用水量
20	15	28

2. 酒店室外

DN200 给水环状管网上，设置 2 个室外消火栓。消防水泵接合器设在室外消火栓周围 15～40 m 范围内。

3. 室内消火栓系统

酒店设置室内消火栓系统，设计采用稳高压给水形式。稳高压消防给水设备配备消防泵 2 台(一用一备)，每台 Q=20 L/s，H=40 m，N=11 kW；消防稳压泵 2 台(一用一备)，每台 Q=5 L/s，H=44 m，N=5.5 kW；隔膜式气压罐 1 台，有效容积 V=50 L。整套设备设于地下室消防泵房内，从室外给水管网直接抽水。

消火栓泵由稳压泵的压力联动装置启动或由泵房消火栓泵按钮启动。

室内消火栓箱的设置满足两股水枪充实水柱同时到达任何部位。屋顶设置试验消火栓。消火栓系统设置水泵接合器两只。

室内消火栓箱为组合式，配置有 DN65 消防栓、25 m 水龙带、19 mm 水枪、25 mm 消防软管卷盘及手提式磷酸铵盐干粉灭火器。

屋顶 25.40
电梯机房 23.20
六层 20.00
五层 16.80
四层 13.60
三层 10.40
二层 7.20
一层 0.00
地下室 -4.00
说明
1.热水循环泵为2台一用一备，性能：q=7.50m³/h,h=8.8m,N=0.75kW
循环水泵由温度开关控制启动。当温度为60°c时，循环泵停泵，当温度为45°c时，循环泵开泵。
2.热交换器热媒为高温水，由室外一体机供给。
3.热交换器热水加热温度为65°c,由温度控制阀自动控制。

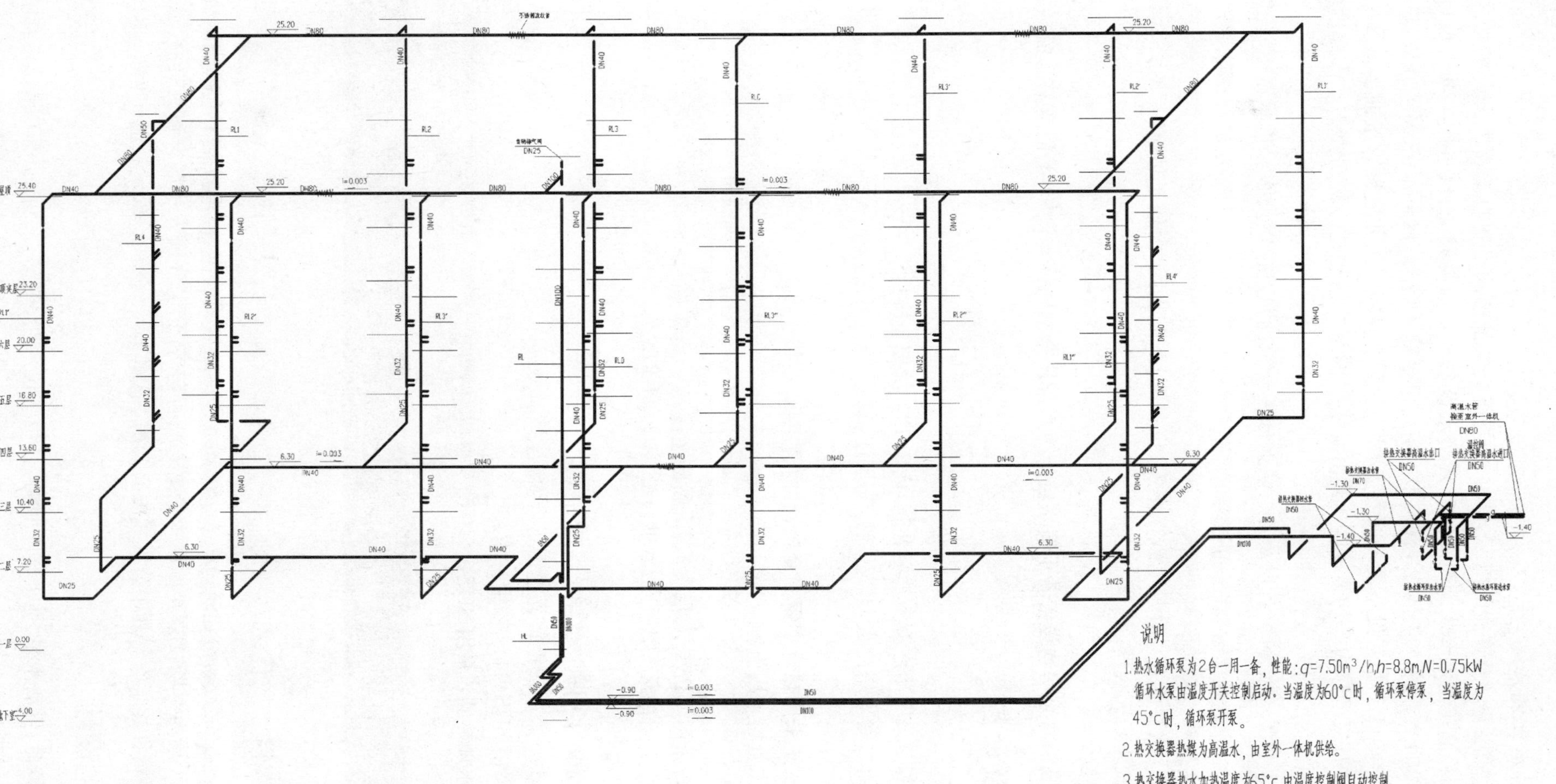

图16　热水系统图

4. 自动喷水灭火系统

地下车库、底层餐厅及客房的门厅、走道、中庭等公共部位均设置自动喷水灭火系统，系统按中危险Ⅱ级设计，采用稳高压给水形式。稳高压喷淋给水设备配备喷淋泵 2 台(一用一备)，每台 Q=30 L/s，H=60 m，N=30 kW；喷淋稳压泵 2 台(一用一备)，每台 Q=1 L/s，H=64 m，N=3 kW；隔膜式气压罐 1 台，有效容积 V=50 L。整套设备设于地下室消防泵房内，从室外给水管网直接抽水。

喷淋泵由稳压泵的压力联动装置启动或由泵房喷淋泵按钮启动。厨房喷头动作温度为 93℃，其余各处喷头动作温度为 68℃。

系统设置 1 套湿式报警阀；各层及各个防火分区分别设置监控阀及水流指示器；系统设置水泵接合器 2 只。

5. 建筑灭火器

根据《建筑灭火器配置设计规范》，在车库、设备用房、配电间、大楼走道、餐厅等公共场所设置了一定数量的手提式干粉灭火器。

6. 消防排水

地下车库及消防泵房均设置若干集水坑与潜水泵作为消防排水设施，消防排水总流量大于 10 L/s。

(六) 管材及设备

1. 给水管

室内给水管道采用冷水型钢塑复合管，内覆 PE，丝扣连接。

室外埋地给水管采用给水 UPVC 管，黏接连接。

2. 热水管

室内热水管道采用热水型钢塑复合管，内覆 Pex，丝扣连接。

室外热媒水管道采用直埋式保温管。

3. 排水管

室内排水管采用 UPVC 芯层发泡管，黏接连接。

室外排水管采用排水 UPVC 双壁波纹管，橡胶圈连接。

4. 消防管道

管径≤DN100 采用热镀锌钢管，丝扣连接。

管径>DN100 采用热镀锌无缝钢管，沟槽连接。

蓄水池：采用 SUS444 不锈钢材质。

容积式热水加热器：采用 SUS444 不锈钢材质。

四、电气设计

(一) 工程规模

该工程属酒店式公寓，总建筑面积约 15 213 m²，由酒店式公寓、商场及地下车库组成。地下室为车库和设备用房，1 层为商场，2 层至 6 层为公寓式酒店套房，套房分别为一室户和二室户。该建筑属多层建筑，地下车库属Ⅲ类车库。其中公寓式酒店套房 9 958 m²，商场 1 942 m²，地下车库 3 313 m²。

(二) 供配电设计

消防用电负荷、生活水泵、地下车库照明、公用部位照明、电梯按二级负荷供电，其他用电负荷均按三级负荷供电(见表 9)。

表9 负荷统计

酒店式公寓（kW）	商场用电（kW）	水泵及空调（kW）	电梯（kW）	消防用电（kW）	套房（kW/套）	总安装容量（kW）	有功计算容量（kW）	自然功率因数	视在计算容量（kVA）	需要系数
592	72	218	40	467	4	1 389	556	0.8	617	0.4

酒店的电力、照明设备供电电压均为220/380 V。电源由供电部门箱式变采用电缆分7路埋地引至配电间，其中2路为备用电源，低压电容补偿设在箱式变内。

计量方式为低供低量，根据供电部门的供电协议，配电间内配电柜每回馈线设计量表计，作为电业计量表计。酒店式公寓计量到户，每套一表，计量表计设在每层电表间内。

地下室设配电间，面积约40 m^2；配电间内设置PML型配电柜，对本建筑物用电设备配电每层设强电井道和弱电井道。2～6层每层设电表间。

配电型式采用树干式结合放射式配电。配电干线采用分支电缆沿强电井道敷设。消防用电设备双路电源供电，双电源切换箱设在设备就近。

公寓每户设嵌入式用户配电箱。

用于普通用电设备的线路成束敷设时，其线、缆均采用阻燃型，用于消防用电的线路成束敷设时，其线、缆均采用阻燃耐火型。

公寓厨房内大容量用电设备如电烤箱、电磁灶等单独由用户配电箱配电。

走道、电梯厅、楼梯间、商场、地下车库设置疏散指示灯。

照明照度标准：地下车库76 lx、设备用房200 lx、商场200 lx。

15 kW以上电动机采用软启动器。

(三) 防雷、接地设计

建筑属三类防雷建筑物，建筑物屋面设避雷带防直击雷，防雷引下线和接地极利用结构柱内主钢筋和桩基内主钢筋。

接地制式为TT制，用户电源进户点设保护接地。接地方式采用联合接地，接地电阻不大于1 Ω。

配电间内设总等电位连接，卫生间设局部等电位连接。地上每层设均压环。

用户配电箱、电子信息设备设防雷击电磁脉冲装置。

(四) 弱电设计

弱电控制中心设在1层，面积约40 m^2。弱电控制中心配置酒店内火灾自动报警联动系统设备、安保监控设备、紧急广播等弱电控制设备。

电话交接间设在地下室，面积约12 m^2。

套房内每户设信息配线箱，每户的弱电管线由信息配线箱引出。

公寓电话按2对/套，卧室和厅各设1只电话终端和双孔信息插座。商场内按建筑分隔各设若干只电话终端和双孔信息插座。

公寓有线电视终端按2只/套，卧室和厅各设1只有线电视终端。

公寓每套进户门设隐藏式门磁开关，紧急报警按钮。2层和顶层住户窗、阳台等部位设置红外探测器。

地下车库入口、车库内、1层大堂、电梯厅及电梯轿厢设定焦摄像机。

地下车库、商场、走道等公用部位设置火灾探测器和紧急广播、手动报警按钮等火灾自动报警设施，火灾探测器按二级保护对象设置；紧急广播系统兼作背景音乐；火灾自动报警联动系统一旦火灾信号确认，立即启动消防泵、排烟风机、正压风机等相关的消防设施，并接收其反馈信号，切断非消防设备电源，电梯紧急迫降等。

地下车库出入口设磁卡计费系统。

酒店宽带网接入一期工程局域网。

五、暖通设计

(一) 设计标准

1. 室内设计参数(见表10)

表10 室内设计参数

项目＼场所	客房		茶座、咖啡吧		中庭、大堂	
	夏季	冬季	夏季	冬季	夏季	冬季
干球温度(℃)	25～27	20～22	25～27	18～20	26～28	18～20
相对湿度(%)	60	40	60	40	65	40
新鲜空气量[m^3/(h·人)]	30		30		30	

2. 通风换气次数

地下车库：换气次数6次/h；水泵房：换气次数6次/h。

3. 噪声控制标准

客房：≤45 dB(A)；茶座、咖啡吧：≤50 dB(A)。

(二) 空调冷热源

该酒店按功能主要分为两个部分，1层为娱乐休闲区域，2～6层为客房区域。

设计采用集中空调系统。由于该工程地块面积紧张，冷热源相应选用一体化直燃式溴化锂冷热水机组。该机组将燃气溴化锂主机与冷却塔及相关循环水泵组合为一体，并配以精确的控制系统。通过系统的整合，从而达到最大限度节省机房占地面积的效果。选用型号为BZY-582-CHR 2台，单台制冷量582 kW，制热量448 kW，卫生热水热量150 kW；一体化机组置于集中绿地内。机组夏季提供空调冷冻水及卫生热水，冷冻水供回水温度7～14℃，冬季提供空调采暖热水及卫生热水，采暖供回水温度55.4～50℃。

(三) 中央空调水系统

空调冷热水管采用闭式机械循环系统，为保证水系统管路阻力平衡，水管采用同程式。由于夏季空调供回水温差为7℃，较传统的5℃温差空调水系统减少了空调水系统的流量，从而减小了供回水管的管径。

(四) 中央空调风系统

茶座、咖啡吧及休闲中庭采用全空气系统，空调箱设置于各层吊顶内，新风由外墙直接引入回风消声静压箱内，室内空气经空调箱处理并由消声器消声后经低速风管送至室内。气流组织为上送上回。

客房采用风机盘管系统，以便于独立控制调节。由于受建筑层高的限制，客房部分不设集中新风处理系统。客房卫生间设机械排风，新风通过门窗由室外及休闲中庭渗透至室内。为了保证新风的效果，休闲中庭内的新风量适当加大。

（五）通风系统

地下车库设排风兼排烟系统，风机平时排风，火灾时排烟，风机置于专用风机房内。排风管道沿地下室梁底敷设，保证地下车库净高大于 2.2 m 以上。为了保证排风效果，排风口按上排 1/3，下排 2/3 设置。车库内废气经建筑井道排至室外，排风口高于地面 2.5 m 以上。着火时关闭下排风管上的电动防火阀，由上部风管排烟。

地下水泵房设机械排风以排出设备余热余湿，由外墙百叶自然进风。

（六）消防防排烟系统

内走道设排烟系统，排烟量按相应消防规范计算。排烟风机设置于屋面，排烟风口平时关闭，火灾时开启着火层的排烟口，同时开启排烟风机。风机进口设 280℃防火阀，与风机连锁。走道任一点至排烟口的水平距离小于 30 m。

防烟楼梯间设机械加压送风系统，风量按相应消防规范计算。加压风机设置于屋面，楼梯间每隔两层设一个常开式百叶送风口；火灾时由消防控制中心开启加压送风机。排烟风机与加压风机的水平距离大于 10 m。

客房卫生间排风管接入建筑排风井处加设 70℃防火阀。

（七）自动控制系统

一体化直燃式溴化锂冷热水机组利用自带的电脑控制系统根据大楼内末端的运行负荷集中控制一体化机组内各设备的运行。

空调箱和风机盘管设电动二通阀，由设置于空调房间内的控制器和温度传感器，通过调节空调水量来控制室内温度。

在冷冻水供回水总管处设置压差旁通控制系统，根据系统负荷的变化自动调节旁通阀门的开度，以保证供回水压差恒定，从而达到一体化机组侧的流量恒定。

（八）管道安装

一体化机组设置在室外集中绿地内，室外空调供回水总管埋地敷设，引至室内管道井。埋地管道采用专用埋地保温管，充分保证了绿地的美观及完整。

受建筑层高及吊顶高度的限制，客房部分的空调供回水支管均穿梁敷设。通过与建筑、结构等相关专业的协调及配合，最大限度地提高了室内吊顶的高度。

为了保证空调系统的消声效果，空调风管采用消声型玻纤风管。

（九）空调负荷指标

客房区域夏季冷负荷指标 145 W/m^2，冬季热负荷指标 120 W/m^2。

娱乐休闲区域夏季冷负荷指标 250 W/m^2，冬季热负荷指标 120 W/m^2。

（十）存在问题

该工程采用的一体化机组，其配置的冷冻水循环水泵机外扬程仅为 19 m，在满负荷运行时无法充分克服系统阻力，从而导致系统流量略有减少，存在部分空调末端出力不足的问题。建议今后相关一体机设备生产企业能够根据工程实际情况，灵活提供所需水泵扬程，以更好地满足不同工程的需要。

静安寺下沉广场

建设单位：上海市静安区地铁建设指挥部

上海锦迪城市建设发展有限公司

设计单位：同济大学建筑设计研究院

施工单位：上海隧道工程股份有限公司

上海静安建筑装饰实业股份有限公司

撰 稿 人：卢济威　孙光临　王忠平

范舍金　冯金林　潘　涛

一、建筑设计

(一) 工程概况

静安寺广场位于上海静安寺地区的核心位置,其中的下沉广场是地铁 2 号线静安寺站的 5 号出入口,基地北侧、西侧分别为南京西路和华山路,南侧东侧为静安公园。基地东侧有一排百年悬铃古木,建筑施工时必须绝对保护其不受损害。地铁站有风井从广场升出,另外在基地范围还要安排地下变电所空调的热泵。这些设施的组织与设计以及古木保护对位于上海市中心繁华区的建筑设计,是个十分复杂的难题。广场于 1999 年 10 月建成后,已成为上海市标志性建筑之一(见图 1)。

图1　静安寺广场

(二) 设计理念

静安寺广场的设计与建造,以城市发展的长远利益和最大的综合效益为目标,将提供高质量的城市景观环境作为设计宗旨,经过了全面深入的城市设计研究;综合考虑了地铁交通的人流组织、完善生态环境、平衡开发资金以及促进地区兴旺、吸引人流等各方面要求,充分体现了建筑的公益性特征。

在具体的设计工作中,除了创造性地解决了错综复杂的技术难题以外,对城市下沉广场的内向性空间特征、视觉空间的全方位特点以及在城市层面上的空间尺度都做了详尽的研究。广场建成后还进行了环境行为学方面的跟踪调查，获得了准确的评价数据，达到了设计的预期效果（见图 2）。

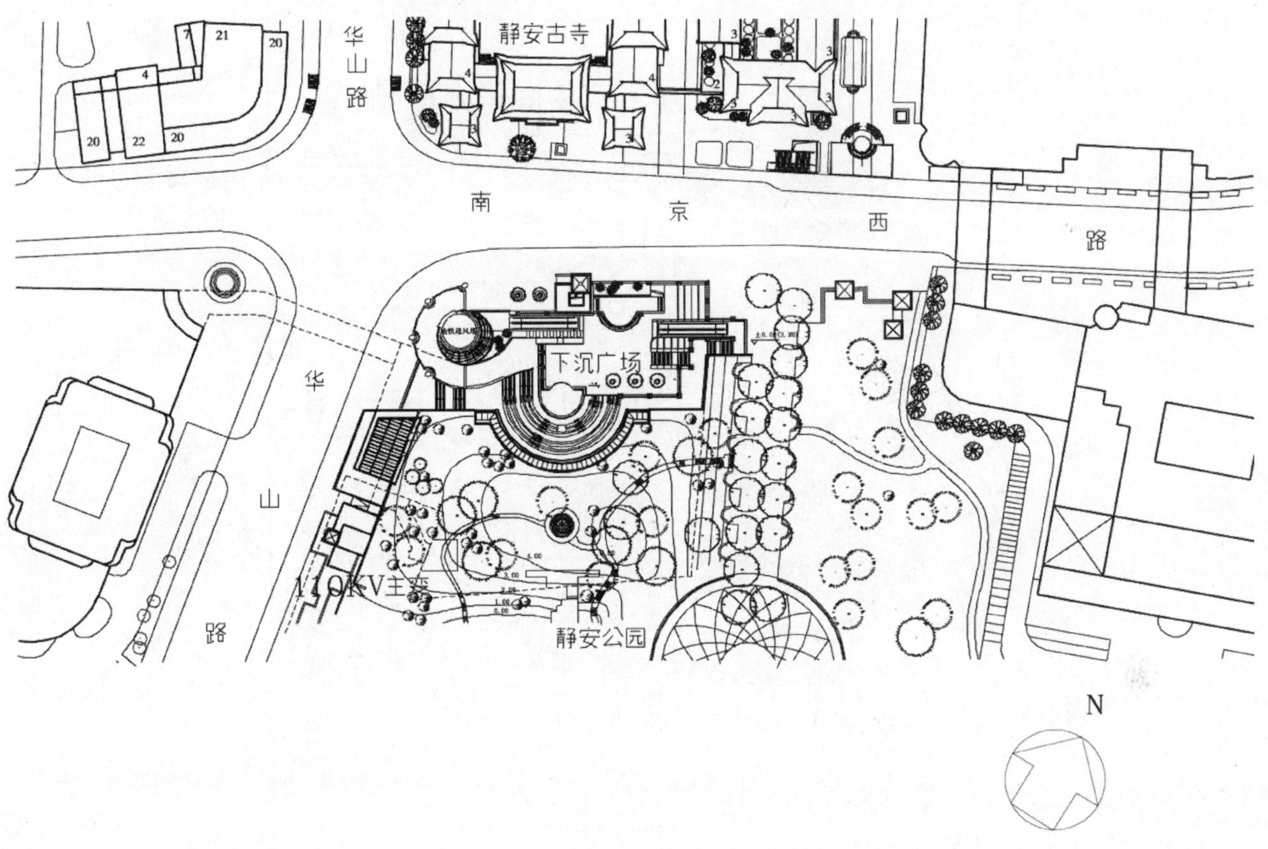

图2 总平面图

（三）建筑特点

静安寺广场环境优美、宜人、独特，概括起来有以下四个创新特点：

1. 屋顶覆土植树，突破红线扩大公园绿地

静安公园和静安寺广场分属 2 个部门，协调 2 个管理单位、立体使用土地以提高土地利用率是本设计的重要目标。地下商场两层高 9 m，露出地面 2 m，覆土 2～3 m，植树建亭形成绿丘，与静安公园联成一体，扩大了公园的绿地面积约 4 000 m^2，对于上海中心区是十分难能可贵的（见图 3）。

2. 热泵安排地下，优化地面景观环境

地铁站变电所必须安排能散热的热泵空间，它作为地下工程设施的地面构筑物，在现实中往往成为破坏环境的元凶，设计充分研究地下空间结构，利用人行道与地铁站顶之间的 2 m 空隙，结合残疾人电梯亭的设计，在地下夹层组织、安放热泵的空间，并在亭内建排风井，形成侧面进风向上拔风的热压通风环境，保证热泵的散热，投入使用以来一直运转良好（见图 4）。

3. 下沉广场形式，形成立体化多功能空间

广场设计的成败取决于它的景观特色和是否具有活力。为了使地铁出口能有地面感，采用了下沉广场形式。在保证交通有序的同时，将休闲旅游、商业购物和文化活动等相互结合，保证广场高效的使用。露天剧场丰富了广场空间，平时可供市民自娱、休闲和交往使用，节日时组织演出和各种活动，并提供了电视转播必要设施，已成为上海节日活动的主要场所（见图 5～图 10）。

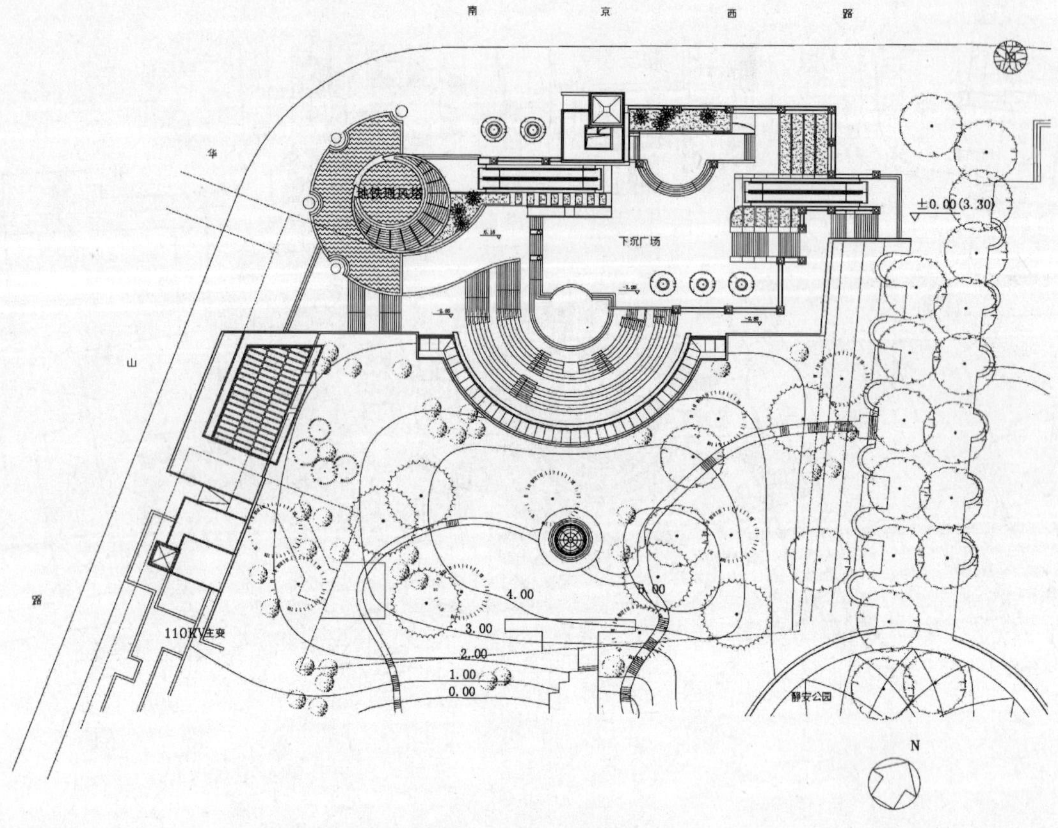

图3 屋顶平面图

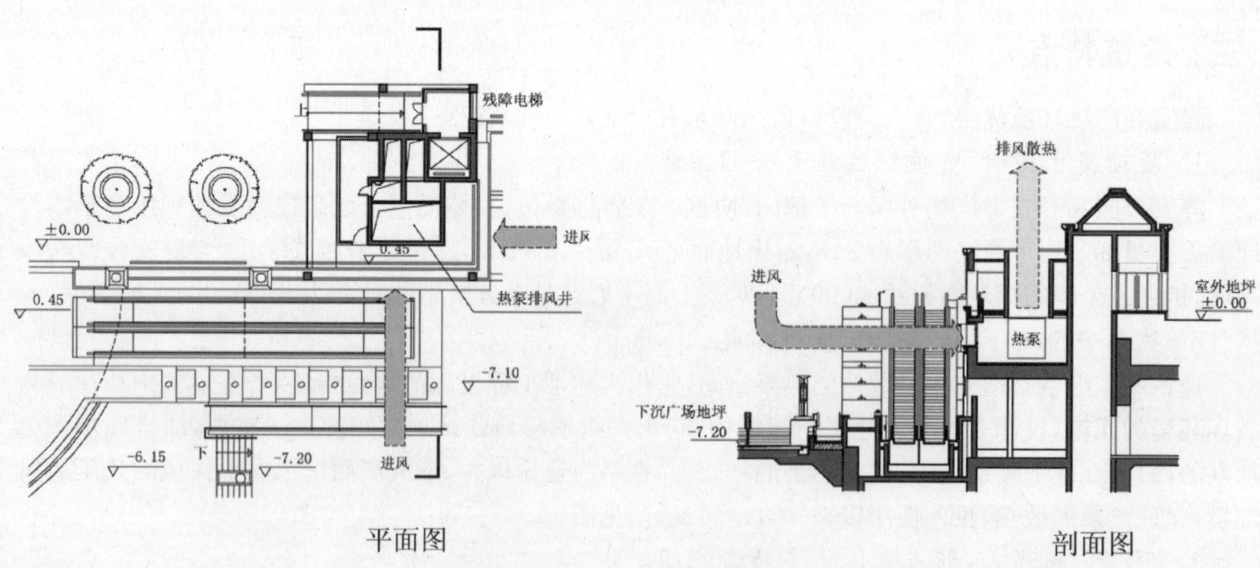

图4 地铁站变电室散热通风

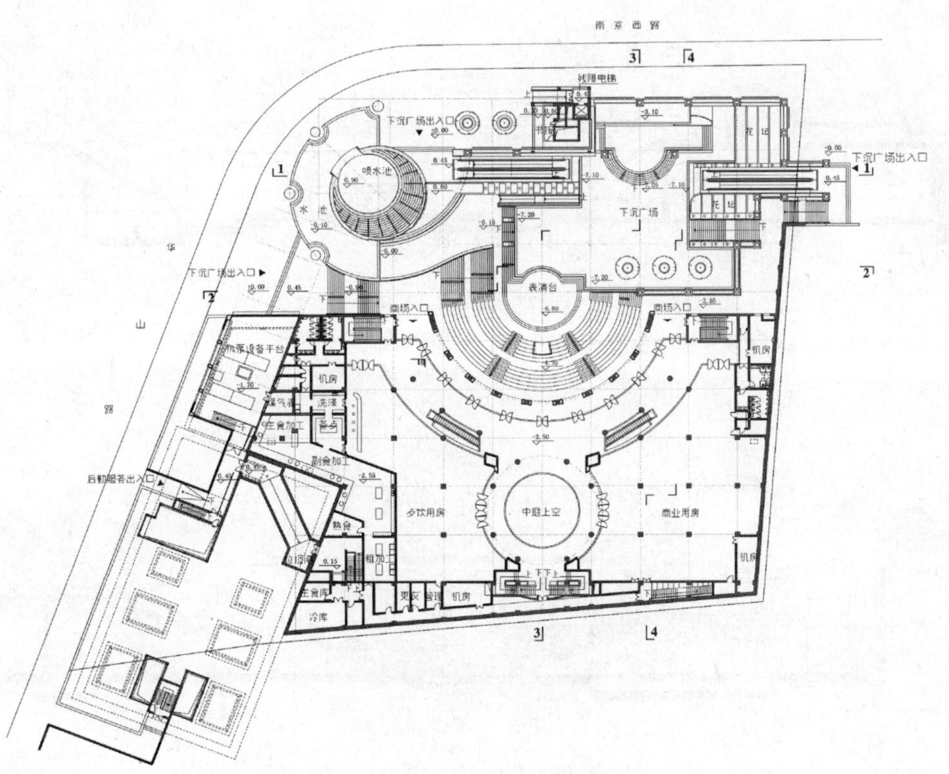

图5 地下1层平面图

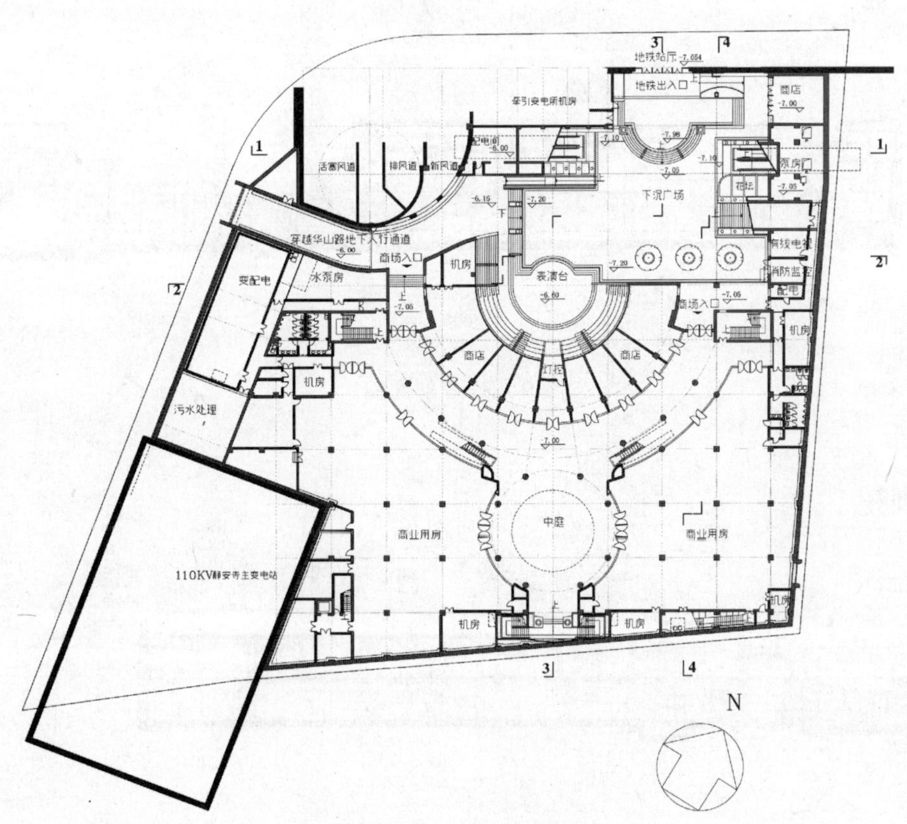

图6 地下2层平面图

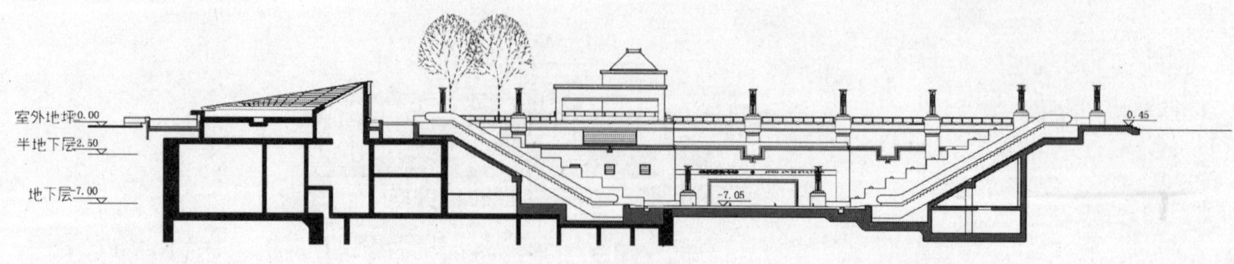

图7 1-1剖面图

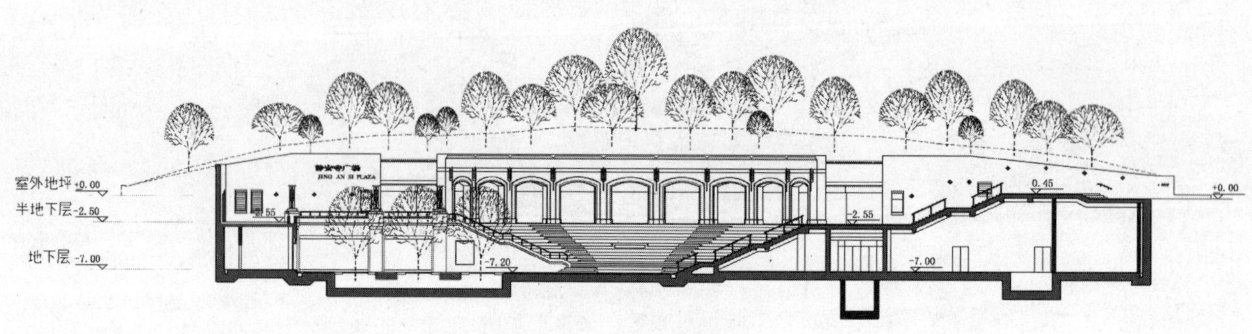

图8 2-2剖面图

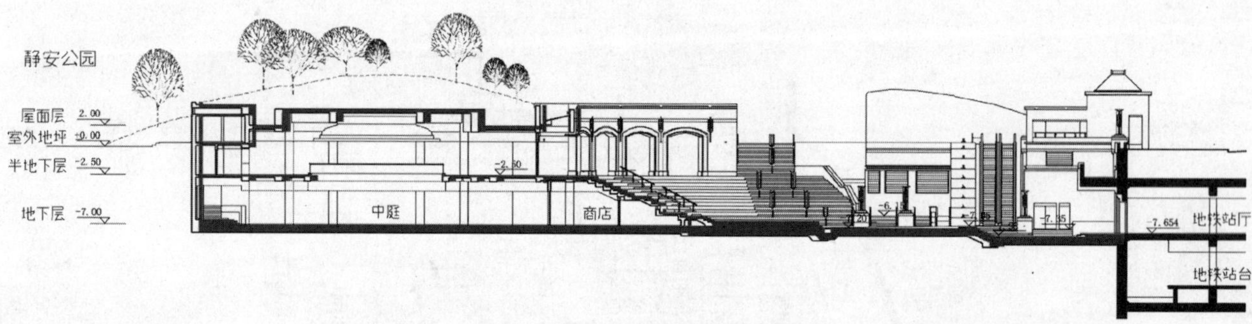

图9 3-3剖面图

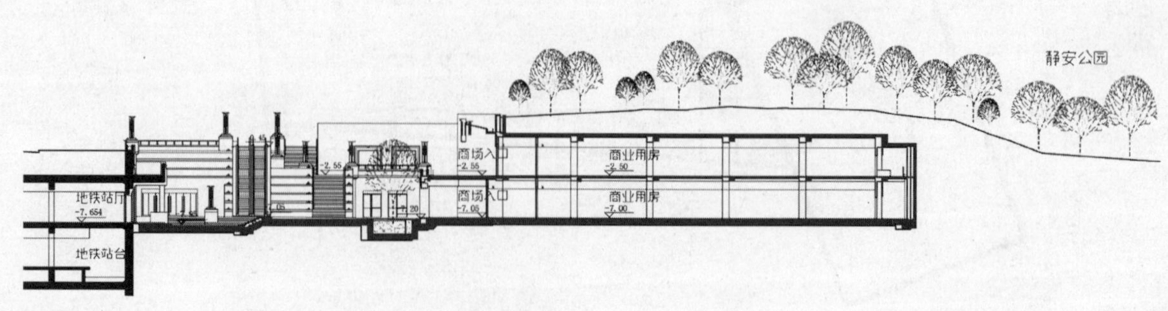

图10 4-4剖面图

4. 统一地下地上设施，风井巧妙地与喷水池结合

地铁风井机能复杂，当独立伸出地面时，往往是破坏城市景观的不利因素。广场设计与地铁站设计单位充分联系，将风井地下构成部分与地面设计一体考虑，结合景观喷水池和下沉过街通道，合理组织进风、排风与活塞风，使风井与喷水池有机地结合，工程设施得到巧妙地隐蔽。喷水池位于南京路与华山路的转角处，已成为城市的重要景点(见图 11)。

(四) 主要经济技术指标

主要经济技术指标见表 1。

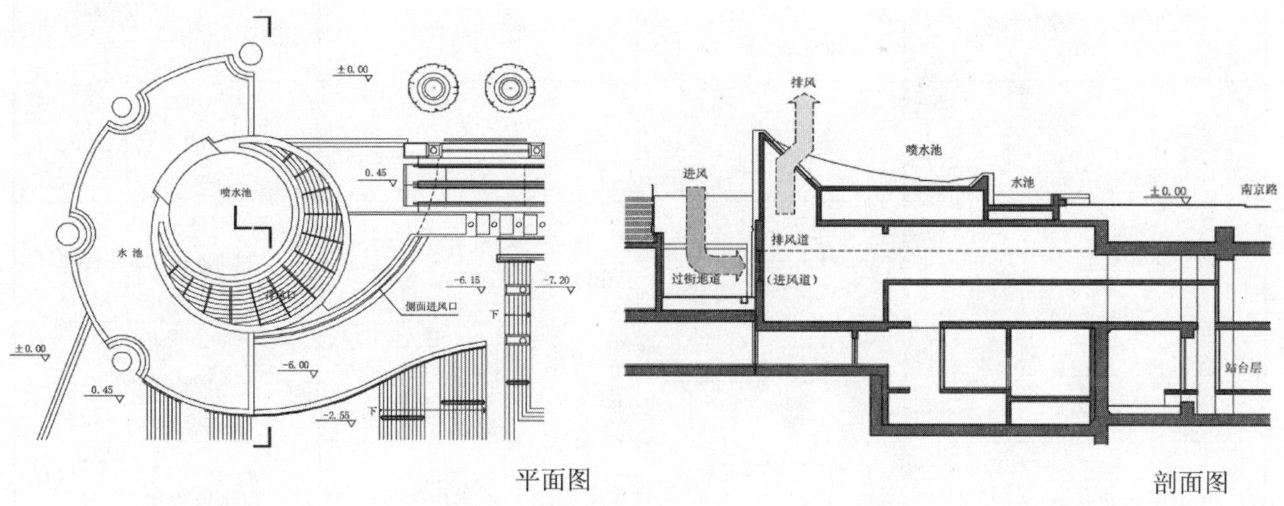

平面图　　剖面图

图 11　地铁风井与地面喷水池

表 1　主要经济技术指标

基地面积	9 977.98 m^2
商业用房	8 138.48 m^2
下沉式广场	2 810 m^2

二、结 构 设 计

(一) 工程概况

该工程为 2 层地下建筑及部分露天广场。2 层地下建筑顶上覆土 2 m 左右种植绿化、露天广场与地铁出口相连，落深 8 m 左右。建筑物周边有地铁静安寺站、110 kV 主变电站、牵引变电站、静安公园百年古树，西侧底板下有地铁电缆通道。

(二) 设计要求

该工程结构主体均为现浇钢筋混凝土框架剪力墙结构。

建筑抗震设防类别为丙类，按本地区抗震设防烈度 7 度计算地震作用及采取抗震措施。建筑结构安全等级采用二级，地下室防水等级为二级，结构防火等级为二级，结构设计基准期为 50 年。建筑场地类别为Ⅳ类。

该工程相对标高±0.00 相当于绝对标高为 3.30。

(三) 地质情况

地质情况见表 2。

表2 地质情况

地层编号及岩土名称	地层厚度(m) 层底标高(m)	特征	分布
① 杂填土	1.00～3.70 2.28～－0.57		在场地内广泛分布
② 灰黄色粉质黏土	0.70～3.00 －0.22～－0.40	湿-很湿，软塑-流塑，中偏高-高压缩性	在场地内部分地段
③ 灰色淤泥质粉质黏土夹薄层粉砂	4.50～5.00 －4.86～－5.47	很湿-饱和，流塑，高压缩性	在场地内均有分布
④ 灰色淤泥质黏土	7.90～8.30 －12.86～－13.46	饱和，流塑，高压缩性	在场地内均有分布
⑤$_1$ 灰色黏土	4.80～7.80 －18.20～－21.13	很湿-饱和，软塑-流塑，高压缩性	在场地内均有分布
⑤$_2$ 灰色粉质黏土	12.20～16.00 －32.55～－34.20	湿-很湿，软塑，中-中偏高压缩性	在场地内均有分布
⑤$_3$ 灰绿色粉质黏土	1.70～2.60 －34.75～－36.30	湿，硬塑-可塑，中压缩性	在场地内均有分布
⑦ 灰绿-灰色粉细砂	6.70 左右 －45.90 左右	饱和，中密-密实，中偏低-低压缩性	在场地内均有分布
⑧$_1$ 灰色粉质黏土	12.50 左右 －58.40 左右	湿-很湿，可塑-软塑，中压缩性	在场地内均有分布
⑧$_2$ 灰色黏土夹薄层粉砂		湿-很湿，可塑-软塑，中压缩性	在场地内均有分布

根据勘探资料，拟建建筑场地类别为Ⅳ类，场地地基土无液化，地基稳定，地下水对钢筋混凝土无侵蚀性，属于对抗震不利地段(见图 12)。

层号	土层名称	深度(m)	层厚(m)	柱状剖面	$\overline{P_s}$ (MPa)
①	杂填土	2.0	2.0		1.10
②	灰黄色粉质黏土	3.5	1.5		0.80
③	淤泥质粉质黏土夹砂	8.5	5.0		0.54
④	灰色淤泥质黏土	16.5	8.0		0.56
⑤$_1$	灰色黏土	24.0	7.5		0.90
⑤$_2$	灰色粉质黏土	36.0	12.0		1.50
⑤$_3$	灰绿色粉质黏土	38.2	2.2		2.54
⑦$_1$	灰绿灰色砂质粉土	40.1	1.9		11.32
⑦$_2$	灰绿灰色粉细砂	43.0	未穿透		17.15

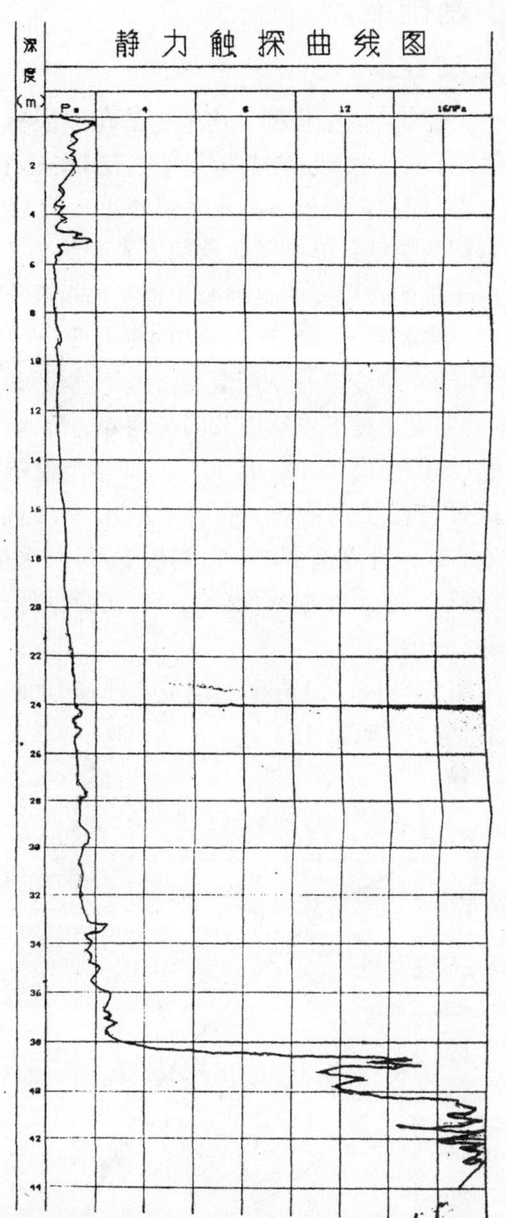

图 12　静力触探测试成果图表

(四) 荷载

1. 风载

由于在地下，故风荷载不计。

2. 顶板

(1) 考虑 2 m 厚覆土及以下聚苯乙烯泡沫的重量；

(2) 顶板覆土上包括绿化在内的活荷载按 20 kN/m^2 考虑。

3. 其他荷载

其他荷载按“建筑结构荷载规范”取值。

(五) 基础设计

1. 基础地基

(1) 桩基：该工程的桩均采用钻孔灌注桩。露天广场部分的桩直径为 $\phi600$、桩长为 19 m 左右，每 8 m 见方布置 1 根，桩端持力层为⑤$_2$层，主要作用是解决底板在传递由地铁产生的水平力过程中的翘曲问题(抗浮问题由底板下滤水系统解决)。2 层地下商业空间部分的桩直径为 $\phi700$、桩长为 37 m 左右，桩端持力层为⑦$_2$层，单桩竖向承载力允许值为 1 900 kN，这部分桩与土体一起共同承担上部结构的荷重，同时由于桩的作用能明显地减少地基的沉降和底板的厚度。

(2) 滤水系统：由于建筑物南侧有 20 m 左右深的地铁钢筋混凝土地下连续墙、西南侧有 20 m 左右深的 110 kV 主变电站钢筋混凝土地下连续墙、其他处采用了 20 m 深的 $\phi700$ 双排水泥土复合搅拌桩围护，钢筋混凝土地下连续墙及围护均穿透隔水性能良好的④层灰色淤泥质黏土，底板底埋置于④层土的顶面处(第④层厚 7.90～8.30 m)，即整个建筑物的四周及底部均有性能良好的止水帷幕阻挡。根据地质勘探报告提供的数据，④层土的水平渗透系数为 2.015×10^{-7} cm/s、竖向渗透系数为 8.963×10^{-8} cm/s，经计算整个地下室底板下，每天水量为 0.38 m^3、7 天的水量为 2.65 m^3，即最多每星期抽水一次，故底板下采用滤水系统解决结构抗浮问题的方案可行。

2. 基础

采用 500～700 mm 厚的筏板基础，2 层地下室区域柱下柱帽厚度为 900 mm。

3. 资料(见图 13)

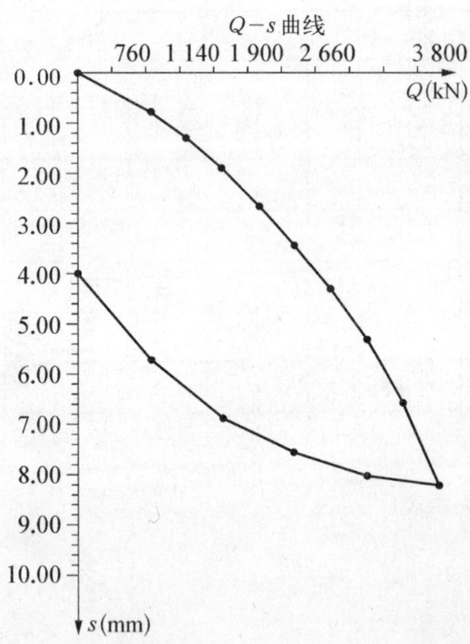

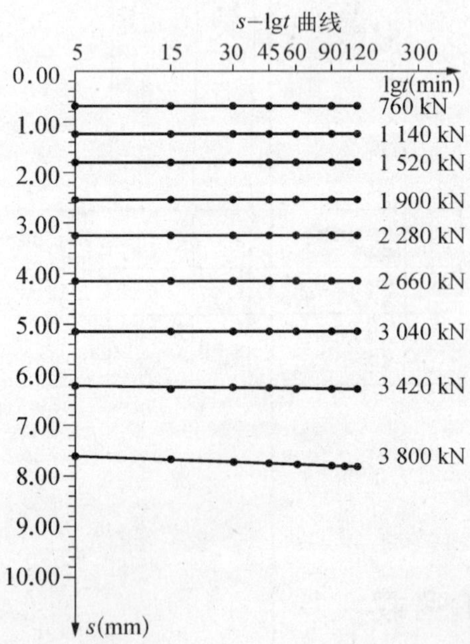

图 13　桩测试曲线

4. 平面图(见图 14 和图 15)

5. 地下室结构设计

(1) 结构抗震等级：结构抗震等级按三级考虑。

(2) 主要构件尺寸见表 3：

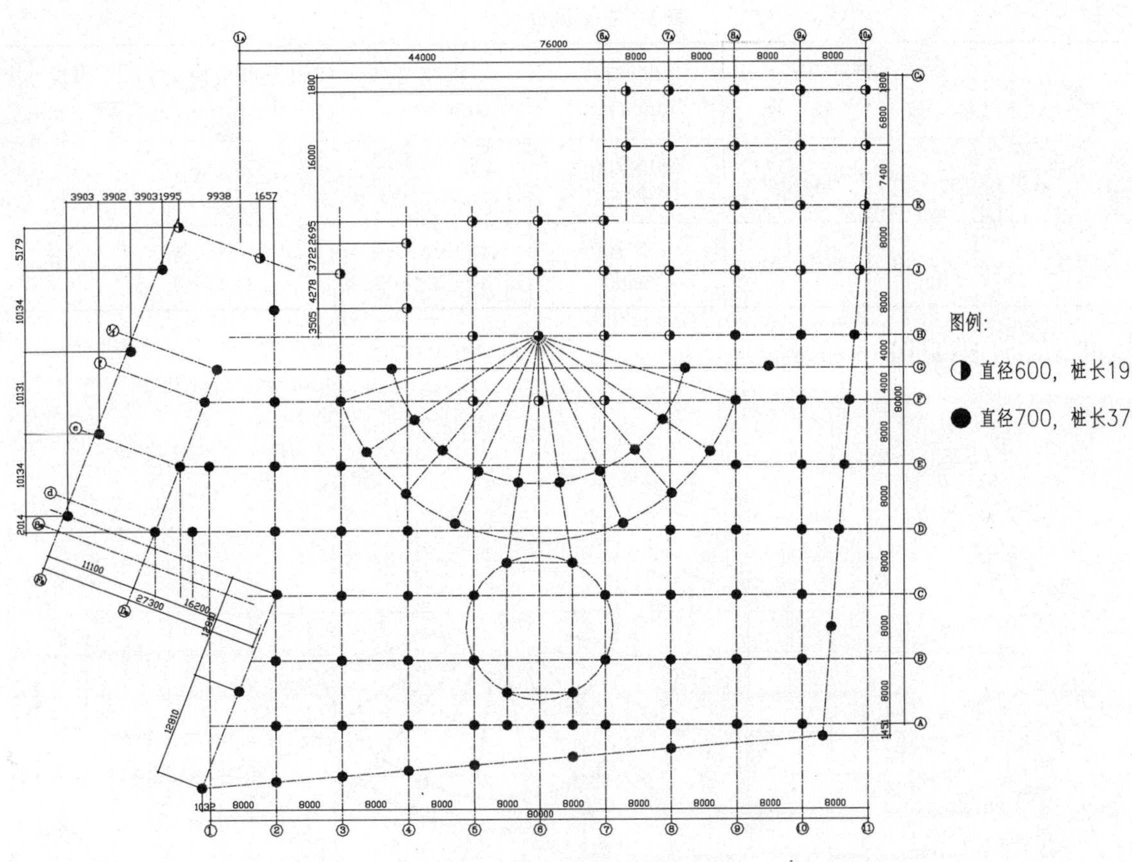

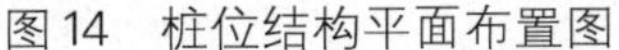
图14　桩位结构平面布置图

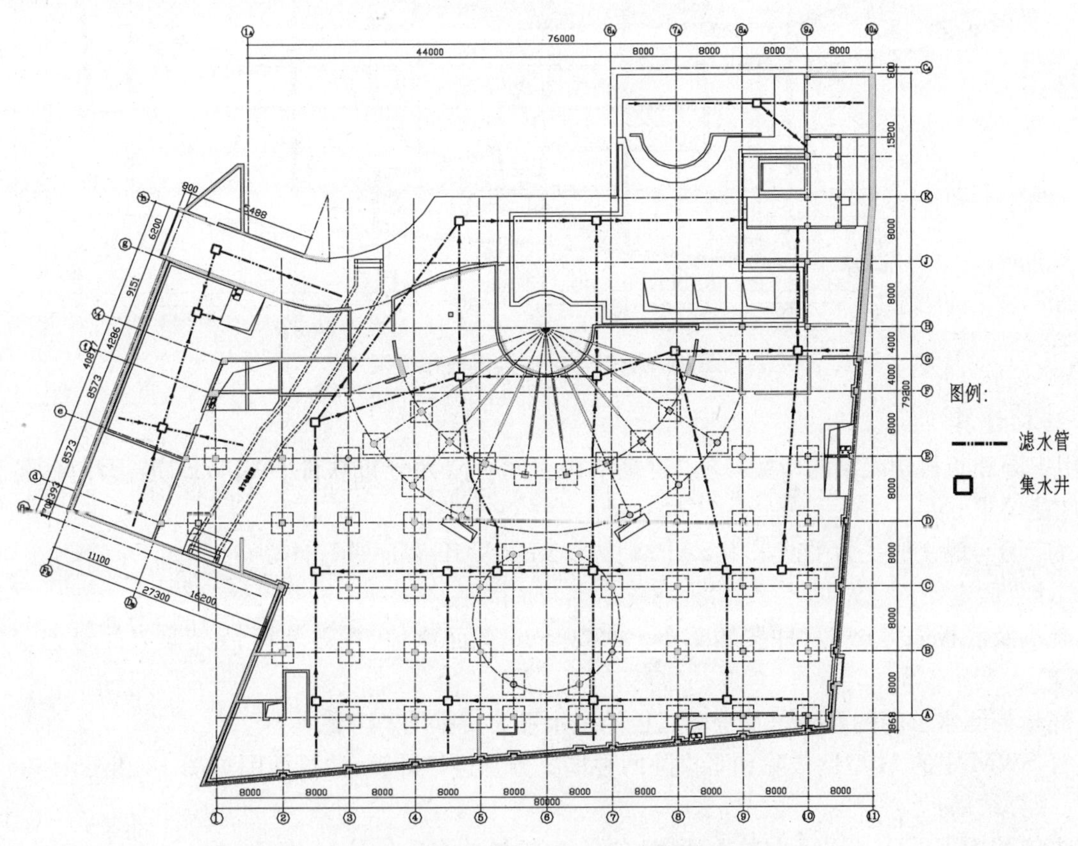

图15　基础底板及底板下滤水系统平面布置图

表 3　主要构件尺寸

名　称	混凝土墙(mm)		框架柱(mm×mm)	框架梁(mm×mm)	井格梁或次梁(mm×mm)	楼板厚度(mm)
	外　墙	内　墙				
地下一层	400～700	200～400	700×700～ ϕ800	350×700～ 400×800	200×350～ 400×700	180
地下室顶板	400～700	200～400	700×700～ ϕ800	400×800～ 1 600×800	400×600～ 1 200×750	400

(3) 平面布置图(见图 16 和图 17)：

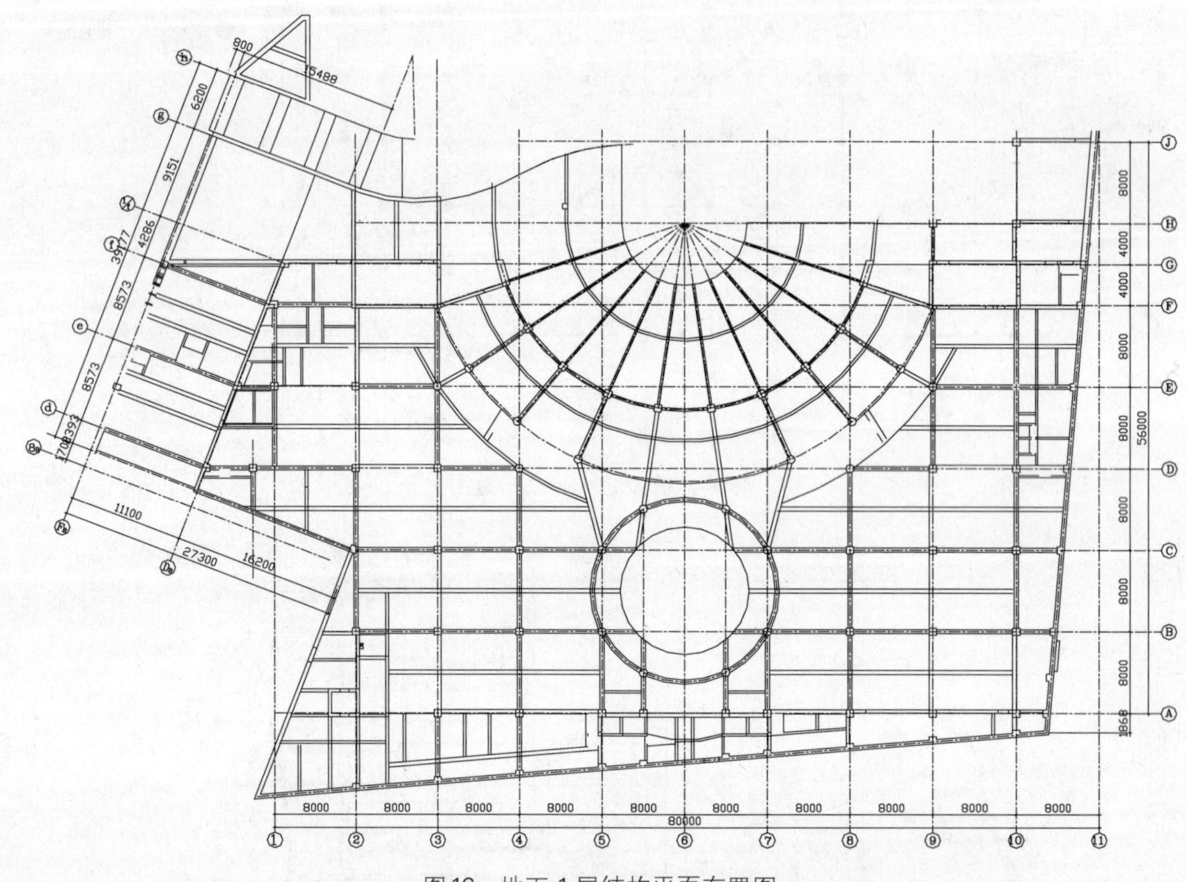

图16　地下 1 层结构平面布置图

6. 结构计算

采用中国建筑科学院结构所编写的“建筑结构空间有限元分析软件 SATWE”进行计算，各种指标均符合规范要求。

下沉广场与地铁的受力平衡采用 SAP84 中的 NFRAME 程序进行计算，过程如下：

(1) 计算假定：

① 外墙及底板取 8 m 宽、柱按 700 mm×700 mm 截面取值、梁按实际情况取值并考虑板的刚度贡献；

② 底板与滤水层间的摩擦力及桩对底板的抗水平力贡献均不考虑；

③ 分 SWM 中的 H 型钢拔除和不拔除两种情况分别进行计算，计算简图见图 18 和图 19。

(2) 计算结果：

① 主体结构完工后，SWM 中的 H 型钢拔除，底板处的水平位移为 19.5 mm；

② 主体结构完工后，SWM 中的 H 型钢不拔除，底板处的水平位移为 9.7 mm。

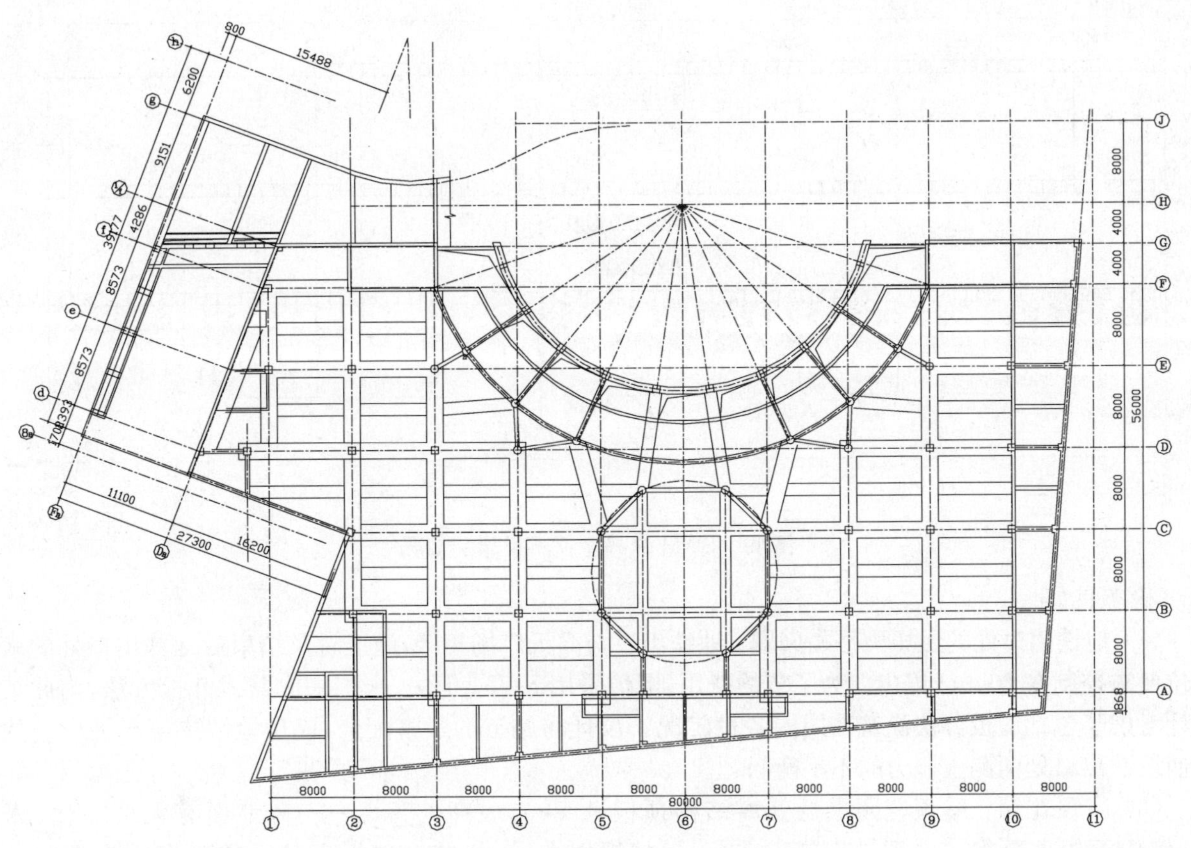

图 17　地下室顶板结构平面布置图

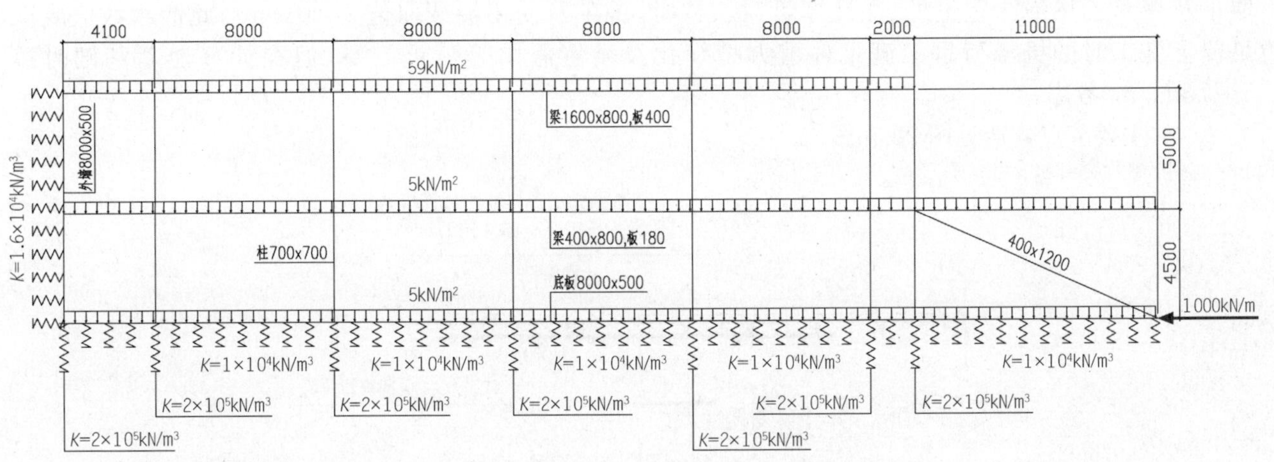

图 18　SWM 中 H 型钢拔除的情况

7. 采用的主要结构材料

(1) 混凝土强度等级：C35、S6 抗渗；

(2) 钢筋：采用 HPB235 级钢及 HRB335 级钢；

(3) 填充墙：采用混凝土小型空心砌块，孔内轻集料混凝土灌实。

8. 技术难点及特殊措施

(1) 滤水系统：为了节约投资，在业主的要求下，设计方采纳了由业主顾问王振信先生等提出，并得到上海市地铁建设指挥部刘建航院士等确认的滤水系统(亦称倒滤层工艺)。该系统主要解决露天广场底板的抗浮问题。该系统到目前为止已使用近 6 年，平均每星期抽水一次(自动控

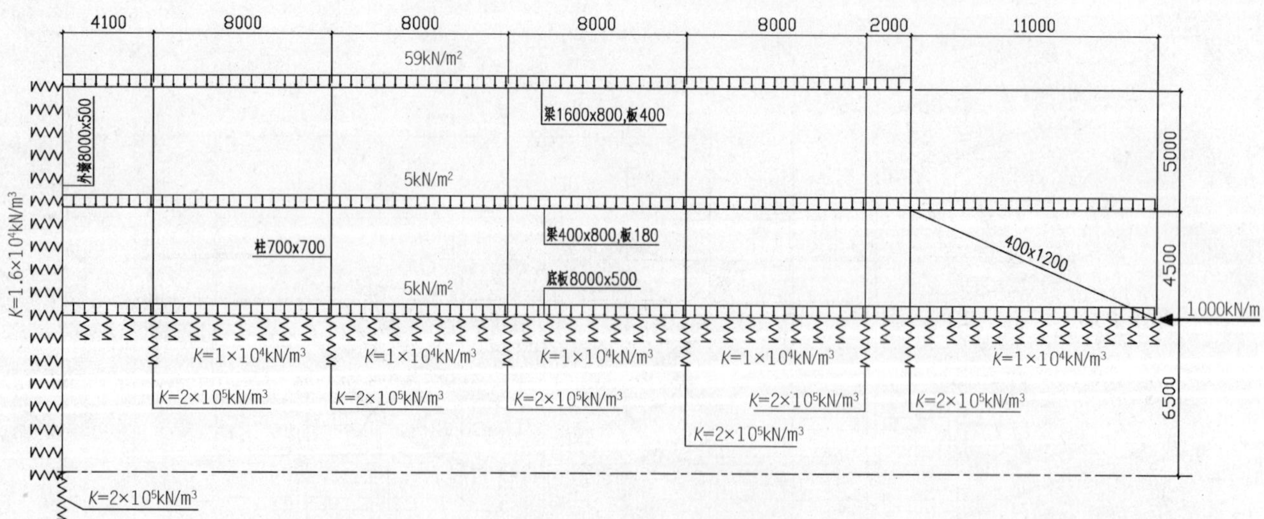

图19　SWM中H型钢不拔除的情况

制),状态良好。

(2) 地铁出口处的土压力平衡问题:地铁出口与露天广场相接,施工时及结束后地铁出口处的水平变位要求控制在20 mm以内。为了节约费用,围护采用SWM工法,施工采取盆式开挖方法,为此结构设计考虑了包括底板分块浇筑在内的各种工况。设计与施工的紧密配合,成功地解决了露天广场的开挖使地铁出口处两侧土压力的不平衡问题。

(3) 屋顶花园:屋顶花园最低处离结构顶板0.5 m、最高处为4～5 m,上面有大型绿化、休息亭、假山等较大荷重。由于结构施工在前、园林规划在后,故结构顶板上荷重的确定成为难题。设计采用了最厚处覆土≤2 m,剩下高度采用聚苯乙烯泡沫填充的方法,成功地解决了这一难题。除覆土及聚苯乙烯泡沫重量外,在计算梁、板、柱时,施工及使用活载取值20 kN/m^2,此活载数值既满足覆土施工时的机械荷重又满足种植大型绿化及堆置假山等荷重需要,但在计算地基基础时按5～7 kN/m^{2}考虑。

(4) 主要节点构造见图20和图21:

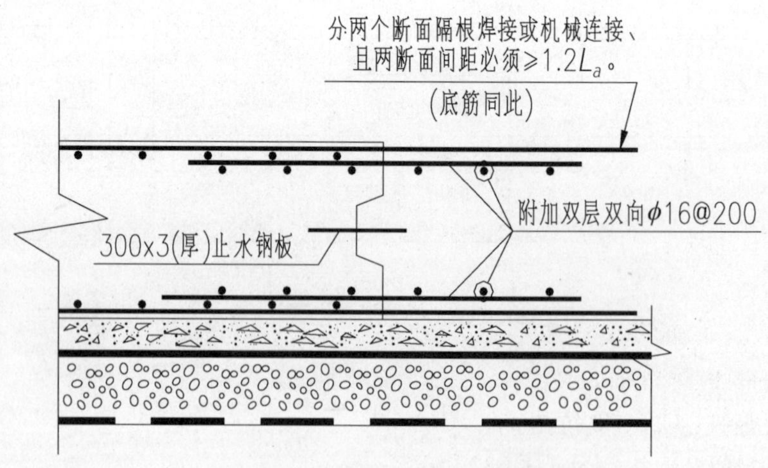

图20　底板施工缝构造详图

9. 建筑物沉降的理论计算值及实际情况

(1) 建筑物沉降的理论值:中心点沉降为50 mm,相邻柱基最大沉降差≤0.2‰。

(2) 房屋于1999年5月建成,建筑物沉降的实测值为−2～−5 mm。

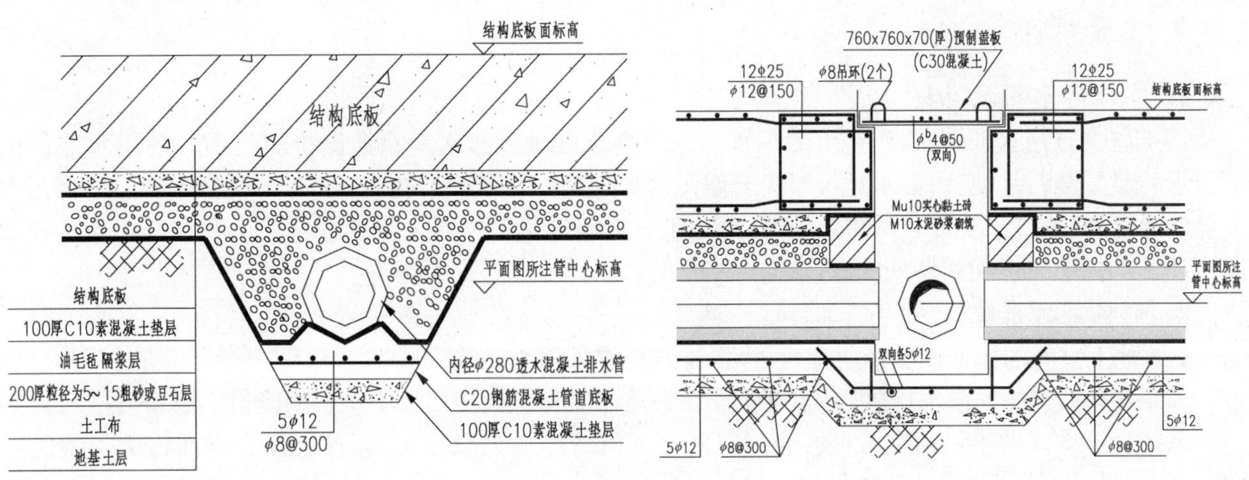

图 21　滤水系统节点详图

10. 主要经济技术指标(见表 4)

表 4　主要经济技术指标

混凝土总用量(m^3)	混凝土折算厚度(cm/m^2)		钢材总用量(t)		钢筋总用量(kg/m^2)	
	地　上	地　下	钢　筋	型　钢	钢　筋	型　钢
10 254	0	93	2 207	0	201	0

三、给排水设计

(一) 给水系统

该工程生活用水主要为地下空间(商场)的流动人员和餐饮部位的生活用水，绿化浇洒由上部的静安公园统一设置。最高日生活用水量为 118 m^3/d。

供水方式采用城市管网压力直接供水。

(二) 消防系统

1. 消防设施和设计消防用水量(见表 5)

表 5　设计消防用水量　(L/s)

室外消防系统	室内消火栓系统	自动喷水灭火系统
30	15	30

2. 水源及供水方式

(1) 消防水源为城市自来水，从西侧华山路和北侧南京西路各引入 1 根 DN200 消防进水管，在基地兜通，形成环状管网，作为该工程消防专用水源；

(2) 室外消火栓直接从室外环状消防管网上接出；

(3) 室内消火栓和喷淋系统为临时高压系统，地下 1 层建消防泵房 1 座，消防泵和喷淋泵直接从环状管网上抽水。由于市政管网最低压力高于本建筑最不利点消防用水点，所以建筑内不设置高位消防水箱。

(三) 排水系统

1. 生活污水排放系统

该工程设有污水处理站，所有生活污水经二级生化处理后排入南京西路合流管道。各用水点的生活污水均收集至污水池，由潜水排污泵提升至污水处理站的污水调节池；污水池通气管全部汇集至污水处理站，经除臭装置集中处理后排出地面，避免了分散通气管对上部公园的视觉污染和空气污染。餐饮废水经悬挂式不锈钢隔油器处理后，纳入污水系统。

2. 雨水排放系统

(1) 地下空间的屋面雨水经明沟收集后，排放至室外雨水系统；

(2) 下沉式广场的雨水排放，是本专业设计的重点之一。由于广场下沉，且和地铁入口相连，所以其雨水系统设计的成败不仅和本工程的地下空间及下沉式广场息息相关，而且直接影响地铁2号线的安全。因此，设计中作了以下特别的考虑：

① 所有连通广场的入口处，均作了600 mm的抬高，以阻止地面雨水溢入下沉式广场，尽量减少雨水泵站的负荷，并使雨水汇水面积符合设计条件。

② 充分考虑到工程的重要性，并根据地铁指挥部的统一要求，雨水系统的设计重现期取值为100年。

③ 雨水集水池有效容积为60 m^3，相当于2.5 min设计暴雨强度下的雨水量。

④ 雨水泵采用二大一小的匹配，每台泵均设定了不同的启泵和停泵水位，以适应不同强度的雨水流量。当达到百年一遇的暴雨强度时，3台泵将同时投入运转。此外为雨水泵提供了2路电源，能保证3台泵同时可靠地运转，因此这种方案具有较好的经济性和安全性。工程的雨水系统经过3个雨季的严峻考验，尤其是1999年和2000年都分别遭遇了100年一遇和50年一遇的降雨量，系统运行正常，确保了地铁的安全，达到了设计的预期目标。

该工程的雨水泵站还兼作整个下沉式广场和地下空间的底板结构滤水层(抗浮用)以及广场集树坑的排水装置。这种多种功能排水泵的做法，在一般工程中较为少见，是一种技术创新，既节省了工程投资，又可使雨水泵定期运行，起到巡检的作用，减少故障率(见图22)。

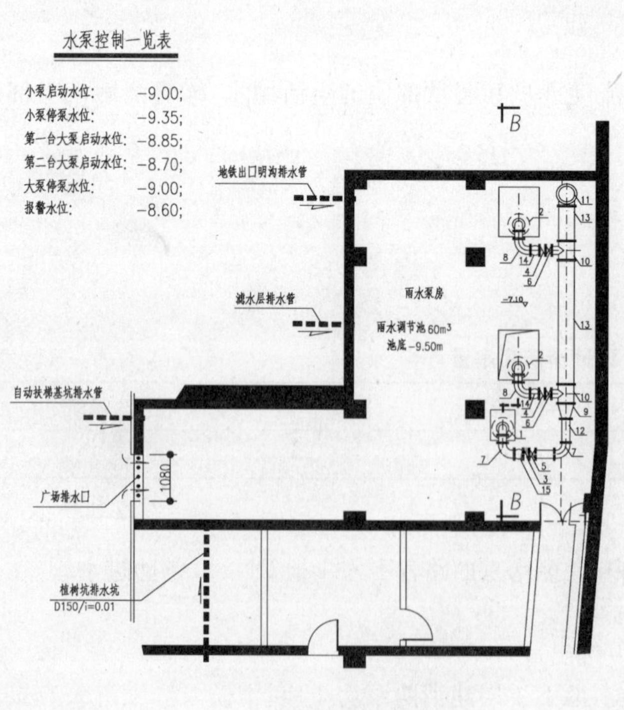

雨水泵房详图

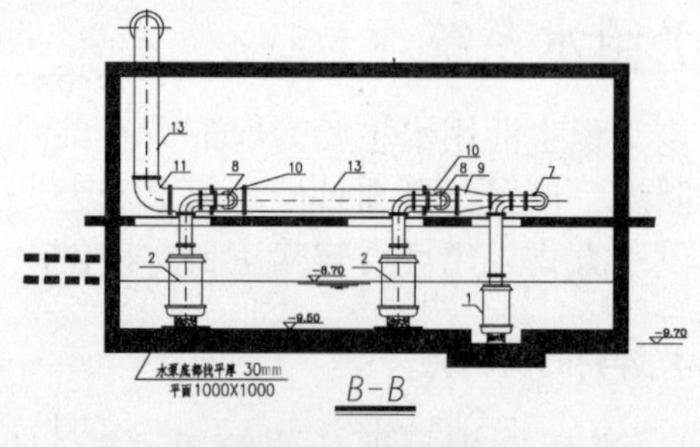

雨水泵房设备材料表

序号	名称	规格性能	单位	数量
15	可曲挠橡胶接头	KXT-ⅢDN200	只	1
14	可曲挠橡胶接头	KXT-ⅢDN250	只	2
13	钢管	DN500	米	
12	钢管	DN200	米	
11	钢制弯头	DN500	只	2
10	异径三通	DN500xDN250	只	2
9	异径管	DN250xDN500	只	1
8	钢制弯头	DN250	只	2
7	钢制弯头	DN200	只	2
6	蝶阀	涡杆传动 DN250	只	2
5	蝶阀	涡杆传动 DN200	只	1
4	双瓣逆止阀	DDCV-0250	只	2
3	双瓣逆止阀	DDCV-0200	只	1
2	潜水排污泵	Q=10.0m^3/min; H=15m; P=55kW;	台	2
1	潜水排污泵	Q=4.25m^3/min; H=16m; P=22kW;	台	1

图22 雨水泵房示意图

四、电 气 设 计

(一) 强电

1. 供电情况

该广场由地下商场建筑与下沉式广场组成，与静安寺地铁站进出口相连，广场来往人员密集，供电电源属一级负荷，广场有两路 10 kV 独立电源同时供电，高压采用单母线分段不联络。电源采用电缆埋地引入地下变配电所，运行中有 1 路电源失电时，另一路可满足广场内所有一、二级用电负荷，可保证商场正常运作。

2. 变配电所设置

广场变配电所设在商场建筑地下层，面积为 175 m^2。

表 6　用电设备容量表

序　号	用电设备名称	容　量(kW)
1	空调热泵机组系统	515.8
2	一般照明	176
3	室外庭园照明	60
4	电动扶梯	44
5	室外喷池动力、照明	100
6	空调机	106.9
7	厨房电源	80
8	雨水排水泵	108.5
9	消防排烟系统	83
10	消防泵、喷淋泵	24
11	污水处理泵	20
12	应急照明及动力	80
13	广场舞台演出照明	405
14	变电所照明、动力	10
	总装机容量	1 813.2

表 7　计 算 容 量 表

项目		数值	
总建筑面积(m^2)		8 138.48	
其　中	商场建筑(m^2)	5 328.48	
	下沉广场(m^2)	2 810	
设备容量(kW)		1 813.2	
计算容量(kW)		1 365	
变压器容量(kVA)		2×1 250	
单位面积平均负荷率(W/m^2)		商　场	144.7
		下沉广场	226

3. 电气设备

(1) 变压器 SC8－1250 kVA 10 kV/0.4 kV IP20 2 台自带冷却风机；

(2) 高压开关柜采用 KYN－12 中量式共 6 台；

(3) 低压开关柜采用 MB200 型共 17 台；

(4) 继电保护采用过电源接地，温度保护。

4. 防雷、接地

广场建筑均在地坪以下，顶部被绿地覆盖，故不设防直接雷击设施。

接地保护采用 TN－N 制，专设 PE 线，利用建筑物基础内钢筋作为接地体，接地电阻小于 1 Ω。

5. 广场灯光安装及控制

下沉广场部分有公共多功能需要，白天、晚间均可能有较大型活动，广场除有一般照明外，在晚间活动时尚需提高广场照度，因此露天广场舞台背面设有大型灯具。为了使这些大型灯具在白天不致影响广场建筑立面观，设计中对大型灯具采用活动结构安装，在白天可通过电气传动控制方式将灯具转动倒在隐蔽位置，晚间需要时可控制其返回到原来投光位置，控制设在值班室。

广场设有火灾自动报警联动系统，该系统功能是：当探测到火灾信号时，通过消防中心即可联动所有消防设施接入运行工作，启动后运行设备信号，同时返回至消防中心，进行监视（每一消火栓箱内均有启动按钮）。

(二) 弱电系统

1. 电话通讯系统

商场部分设有电话进户交接间，引入双向中继线 100 对。

2. CCTV 安保监控系统

摄像机分布在主要出入口、商场出纳等部位，特殊部位采用变焦带云台摄像机，全场设有 18 台。

3. 音响广播系统

该系统平时作为商场广播使用，当商场有消防事故时，消防中心可强切至消防控制回路，作为消防紧急广播。

五、暖通设计

(一) 设计标准

1. 室内设计参数（见表 8）

表 8　室内设计参数

场所 项目	商场、餐厅		办公、管理用房	
	夏季	冬季	夏季	冬季
干球温度(℃)	25～27	16～18	24～26	18～20
相对湿度(%)	≤65		≤65	
新鲜空气量[m^3/(h·人)]	20		35	

2. 通风类型和换气次数(见表 9)

表 9　通风换气次数　　(次/h)

卫生间	变配电室	水泵房	污水泵房	厨　房
10	25	4	20	40

(二) 空调冷热源

采用烟台顿汉·布什公司生产的立式螺杆式风冷热泵机组,型号为 ACXHP180,每台制冷量 625.9 kW,制热量 526.4 kW,共用 2 台,冷冻水供水温度 7℃,回水温度 12℃,热水供水温度 50℃,回水温度 45℃。为了不破坏周围的环境,热泵机组利用下沉空间设置,形成侧面进风,上部排风的热压通风环境保证热泵机组的通风,使用多年来一直运转良好。热泵布置图见图 23。

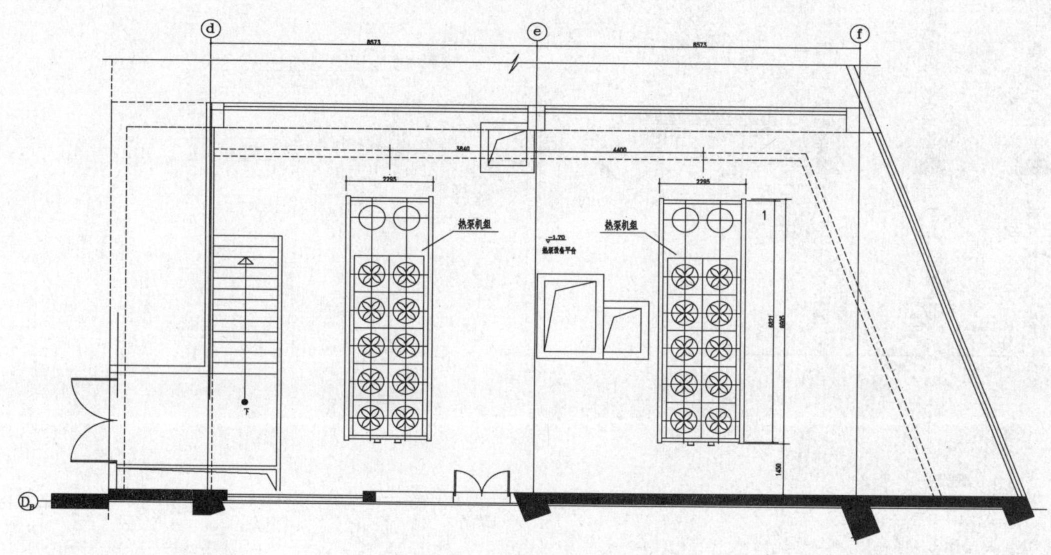

图 23　热泵机组平面布置图

(三) 空调供回水系统

中央空调的水系统采用两管制一次泵定流量系统(见图 24 和图 25),空调循环水系统采用闭式膨胀水箱完成水体膨胀、系统补水及系统定压三大功能,闭式膨胀水箱设置于地下层空调水泵房内。空调冷热水分别送至组合式空调机组、新风空调机组以及风机盘管机组等末端空气处理设备,以满足各功能区的空调需要。

空调冷热水循环水泵与热泵机组对应设置,并设置 1 台备用泵。

(四) 空气处理系统

根据建筑物内各空间的不同使用功能,采用了不同的空调通风系统形式及气流组织形式。

1. 商场、餐厅

商场、餐厅等大空间采用低速单风道全空气空调系统。上送侧面集中回风的气流组织,并设置机械排风系统。

2. 办公、管理用房

办公、管理用房等小空间均采用风机盘管+新风的空调系统形式。

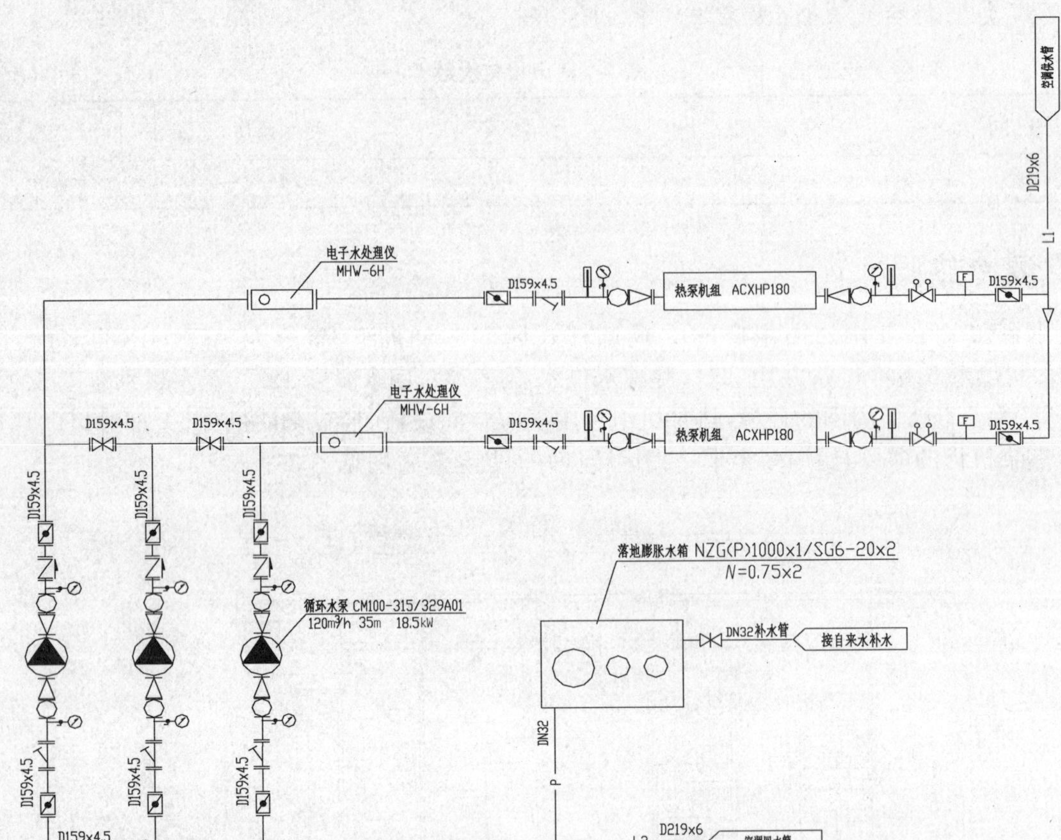

图 24 空调冷热源部分水系统原理

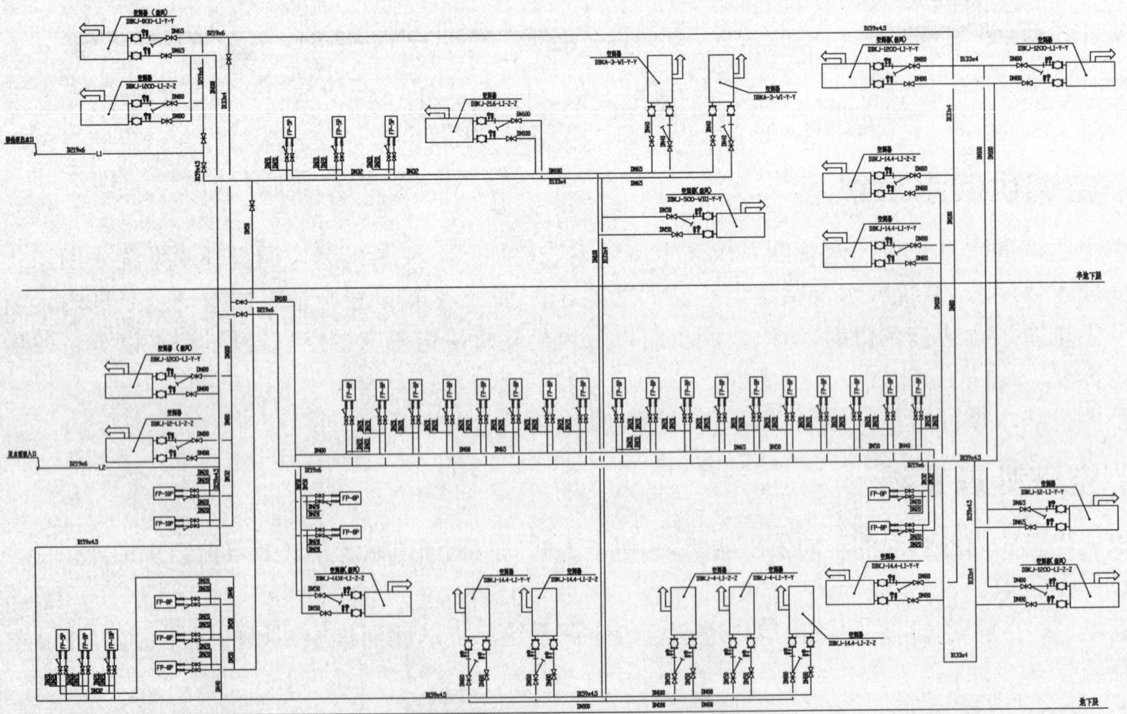

图 25 空调末端水系统原理图

（五）制作与安装

1. 风管

空调、通风及排烟风管采用镀锌钢板制作，其厚度及加工方法满足“施工质量验收规范”的规定。

空调送、回风及新风管的保温材料采用带铝箔离心玻璃棉板材，密度为 48 kg/m^3，在空调房间吊顶内的风管保温层厚度为 30 mm，在非空调房间内的风管保温层厚度为 40 mm。

2. 水管

管径<DN100 的水管采用热镀锌钢管，管径≥DN100 的水管采用无缝钢管，冷凝水管采用 PVC-U 管。无缝钢管采用法兰连接或焊接，镀锌钢管采用螺纹连接。

在水系统的最低点处，配置 DN25 mm 的泄水管，并配置相同管径的闸阀或蝶阀，在最高点处配置 DN15 mm 的自动排气阀。组合式空调机组及新风空调机组的排水口处设置水封，水封高度为 100 mm，并将冷凝水排至机房地漏。

安装冷凝水管时保证一定的坡度，从空调末端设备接出至冷凝水总管的管段，其坡度为 1.5%～2.0%，冷凝水干管的坡度为 0.8%，坡向排水口。

空调供回水管、冷凝水管、集管、阀门等，均采用难燃 B1 级橡塑保温材料保温，管径<DN50，保温厚度 32 mm，管径为 DN50～DN80，保温厚度 35 mm，管径为 DN100～DN300，保温厚度 40 mm，管径≥DN350，保温厚度 42 mm，冷凝水管的保温厚度为 15 mm。

管道穿越墙壁和楼板时，设置钢制套管，套管内径大于管道保温层外径一档或二档，安装在楼板内的套管，其顶部高出地面 100 mm，底部应与楼板底面相平。安装在墙壁内的套管，其两端与饰面相平，套管与管道之间用不燃性保温材料填实。

与水泵、热泵机组、组合式空调机组连接的进出水管上设置减振接头。在与每台水泵、热泵机组、组合式空调机组相连接的进水管上安装闸阀或蝶阀、压力表（0～1.0 MPa）、带护套的角型水银温度计（0～100℃）和 Y 型过滤器，出水管上安装闸阀或蝶阀、压力表（0～1.0 MPa）和带护套的角型水银温度计（0～100℃）。水泵出水管上安装缓闭式止回阀，所有阀门承压要求为 1.0 MPa。

九百城市广场

建设单位：上海九百（集团）有限公司

设计单位：华东建筑设计研究院有限公司

施工单位：上海建工集团第三建筑公司

撰 稿 人：姜文伟　胡　寅

一、建筑设计

九百城市广场地铁，南临南京西路，北接愚园路。地铁 2 号线在南京路下通过。有 2 号地铁出入口与九百城市广场相连，建筑物的西面与静安寺相邻，并留出 12 m 宽的步行街。商场的主入口从南京路口宽阔的踏步为引导，缓和地通到 2 层到达绿化大平台，树木葱郁，环境精致，在庭院的另一端，且开始进入室内商场。室内商场以一有天窗覆盖的街道形象，自然引导人们继续向上，具有十分强烈的导向性（见图 1）。

图1　九百城市广场

商场内部的通道从首层到第五层以迂回往返的方式，伴以天空或天窗照入的自然光，通过各层各具特色的空间，或步行或乘自动扶梯，置身其中，犹如在一个迷你城市体验其丰富多彩的购物环境。

商场的人流、竖向交通组织上运用公共楼梯与自动扶梯相配套。共设有 57 台自动扶梯，2 台观光电梯及 8 台客货梯，极大的方便人流活动及疏散。

九百城市广场总建筑面积近 8 万 m^2，南北方向长 132.7 m，东西方向宽 105.2 m，建筑地下 1 层，地上 9 层，高 48.95 m，为集商场、办公、餐饮于一体的综合性商厦。

二、结 构 设 计

(一) 结构体系

1. 结构与规模

结构体系为钢筋混凝土框架结构，地上 9 层，一层层高为 5.75 m，其余各层层高为 5.4 m，地下一层层高 6.4 m。

基础为柱下独立承台桩基础，选择第⑦$_{1a}$层灰绿色砂质粉土层为桩基持力层，桩径 600 mm，桩长 33.5 m 的钻孔灌注桩，基础埋深约 7 m。

2. 抗震设防等级

抗震设计按乙类建筑，设防烈度 7 度，建筑场地类别为 4 类，框架抗震等级为一级。

(二) 结构设计特点

1. 平面不规则

建筑平面在 3 层及以上各层楼面沿平面长边方向布置长约 72.5 m 的中庭，将结构分成平面布置不对称的东西两翼，结构平面凹进大大超过该投影方向总尺寸的 30%，其中西翼南立面在结构 6 层以上整体收进，东翼南立面随结构高度增加逐渐收进，东西两翼北面在中庭转角部位相连接，南面在 3～5 层各有一钢桥连接。以上建筑平面布置要求导致结构平面布置不规则，结构平面超限(见图 2)。

2. 结构柱转换

该项目结构设计除平面不规则的情况外，由于建筑设计要求，有部分上部结构柱无法落到基础，需要转换。结构竖向布置也存在超限的情况。

柱转换采用斜柱转换、三角托架转换和预应力大梁转换三种方法解决。

综合以上因素，该项目的结构体型复杂，在地震作用下，结构反应复杂，可能出现较大的扭转反应。为了确保结构的安全和可靠，需要对结构薄弱部位和结构的扭转效应进行深入的研究。

(三) 计算分析

采用 SATWE 和 SAP84 两种程序进行计算，楼板分别采用符合楼板平面内实际刚度变化的弹性模型和薄膜模型(均采用板壳单元)，较合理地反映由于内中庭造成的楼层内变形不协同性(见表 1 和表 2)。

表 1　结构自振周期及振型特征 (s)

序　　号	1	2	3	4	5	6
弹性楼板模型	1.506 8	1.421 7	1.361 1	0.718 2	0.643 5	0.612 0
	Y 向	扭　转	X 向	两翼对弯	局部构件	扭转(2 阶)
薄膜楼板模型	1.869 0	1.726 1	1.675 2	0.776 4	0.714 2	0.644 6
	X 向	Y 向	扭　转	两翼对弯	扭转(2 阶)	

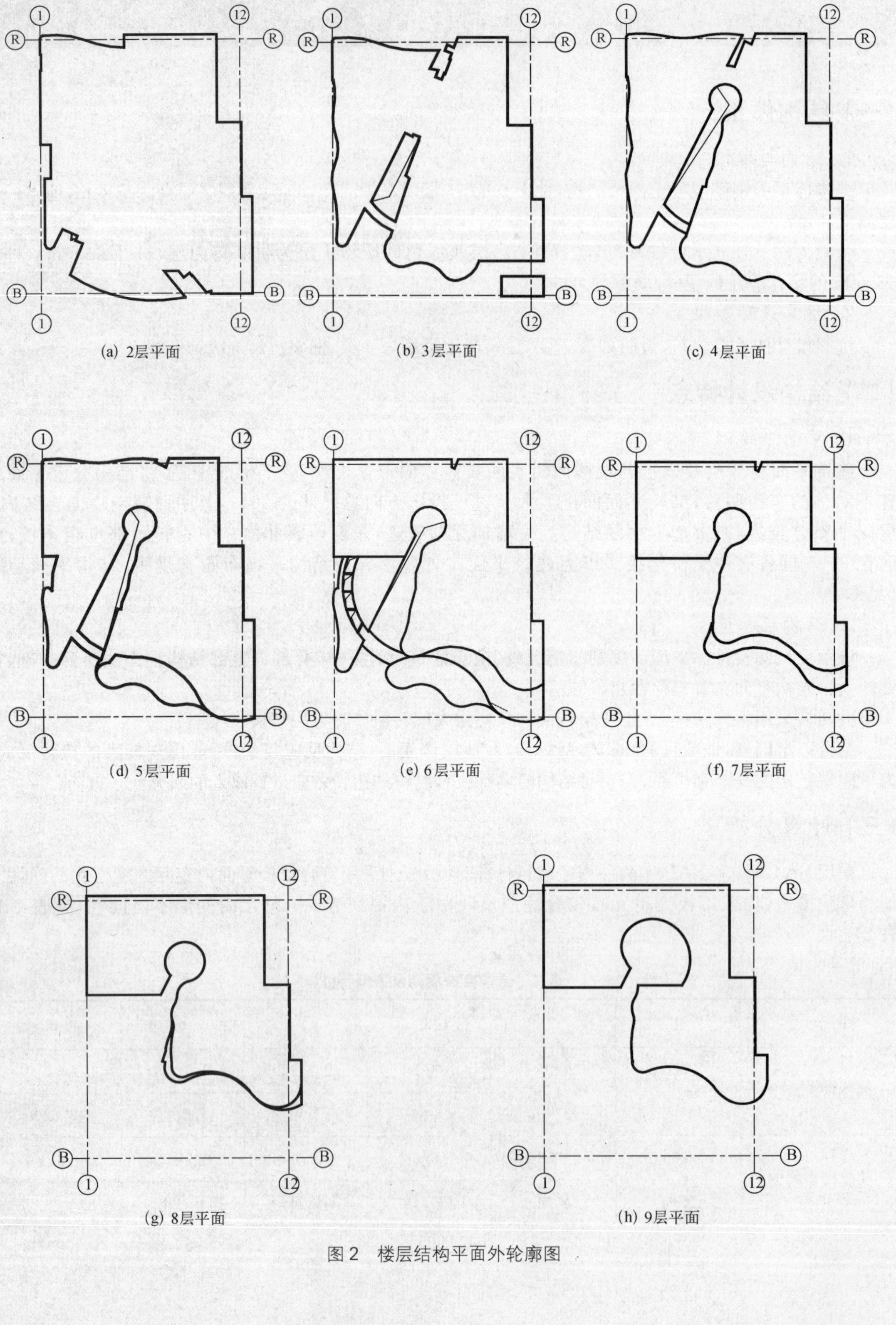

(a) 2层平面

(b) 3层平面

(c) 4层平面

(d) 5层平面

(e) 6层平面

(f) 7层平面

(g) 8层平面

(h) 9层平面

图2　楼层结构平面外轮廓图

表 2　扭转与第一及第二平动周期之比

	扭转与第一平动周期之比	扭转与第二平动周期之比
弹性楼板模型	0.94	1.04
薄膜楼板模型	0.90	0.97

为考察内部各部位的地震反应特征，选取 16 个点 N1～N16(见图 3)，其中 N1～N13 分别位于结构周边角点、凹凸处及内中庭周边，属于结构形状突变处，其特征位移可代表结构各角部及内中庭周边的位移；N14 基本位于西翼几何中心附近；N15 位于东翼与 N14 基本对称的位置；N16 的位置大致为整个结构的刚度中心。这些点基本可以代表结构整体地震反应位移的特征，以及结构刚度突变部位的地震反应位移特征(见表 3～表 6)。

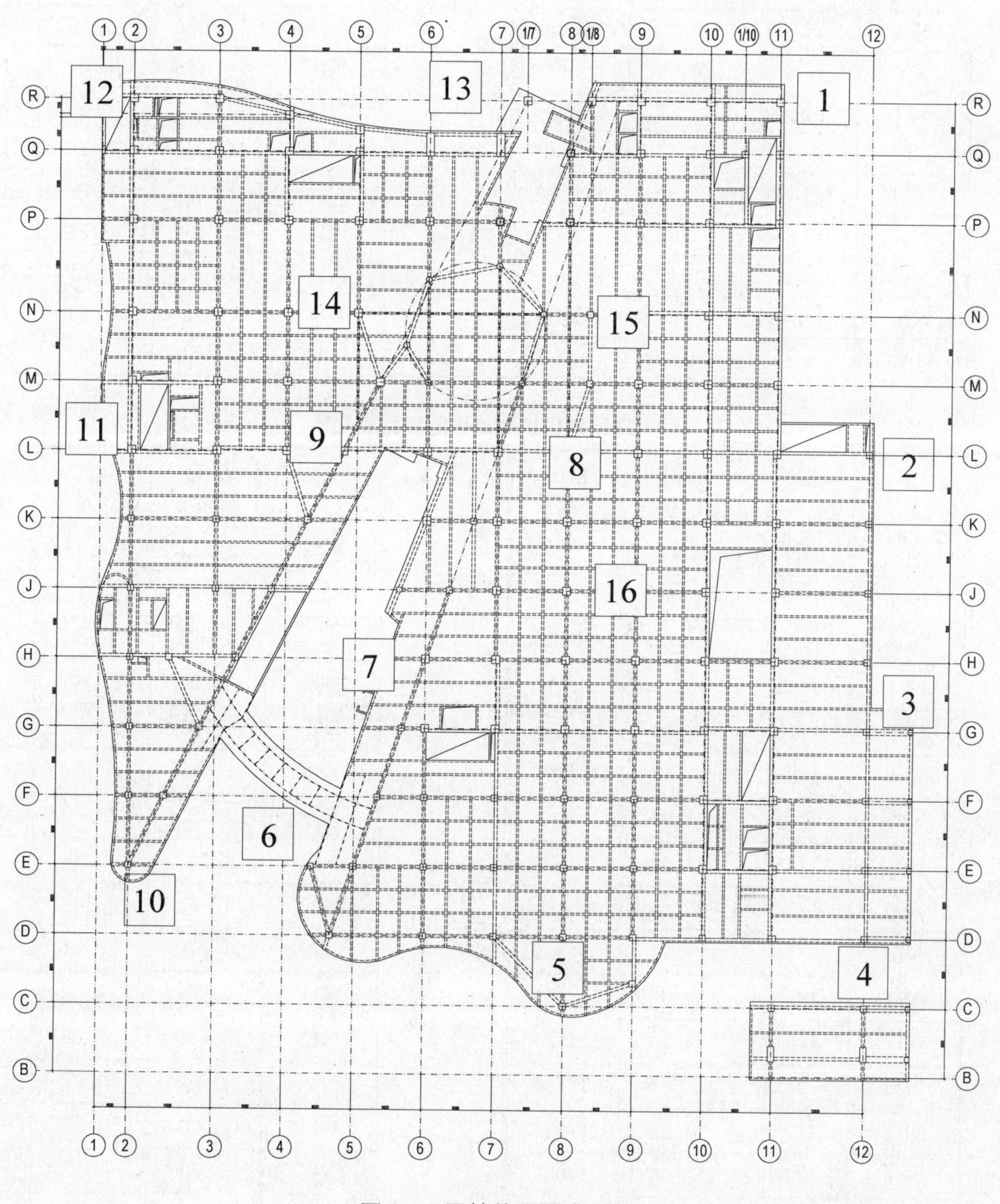

图 3　3 层结构平面布置图

表 3　弹性楼板模型结构地震反应位移 (mm)

		层间位移角	顶层位移	顶层位移角			层间位移角	顶层位移	顶层位移角
X 向地震输入作用	N01	1/1 259	28. 60	1/1 806	Y 向地震输入作用	N01	1/726	51. 90	1/995
	N02	1/995	41. 10	1/1 257		N02	1/732	51. 82	1/997
	N03	1/830	51. 79	1/945		N03	1/721	51. 60	1/949
	N04	1/692	40. 60	1/807		N04	1/677	39. 37	1/832
	N05	1/731	24. 90	1/881		N05	1/807	22. 56	1/973
	N06	1/780	28. 23	1/969		N06	1/992	23. 29	1/1 174
	N07	1/898	46. 79	1/1 046		N07	1/977	37. 66	1/1 300
	N08	1/1 037	37. 47	1/1 306		N08	1/936	39. 56	1/1 237
	N09	1/1 075	36. 25	1/1 350		N09	1/1 089	37. 10	1/1 319
	N10	1/796	26. 89	1/1 017		N10	1/1 163	19. 07	1/1 434
	N11	1/1 002	40. 58	1/1 273		N11	1/1 175	34. 66	1/1 490
	N12	1/1 132	34. 41	1/1 501		N12	1/1 043	39. 79	1/1 298
	N13	1/1 132	26. 51	1/1 847		N13	1/776	44. 98	1/1 088
	N14	1/1 134	33. 69	1/1 453		N14	1/1 100	37. 31	1/1 312
	N15	1/1 192	32. 14	1/1 523		N15	1/835	44. 65	1/1 096
	N16	1/943	43. 23	1/1 132		N16	1/872	43. 31	1/1 130
	MAX	—	58. 69	1/807		MAX	—	53. 87	1/832

表 4　薄膜楼板模型结构地震反应位移 (mm)

		层间位移角	顶层位移	顶层位移角			层间位移角	顶层位移	顶层位移角
X 向地震输入作用	N01	1/553	68. 08	1/759	Y 向地震输入作用	N01	1/718	52. 65	1/981
	N02	1/659	55. 97	1/923		N02	1/735	52. 12	1/991
	N03	1/705	54. 81	1/893		N03	1/739	51. 69	1/947
	N04	1/634	43. 35	1/756		N04	1/727	38. 45	1/852
	N05	1/772	22. 83	1/961		N05	1/735	24. 33	1/902
	N06	1/858	24. 67	1/1 108		N06	1/753	30. 57	1/895
	N07	1/991	40. 93	1/1 196		N07	1/753	49. 12	1/996
	N08	1/856	42. 69	1/1 147		N08	1/742	49. 31	1/993
	N09	1/841	43. 96	1/1 114		N09	1/763	50. 41	1/971
	N10	1/746	28. 37	1/964		N10	1/770	28. 71	1/953
	N11	1/711	54. 00	1/956		N11	1/761	52. 52	1/984
	N12	1/516	71. 70	1/720		N12	1/719	55. 08	1/938
	N13	1/538	62. 41	1/784		N13	1/687	51. 72	1/946
	N14	1/707	51. 84	1/944		N14	1/755	51. 47	1/951
	N15	1/703	50. 54	1/969		N15	1/738	50. 29	1/973
	N16	1/883	42. 43	1/1 154		N16	1/754	49. 79	1/983
	MAX	1/516	73. 48	1/720		MAX	1/718	54. 71	1/852

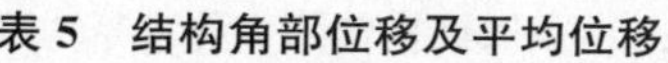

表 5　结构角部位移及平均位移

(mm)

工况		最大角部位移	平均位移	比值
弹性楼板模型	X 向地震输入	49.18	37.54	1.310 1
	Y 向地震输入	47.52	40.76	1.165 8
薄膜楼板模型	X 向地震输入	59.89	49.04	1.221 2
	Y 向地震输入	48.43	47.84	1.012 3

表 6　结构基底地震反应

工况		基底剪力(kN)	剪重比
弹性楼板模型	X 向地震输入	44 418	4.29%
	Y 向地震输入	31 835	3.07%
薄膜楼板模型	X 向地震输入	31 587	3.05%
	Y 向地震输入	31 858	3.07%

本工程也按照规范要求，采用了 SHW1、SHW2 地震波进行结构的弹性时程分析，地面运动最大加速度为 35g，楼板为弹性模型(见表 7 和表 8)。

表 7　SHW2 地震波作用下结构时程反应位移峰值

(mm)

		层间位移角	顶层位移	顶层位移角			层间位移角	顶层位移	顶层位移角
X 向地震输入作用	N01	1/842	42.49	1/1 216	Y 向地震输入作用	N01	1/631	59.57	1/867
	N02	1/824	48.66	1/1 061		N02	1/636	61.14	1/845
	N03	1/806	52.40	1/934		N03	1/628	60.48	1/809
	N04	1/754	37.32	1/878		N04	1/612	44.70	1/733
	N05	1/770	23.93	1/917		N05	1/669	27.02	1/812
	N06	1/801	27.94	1/979		N06	1/700	32.31	1/846
	N07	1/811	50.92	1/961		N07	1/680	53.91	1/908
	N08	1/814	47.47	1/1 031		N08	1/679	54.98	1/890
	N09	1/844	43.29	1/1 131		N09	1/688	55.17	1/887
	N10	1/812	23.86	1/1 146		N10	1/808	26.94	1/1 015
	N11	1/848	43.46	1/1 189		N11	1/702	54.16	1/954
	N12	1/857	43.07	1/1 199		N12	1/942	54.83	1/942
	N13	1/718	42.09	1/1 163		N13	1/865	56.56	1/865
	N14	1/842	43.19	1/1 133		N14	1/892	54.86	1/892
	N15	1/852	45.05	1/1 087		N15	1/856	57.17	1/856
	N16	1/813	49.79	1/983		N16	1/861	56.88	1/861

表 8　瞬时结构角部位移及平均位移　(mm)

工　况		最大角部位移	平 均 位 移	比　值
SHW1 地震波	*X* 向地震输入	31.56	31.23	1.01
	Y 向地震输入	37.10	36.99	1.00
SHW2 地震波	*X* 向地震输入	43.06	42.66	1.01
	Y 向地震输入	60.45	59.49	1.02

根据以上分析，该工程结构存在一定的扭转效应，尽管框架结构的刚度和荷载形心相对比较一致，东西两翼的南北侧连接也起到了一定作用，但在结构自振特性中，扭转模态周期于平动模态周期之比偏大，有必要对结构作一定的调整与加强。采取的具体措施有以下三条：

(1) 在结构西北角的楼电梯间布置由钢支撑与钢筋混凝土柱围合成的芯筒和结构边梁高度，提高结构整体抗扭刚度，调整结构的刚度中心位置(见图 4)。经此调整后，结构扭转特性得到明显改善，有效降低了整体结构的扭转反应(见表 9 和表 10)。

图4　楼电梯间

表 9　调整后结构自振周期及振型特征　(s)

序　号	1	2	3	4	5	6
周期特征	1.466 6	1.308 5	1.179 0	0.687 1	0.643 3	0.591 6
	Y 向	*X* 向	扭转	两翼对弯	局部构件	扭转(2 阶)

扭转与第一及第二平动周期之比(弹性楼板模型)分别为 0.804 和 0.901。

表 10　调整后结构的地震反应位移　（mm）

		层间位移角	顶层位移	顶层位移角			层间位移角	顶层位移	顶层位移角
X 向地震输入作用	N01	1/1 419	27.03	1/1 911	*Y* 向地震输入作用	N01	1/776	49.84	1/1 036
	N02	1/1 190	34.53	1/1 496		N02	1/753	52.18	1/990
	N03	1/952	45.19	1/1 083		N03	1/699	55.77	1/878
	N04	1/758	36.39	1/900		N04	1/613	43.85	1/747
	N05	1/806	22.40	1/980		N05	1/740	24.50	1/896
	N06	1/828	26.65	1/1 026		N06	1/944	24.12	1/1 134
	N07	1/923	45.21	1/1 083		N07	1/1 060	36.03	1/1 359
	N08	1/1 113	36.02	1/1 359		N08	1/1 070	34.35	1/1 425
	N09	1/1 176	36.09	1/1 356		N09	1/1 299	29.10	1/1 682
	N10	1/772	26.62	1/1 027		N10	1/1 118	20.39	1/1 341
	N11	1/999	42.51	1/1 215		N11	1/1 589	26.01	1/1 985
	N12	1/1 020	41.79	1/1 236		N12	1/1 323	31.87	1/1 621
	N13	1/1 263	29.43	1/1 663		N13	1/898	39.04	1/1 254
	N14	1/1 181	36.06	1/1 358		N14	1/1 462	27.88	1/1 756
	N15	1/1 340	29.67	1/1 650		N15	1/936	40.07	1/1 221
	N16	1/1 062	38.93	1/1 258		N16	1/924	41.92	1/1 168
	MAX	1/758		1/900		MAX	1/613		1/747

（2）分析东西两翼在南北连接处的楼板在地震作用下的应力状况，加强了板的连接构造，加强连接的整体性。

（3）将框架的抗震等级提高到一级，同时加强关键部位尤其是边、角柱的配筋构造措施。

在随后进行的模拟地震振动台试验中，得到了同样的结论和意见，设计方也根据相关试验的结果，对结构设计做出相应的调整和加强。

三、给排水设计

生活水泵 3 台，其中 1 台备用。空调冷却水量为 9 台 400 m^3/h，冷却塔设置屋面上，根据冷冻机组运行状况，将冷却塔划分 2 个单元分开设置，自动喷淋消防系统的设计与建筑的防火分区相呼应，每层每个防火分区设 1 套水流指示器，并且独立设置中庭加密自动喷淋系统。每层设 1 套水流指示器，且管道呈环状设置。

四、电气专业设计

（一）强电

该工程的用电负荷为 14 105 kW，计算用电负荷为 9 405 kW。该工程一般市电供电为 2 路独立的

35 kV,50 Hz 电源,电源由当地供电部门埋地用专线引入。在地下层设置 1 座 35/0.4 kV 变配电站,35 kV 电源经直降成 380/220 V 电源后向分布在大楼内各用电负荷配电。2 路 35 kV 电源为单母线供电,中间不设联络,每路电源各带 1 台 1 600 kVA 及 2 台 2 500 kVA 35/0.4 kV 有载自动调压干式变压器。

由变配电站配出的 380 V 低压电源主要采用树干及放射式配电方式,对各用电点供电。对一类重要负荷,采用 2 路市电同时送至终端配电箱自切供电。

该工程内设置火灾报警控制系统(FAS),系统为公共性的分区域的、电气监控的包括光电、温、烟探测器、手报器、疏散警铃、广播,排烟、正压送风、防火门及消防设施的控制。火灾报警控制系统主机将设置在大楼首层监控中心内,与楼宇自控系统合用房间。

该工程设置了楼宇自控系统(BAS),该系统对各场所的主要机电设备(如空调、送排风、给排水、配电及照明)进行监察、控制、管理和工作状况记录等多种操作,能达到集中管理,高效迅速,节能等目的。

(二) 弱电

商场内建立了支持图像、数据、语言传输的超五类综合布线系统,信息插座共计 151 个,商场按功能区划分建立了 33 个广播分区,系统除了用作业务广播(或背景音乐)外,在应急状态时由消防中心控制播放应急广播信息。

九百城市广场是一个近 9 万 m²的大型商场,商场的安全管理尤其重要。商场内共采用各类摄像机 138 只,报警探头 308 只,组成了报警监控联动综合安防系统。

五、暖 通 设 计

冷冻机装机容量:冷冻机装机负荷为 16 501 kW,空调水系统承压:0.95 MPa。空气处理系统:除零售店及办公用房使用风机盘管,基本使用全空气处理机,低速风管系统。

防排烟系统:中庭设机械排烟系统,回廊、专卖店、商场设机械排烟系统。有空调自控设计。

六、动 力 设 计

锅炉房设在大楼地下室内,内设 3 台蒸汽锅炉,单台额定蒸发量为 4 t/h,锅炉房设计总容量为 12 t/h。锅炉产生的蒸汽供大楼采暖、热水供应使用。

锅炉燃料为中压 B 级煤气,供气压力为 7 000 Pa,单台锅炉耗气量为 714 m³/h。总耗气量 2 142 m³/h。

低压煤气系统供应大楼 5、7、8 层餐厅厨房用气,总用气量约为 961 m³/h。

编　后　语

多年来，我们始终把社会的需求、读者的要求，视为我们的追求，先后完成了《上海八十年代高层建筑设计与施工丛书》(4卷)、《上海高层超高层建筑设计与施工丛书》(3卷)、《上海大型市政工程设计与施工丛书》(15卷)等技术专著的编辑出版。在完成上述丛书等技术专著的编辑出版后，我们感到还缺点什么？在丛书编委的建议下，经研究，我们决定再编一套《上海大型公共建筑设计丛书》(3卷)。我们欣喜地看到，在数百位专家、学者的努力下，我们又完成了这套新的技术专著。

上海市城乡建设和交通委员会科学技术委员会编辑的这些技术类的专业丛书有一个共同的特点：纪实性、技术性、资料性、实用性。它的意义和价值往往还在于系统性、长远性、继承性。它所形成的成果对上海的城市建设和管理、构筑和谐社会、可持续发展提供了科学技术的基础，对推动相关领域的发展具有积极的作用。

《上海大型公共建筑设计丛书》在编写过程中，上海现代建筑集团公司、华东建筑设计研究院有限公司、上海建筑设计研究院有限公司、同济大学建筑设计研究院、中船第九设计研究院的领导对本丛书的编辑出版给予了热诚的支持和鼎力的帮助；华东建筑设计研究院有限公司沈久忍，上海建筑设计研究院有限公司王平山、潘嘉凝，同济大学建筑设计研究院王健、俞蕴洁，中船第九设计研究院陈云琪等同志一起参与了本丛书的编务工作，并给予了多方匡正，付出了尤多的心血；上海科学技术出版社为本丛书的编辑出版与科技委通力合作、精心策划，在此一并深表感谢！同时感谢每一位喜欢本丛书的读者！

上海市城乡建设和交通委员会科学技术委员会